初识密码学

[美国]弗兰克·鲁宾(Frank Rubin) 著

岳小冰 译

东南大学出版社
SOUTHEAST UNIVERSITY PRESS
·南京·

图书在版编目(CIP)数据

初识密码学 /（美）弗兰克·鲁宾(Frank Rubin)著；岳小冰译. -- 南京：东南大学出版社，2025.7
书名原文：Secret Key Cryptography
ISBN 978-7-5766-1292-9

Ⅰ.①初… Ⅱ.①弗… ②岳… Ⅲ.①密码学 Ⅳ.①TN918.1

中国国家版本馆 CIP 数据核字(2024)第 038282 号

Simplified Chinese language edition copyright © 2025 by Southeast University Press. Authorized translation of the English language edition © 2022 by Manning Publications Co. This translation is published and sold by permission of Manning Publications Co., the owner of all rights to publish and sell the same.

本书简体中文版由 Manning Publications Co. 授权东南大学出版社独家出版。未经出版者书面许可，不得以任何方式复制本书内容。

版权所有，侵权必究。

初识密码学
Chushi Mimaxue

著　　者：[美国]弗兰克·鲁宾(Frank Rubin)
译　　者：岳小冰
责任编辑：张　烨(zhangye304@163.com)
责任校对：子雪莲　　封面设计：毕　真　　责任印制：周荣虎
出版发行：东南大学出版社
出 版 人：白云飞
社　　址：南京四牌楼 2 号　　邮编：210096　　电话：025-83793330
网　　址：http://www.seupress.com
印　　刷：常州市武进第三印刷有限公司
开　　本：787mm×980mm　1/16
印　　张：19.75
字　　数：419 千字
版　　次：2025 年 7 月第 1 版
印　　次：2025 年 7 月第 1 次印刷
书　　号：ISBN 978-7-5766-1292-9
定　　价：128.00 元

本社图书若有印装质量问题，请直接与营销部联系。电话(传真)：025-83791830

关于本书

目标读者

这本书面向广泛的读者群体：一般读者、密码学爱好者、历史爱好者、计算机科学专业学生、电气工程师、数学家、专业密码学家。这使得我的工作变得更加困难，因为不可能让书中的每一部分都适合所有类型的读者。其中有些部分对某些读者来说可能需要过多的数学知识，而对于另一些读者来说，有些部分可能太基础了。在本节中，我尝试引导读者找到我认为最适合他们的章节。

- **一般读者**可以读到第 8 章末尾。太难的数学或技术性太强的部分直接跳过即可。从第 9 章开始，难度开始增加。可以选择略读，挑选感兴趣的主题。可以只读第 12 章，了解大致内容，不深入探讨细节。

- **密码学爱好者**可以通读全书，然后再详细阅读 4.2 节至 5.11 节、6.1 节至 6.5 节、6.7 节、第 7 章的大部分以及 9.1 节至 9.9 节，此外还有"趣味一刻"和"挑战"部分。

- **历史爱好者**可以阅读除数学部分之外的整本书，了解各种加密解密方法及其发明者的时间线。

- **计算机科学专业学生**可以重点关注 5.6 节至 5.11 节、第 8 章以及第 11 章至第 16 章。

- **电气工程师**目的是找到实用的方法。可以首先阅读第 2 章、第 4 章以打下基础，然后阅读 7.2 节至 7.8 节、第 9 章以及第 11 章至第 16 章，应特别关注第 12 章。

- **数学家**最感兴趣的内容可能是 4.5 节、5.6 节至 5.12 节、10.4 节至 10.7 节、11.7 节至 11.10 节、12.3 节至 12.6 节、第 13 章至第 16 章，尤其是 16.4.6 节和第 18 章。

- **专业密码学家**最感兴趣的内容可能是 7.8 节、8.2 节、10.5 节、10.7 节、11.4 节、12.3 节至 12.6 节、13.8 节、13.15 节、14.2 节、14.4 节、15.4 节至 15.14 节、16.4 节、16.5 节、18.12 节。

关于密码

我在书中提供了一些趣味密码和挑战密码，供读者一试身手。趣味密码使用了书中描述的标准方法。挑战密码使用了我自己发明的方法,非常简单,业余爱好者都能猜出方法并解密。我尽量公平公正,以便感兴趣的读者能够破解。没有奇异或复杂的东西,也没有古怪的单词或扭曲的字母频率,同时提供了足够的材料供解密使用。

你可能会注意到一些以粗体*开头、以**结尾的部分。这些是可选部分,可能包含计算机算法或更深入的数学知识。一些读者可以选择跳过。

其他在线资源

你可以在作者的网站 www.mastersoftware.biz 上找到他的其他密码学书籍。

关于作者

Frank Rubin 拥有数学学士学位、数学硕士学位以及计算机科学博士学位。他在 IBM 的自动化设计部门工作了 30 年,设计并编写了 IBM 公司工程师用于设计计算机和电路的专用软件。他是生产加密软件的 Master Software 公司的所有人。Frank 在密码学领域获得了四项美国专利。他在密码学、计算机电路、图论、纯数学领域的学术期刊上发表了约 50 篇论文,另外还在 IBM 内部出版了几本书籍(用户手册和项目规范)。在密码学领域,他因破解了 Jefferson 转轮密码机而闻名。在计算机科学领域,Frank 以算术编码而闻名,这是文本压缩的标准方法之一,并因其找到 Hamilton 路径的算法而闻名。在纯数学领域,他最广为人知的成就可能是将有限状态识别器的概念引入了测量理论。Frank 已经出版了三本数独谜题书和两本自助出版的 SumSum 谜题书。他在 The Cryptogram、Technology Review、Journal of Recreational Mathematics 等刊物上发表了 3500 多道谜题,是唯一一位在 JRM 特刊上专门介绍自己谜题的人。

关于封面图

本书封面上的人物是"Le Garçon de Bureau",即"办公室助理",选自 Louis Curmer 编写的一本书,出版于 1841 年。书中每幅插图都是手工精细绘制和上色的。

在那个年代,仅通过人们的着装就可以很容易地识别出人们住在哪里以及他们的职业或生活地位。Manning 出版社将反映两个世纪前地区文化多样性的插图用作封面,来赞美如今计算机行业的活力和创新,通过古老图册中的图片带领人们领略过去的风土人情。

序

从秘密解码环①到政府政策声明，挑战在信息中隐藏和发现其他信息一直是令人着迷的智力游戏。密码学是一个迷人的主题，几乎每个孩童都有一些亲身体验。然而，毫无疑问，这是一门长期以来一直笼罩在最高保密级别下的学科，被政府用来保护其最敏感的武器。密码学在军事和外交事务中的作用一直非常重要。毫不夸张地说，密码学的成功和失败决定了战争结果和历史进程；同样地，密码学的成功和失败正在开创历史。

想一想1862年9月美国内战期间的安提坦战役，当时George McClellan指挥联邦军队在马里兰州夏普斯堡附近对抗Robert E. Lee的南方联盟军队。几天前，两名联军士兵在他们的营地附近发现了一张纸条，这张纸条正是Lee发布的命令副本，详细说明了他入侵马里兰州的计划。该命令没有被加密。凭借其中的信息，McClellan准确地知道了分散的联邦军队的指挥所位置，并在Lee的军队重新集结之前将其歼灭。

密码学的成败也影响了近代史。1914年8月，俄国在坦能堡的惨败就是被德国军队拦截通信导致的直接结果。令人大跌眼镜的是，俄军的通信完全是明文传输，因为俄军没有为其战地指挥官提供密码和密钥。俄军因此无法安全地协调各军中相邻部队的活动。

二战之后长达50年的冷战也是由一次密码失败引发的，这次失败来自1942年中途岛战役中的日军。美国的密码分析员破译了日本的密码，获知了日军联合舰队的许多消息。这样的故事都属于经典密码学的范畴，对称密钥密码学在其中发挥着作用，《初识密码学》这本书正是着眼于此。

在娱乐性古典密码学的各个层面上——无论是其数学传统，还是社会学意义——没有人比Frank Rubin博士更能为感兴趣的读者带来启发。Rubin博士拥有数学和计算机科学的教育背景。他在IBM的自动化设计部门工作了30年，从事密码学研究50多年。Rubin博士曾担任 *Cryptologia* 等刊物的编辑，发明过数十种数学和计算机算法，并设计

---

① 秘密解码环（secret decoder rings）是一种玩具，通常用于儿童游戏和娱乐活动。这种环状装置上面印有一系列字母或符号，并配备了解码机制。使用秘密解码环时，发送方可以将消息转换为特定的字母或符号，并将其写在纸上或发送给接收方。接收方使用自己的解码环来解密消息，将加密的字母或符号转换回原始的文字。这样，只有知道正确解码方法的人才能读懂消息，确保了信息的安全性。

了数千个数学谜题。

本书不仅仅是对 Helen F. Gains 的经典之作 *Elementary Cryptanalysis* 的更新，还涵盖了该领域从古代到量子计算机时代的演变。该书引入了新的方法和"破解"技术。最后提出了一种衡量密码强度的独特方法。①②

这本书正值历史进程演变的关键时期，为理解这项关键技术提供了及时而重要的贡献。无论读者是寻求有关密码学本身的启示还是作为信息安全的从业者，书中包含的知识深度和广度都将成为该领域可靠的信息来源，以及有益补充。

—— Randall K. Nichols，DTM

Randall K. Nichols 是美国密码协会（American Cryptogram Association，ACA）的前主席、权威人士和书评编辑；美国堪萨斯州立大学萨利纳分校无人机系统网络安全证书项目的主任；美国尤蒂卡学院研究生网络安全和取证学荣誉教授

参考文献

Gaines H F，1956. *Cryptanalysis*：*A Study of Ciphers and their Solution*. NYC：Dover.

LANAKI，1998. *Classical Cryptography Course Vol*. Ⅰ. Laguna Hills，CA：Aegean Park Press.

LANAKI，1999. *Classical Cryptography Course Vol*. Ⅱ. Laguna Hills，CA：Aegean Park Press.

Nichols R K，1999. *ICSA Guide to Cryptography*. New York City：McGraw Hill.

Rubin F，2022. *Secret Key Cryptography*. Shelter Island，New York：Manning Books.

Schneier B，1995. *Applied Cryptography*：*Protocols*，*Algorithms and Source Code in C*. New York：John Wiley & Sons.

---

① R. K. Nichols 的 *ICSA Guide to Cryptography* 和 Bruce Schneier 的 *Applied Cryptography* 都提出了密码强度和随机性方法。前者专注于经典密码学，后者专注于现代密码（Nichols，1999；Schneier，1995）。

② 本书的创作水平胜过我的前两本经典密码学著作 *Classical Cryptography Course Vol*. Ⅰ & Ⅱ（LANAKI，1998；1999）。

前　言

有几条线索促成了本书的写作。就从我的高中朋友 Charlie Ross 开始说起吧。Charlie 当时在学校的书店工作。有一天，他在为书店订购书籍时注意到了 Helen F. Gaines 的书 *Cryptanalysis*。Charlie 想要通过员工折扣购买这本书，但店里的规矩是三本起购。

Charlie 需要和另外两个人一起买。他承诺我们会一起读这本书，然后编密码，互相来解密。我买了这本书，读完并编好了密码，但是 Charlie 却没了兴趣。

这本书的封底是一个美国密码协会（www.cryptogram.org）的街道地址，虽然该地址早已过时，但我还是找到了该协会并加入了它。我开始破解协会成员在业余爱好者简报 *The Cryptogram* 上发表的各种类型的密码，几年后我成了助理编辑。40 多年来，我一直是该协会的会员。

1977 年，一本更专业的密码学期刊 *Cryptologia* 问世。网址是 https://www.tandfonline.com/toc/ucry20/current。我开始订阅并投稿，然后成了期刊编辑。不知怎么的，我成了"怪人管理员（crackpot handler）"①。所有"怪"文章全都向我扑来，我必须从这些不合逻辑的逻辑中理出方向，看看里面是否隐藏着不错的想法。确实有那么一篇这样的文章，我把它发表在了 *The Cryptogram* 上。作者非常感激，还以我的名义在以色列种了一棵树。

这段经历教会了我如何将那些写得不好或者作者高估了密码强度的文章与那些真正离谱的文章区分开来。这就是我学到的：密码水平较弱的业余爱好者可以描述密码并写出步骤。真正的怪人无法将他们模糊而宏大的想象落实到纸面上。他们洋洋洒洒地讲述自己的密码有多么神奇，但却写不出实现步骤，无法将未成型的想法转化为具体的算法。

---

① 在密码学领域，"crackpot"这个词通常用来形容那些提出不切实际、荒谬或不成熟的密码理论或算法的人。"crackpot handler"的任务是对这些想法进行筛选和评估，并与真正有价值的密码学研究区分开来。

我从2005年起在美国玛丽斯特学院终身学习中心(Marist College CLS)上课。不久之后,我开始讲授数独、SumSum和其他谜题(我已经写了三本数独谜题的书)、我在坦桑尼亚和蒙古的旅行、帝国大厦的建造、Alan Turing 的生平以及其他主题。我成了课程委员会的一员。

2018年,我自愿开设了一门为期两个学期的密码学课程,后来在制作课程所需的近450张幻灯片时,我意识到我有足够的材料写一本书了。没错,就是你眼前的这一本。

致　谢

前几天，我无意中听到妻子 Miriam 在电话里对朋友说："我就像身处三人世界中，我、Frank 和这本书。"谢谢你，Miriam，我花了 18 个月的时间写作这本书，一年的时间寻找出版商，6 个月的时间物色作家经济人，又是一年的时间看着作家经纪人毫无结果，最后一个月在 Manning 为这本书找到了归宿。除此之外，还有超过 18 个月的时间用于审阅、修订、编辑、二次修订、排版、三次修订、索引、撰写营销文案等等。感谢你在这段日子里的忍耐。

我要感谢所有帮助我完成这本书的 Manning 出版社的工作人员。Michael Stephens，他冒险给了我一份合同，并在整个写作过程中给予关照；Marina Michaels 在编辑方面做了诸多改进；Rebecca Rinehart 为我铺平了写作道路；Jen Houle 和 Susan Honeywell 在插图方面做了很多工作；Tiffany Taylor 对文中语法和标点符号提出不少有价值的建议；Paul Wells 和 Keri Hales 对书籍的制作付出了心血；Sam Wood 撰写了市场宣传文案；Dennis Dalinnik 进行了排版；当然还有出版人 Marjan Bace。

特别感谢 Randall K. Nichols 教授在很短的时间内为本书撰写了前言并在 The Cryptogram 上发表了书评。还要感谢恩尼格玛博物院（Enigma Museum）的 Thomas Perera 教授提供了 Fialka 的图片。

感谢审稿人阅读手稿并提出大量建议和有益批评：Christopher Kardell、Alex Lucas、Gabor Hajba、Michal Rutka、Jason Taylor、Roy Prins、Matthew Harvell、Riccardo Marotti 和 Paul Love。你们的建议让这本书更上一层楼。

最后，我必须感谢 Lee Harvey Oswald 在不知情的情况下扮演的角色，他暗杀 John F. Kennedy 总统这一行为使我无法参加美国联邦调查局总部的安全面试，于是我也没能加入美国国家安全局，否则写这样的一本书可是重罪。

目　录

1 引言 ··· 1
2 什么是密码学 ··· 4
  2.1 牢不可破的密码 ··· 5
  2.2 密码学的种类 ·· 6
  2.3 对称密钥密码与非对称密钥密码 ······························· 8
  2.4 分块密码与流密码 ·· 9
  2.5 机械化与数字化 ··· 9
  2.6 为什么要选择对称密钥? ·· 12
  2.7 为什么要自创密码? ··· 14
3 基本概念 ··· 16
  3.1 比特和字节 ··· 16
  3.2 函数和运算符 ·· 17
  3.3 布尔运算符 ··· 18
  3.4 数值基数 ·· 19
  3.5 质数 ·· 20
  3.6 模运算 ··· 21
4 密码学家的工具箱 ··· 23
  4.1 评级系统 ·· 24
  4.2 替换 ·· 24
    Huffman 编码 ·· 25
  4.3 置换 ·· 26
  4.4 分割 ·· 27
  4.5 随机数生成器 ·· 29
    链式数字生成器 ·· 30
  4.6 有用的组合和无用的组合 ······································ 31
    Bazeries 4 型密码 ··· 32

5 替换密码 ... 34
5.1 简单替换 ... 35
5.2 字母混合 ... 39
5.3 名录法 ... 41
5.4 多字母替换 ... 42
5.5 Belaso 密码 ... 42
5.6 Kasiski 方法 ... 44
5.7 重合指数 ... 47
5.8 再论重合指数 ... 48
5.9 破解多字母替换密码 ... 49
5.9.1 破解 Belaso 密码 ... 49
5.9.2 破解 Vigenère 密码 ... 51
5.9.3 破解通用多字母替换密码 ... 53
5.10 自动密钥 ... 55
5.11 滚动密钥 ... 56
*5.12 模拟转子密码机 ... 58
5.12.1 单转子机 ... 60
5.12.2 三转子机 ... 60
5.12.3 八转子机 ... 61

6 对策 ... 63
6.1 双重加密 ... 63
6.2 无用字符 ... 64
6.3 中断密钥 ... 65
6.4 同音替换 ... 67
5858 密码 ... 68
6.5 双字母组和三字母组替换 ... 69
*6.6 在图像中隐藏消息 ... 69
6.7 添加无用位 ... 71
6.8 多消息合并 ... 73
6.9 在文件中嵌入消息 ... 74

7 置换 ... 75
7.1 路径置换 ... 75
7.2 列置换 ... 76

	7.2.1	Cysquare	80
	7.2.2	单词置换	81
7.3	双列置换		81
7.4	循环列置换		82
7.5	随机数置换		83
7.6	选择器置换		85
7.7	密钥置换		85
7.8	半分置换		88
7.9	多重变位		89

8 Jefferson 转轮密码机   91
8.1 单词已知的解密方法   93
*8.2 仅有密文的解密方法   94

9 分割   97
9.1 Polybius 方阵   97
9.2 Playfair   98
9.2.1 破解 Playfair 密码   101
9.2.2 增强 Playfair 密码   101
9.3 双方阵   103
Playfair 双方阵   104
9.4 三方阵   104
Playfair 三方阵   106
9.5 四方阵   107
9.6 Bifid   108
共轭矩阵 Bifid   110
9.7 对角线 Bifid   111
9.8 6×6 方阵   112
9.9 Trifid   112
9.10 三立方体   113
9.11 矩形网格   116
9.12 十六进制分割   116
9.13 按位分割   117
循环 $8 \times N$ 118
9.14 其他分割方法   119

9.15 增强明文块 ········· 120

10 可变长度分割

10.1 Morse3 ········· 121
10.2 Monom-Binom ········· 122
10.3 周期性长度 ········· 124
10.4 Huffman 替换 ········· 125
10.5 Post 标记系统 ········· 128
 10.5.1 同长标记 ········· 129
 10.5.2 不同长度的标记 ········· 130
 10.5.3 多字母 ········· 132
 10.5.4 短移动和长移动 ········· 132
10.6 其他进制的分割 ········· 133
10.7 文本压缩 ········· 133
 10.7.1 Lempel-Ziv ········· 133
 10.7.2 算术编码 ········· 136
 10.7.3 自适应算术编码 ········· 139

11 分块密码

11.1 替换-排列网络 ········· 142
11.2 数据加密标准(DES) ········· 143
 11.2.1 双重 DES ········· 145
 11.2.2 三重 DES ········· 145
 *11.2.3 快速位置换 ········· 146
 11.2.4 短块 ········· 147
11.3 矩阵乘法 ········· 148
11.4 矩阵乘法 ········· 149
11.5 高级加密标准(AES) ········· 149
11.6 固定替换和密钥替换 ········· 151
11.7 对合密码 ········· 152
 11.7.1 对合替换 ········· 152
 11.7.2 对合多字母替换 ········· 153
 11.7.3 对合置换 ········· 153
 *11.7.4 对合分块密码 ········· 154
 11.7.5 例子 Poly Triple Flip ········· 154

11.8 可变长度替换	155
11.9 Ripple 密码	156
11.10 分块链接	158
11.10.1 多字母链接	159
11.10.2 加密链接	159
11.10.3 滞后链接	159
11.10.4 内部 tap	159
11.10.5 密钥链接	160
11.10.6 链接模式总结	160
11.10.7 链接短块	160
11.10.8 链接可变长度块	160
11.11 加强分块密码	161

12 安全加密的原则 — 163

12.1 大块	163
12.2 长密钥	164
冗余密钥	165
12.3 混淆	166
12.3.1 相关系数	167
12.3.2 26 进制的线性关系	171
12.3.3 256 进制的线性关系	174
12.3.4 添加后门	174
12.3.5 紧凑型线性	177
12.3.6 混合型线性	178
12.3.7 构建 S-box	179
12.3.8 带有密钥的 S-box	182
12.4 扩散	182
12.5 饱和度	185
12.6 小结	189

13 流密码 — 190

13.1 组合函数	190
13.2 随机数	191
13.3 乘法同余生成器	192
13.4 线性同余生成器	195

13.5 链式异或生成器 ·· 196
13.6 链式加法生成器 ·· 198
13.7 移位与异或生成器 ·· 198
13.8 FRand ··· 199
13.9 Mersenne Twister ··· 200
13.10 线性反馈移位寄存器 ·· 201
13.11 估算周期长度 ·· 202
13.12 生成器强化 ·· 203
13.13 生成器合并 ·· 204
13.14 真随机数 ·· 207
    13.14.1 滞后线性加法 ·· 208
    13.14.2 图像分层 ·· 208
13.15 刷新随机字节 ·· 209
13.16 同步密钥流 ·· 211
13.17 散列函数 ·· 212

14 一次性密码本 ·· 215
14.1 Vernam 密码 ·· 216
14.2 密钥供应 ·· 218
    14.2.1 循环密钥 ·· 219
    14.2.2 组合密钥 ·· 219
    14.2.3 选择密钥 ·· 219
14.3 指示器 ·· 220
14.4 Diffie-Hellman 密钥交换 ··· 221
    *14.4.1 构造大质数(旧方法) ··· 222
    14.4.2 构造大质数(新方法) ··· 223

15 矩阵方法 ·· 229
15.1 矩阵求逆 ·· 229
15.2 置换矩阵 ·· 232
15.3 Hill 密码 ·· 232
15.4 计算机版本的 Hill 密码 ·· 235
15.5 大整数乘法 ·· 238
    同余式乘除 ·· 239
*15.6 求解线性同余式 ·· 240

- 15.6.1 化简同余式 ·········· 240
- 15.6.2 对半法 ·········· 241
- 15.6.3 阶梯法 ·········· 242
- 15.6.4 连分数 ·········· 243
- 15.7 大整数密码 ·········· 245
- 15.8 小整数乘法 ·········· 246
- 15.9 模 P 乘法 ·········· 247
- 15.10 改变基数 ·········· 249
- *15.11 环 ·········· 250
- 15.12 环上矩阵 ·········· 252
- 15.13 构建环 ·········· 252
  - 15.13.1 高斯整数 ·········· 254
  - 15.13.2 四元数 ·········· 254
- 15.14 寻找可逆矩阵 ·········· 255

16 三趟协议 258

- 16.1 Shamir 方法 ·········· 260
- 16.2 Massey-Omura 方法 ·········· 260
- 16.3 离散对数 ·········· 261
  - 16.3.1 对数 ·········· 261
  - 16.3.2 质数的幂 ·········· 261
  - 16.3.3 碰撞 ·········· 262
  - 16.3.4 因数分解 ·········· 262
  - 16.3.5 估算 ·········· 263
- 16.4 矩阵三趟协议 ·········· 264
  - 16.4.1 可交换的矩阵族 ·········· 265
  - 16.4.2 乘法阶 ·········· 265
  - 16.4.3 最大阶 ·········· 266
  - 16.4.4 Emily 的攻击 ·········· 266
  - 16.4.5 非交换环 ·········· 267
  - 16.4.6 解双线性方程 ·········· 267
  - 16.4.7 薄弱之处 ·········· 268
  - 16.4.8 提速 ·········· 269
- 16.5 双侧三趟协议 ·········· 269

17 编码 ... 271
Joker ... 272

18 量子计算机 ... 275
18.1 叠加 ... 276
18.2 纠缠 ... 277
18.3 纠错 ... 278
18.4 测量 ... 278
18.5 量子三阶段协议 ... 279
18.6 量子密钥交换 ... 279
18.7 Grover 算法 ... 279
18.8 方程 ... 280
18.8.1 置换 ... 280
18.8.2 替换 ... 281
18.8.3 卡诺图 ... 281
18.8.4 中间变量 ... 282
18.8.5 已知明文 ... 282
18.9 最小化 ... 283
18.9.1 爬山算法 ... 283
18.9.2 Mille Sommets ... 284
18.9.3 模拟退火 ... 285
18.10 量子模拟退火 ... 286
18.11 量子因数分解 ... 286
18.12 究极计算机 ... 287
18.12.1 替换 ... 287
18.12.2 随机数 ... 288
18.12.3 究极替换密码 US-A ... 289
18.12.4 究极流密码 US-B ... 290

趣味一刻 ... 291

挑战 ... 294

结语 ... 296

1 引言

我研究密码学(cryptography)已经有 50 多个年头了,在此期间获益良多。在本书中,我尝试将这些知识传授给后辈们,其中很多都是尚未见于其他文献的新发现。

我知道市面上关于密码学的书籍有不少。如果想吸引读者,我就必须得拿出些与众不同的东西,让这本书一鸣惊人。拭目以待吧,我将在书中:

- 用简单的非技术性语言告诉你如何打造无懈可击的密码。
- 提供 140 种可以照搬使用的密码(cipher)[①],其中 30 种可谓是牢不可破的(Unbreakable)。
- 提供一套工具和技术用来自由组合并提高密码的强度。
- 描述一种能精确测量密码强度并保证其牢不可破的计算方法。
- 演示如何构造和纳入数据压缩编码。
- 揭示一种实现牢不可破的一次性密码本(one-time pad cipher)的实用方法。
- 讲解如何批量生成真正的随机数。
- 演示如何构造大质数和安全质数。
- 教你如何在密码中添加无法检测的后门。
- 揭露量子密码学中可能存在的致命缺陷。
- 讲解如何打败数十年后可能开发出来的假想超级计算机。(可能已经出现了,但被列为机密。)

[①] 在密码学以及本书中,"密码(cipher)"一词指的是安全传送信息的一种算法,并不是我们俗称的那种在网站和 ATM 中输入的"密码"(即 passwd、passphrase 或者 pin)。为了以示区别,本书将后者统一译为"口令"。

我在全书中使用对话的语气,就像你我面对面交谈一样。当我说"我们"的时候,指的是你(读者)和我(作者)一起合作解决问题或守护秘密。

这不是一部学术著作。如果我知道资料来源和日期,我会注明方法和观点的出处,但我所学到的大部分知识都是通过非正式途径获得的。这是一本实用书籍,按照书中给出的建议去做,你就能编写出安全的密码。我向你保证。

我还会偶尔插入一些历史趣闻,一方面是为了活跃气氛,另一方面是为了澄清历史。我知道像密码学这种沉闷的话题并不讨喜,所以我希望使用第一人称,加上些小趣闻和小幽默,让本书更易于理解。

书中的很多内容都是全新的,包含从未发表过的加密方法和解密方法,甚至还有一些我自己的数学发现。这些仅见于此书。另外,我还给出了不少实用操作技巧,以及若干能够更快或更少占用存储空间的计算机方法。

本书的重点是高安全性的密码学。怀揣机密信息的你要对抗的是可能拥有超级计算机,甚至量子计算机的对手。这本书将传授你应对之道。我提供了一个包含新旧方法的工具箱,这些方法可以以无数种方式组合来生成任意强度的密码。密码学专业的学生和开发人员可以在本书中找到最全面的实用方法,用于开发新的密码产品和服务。

也就是说,我希望这些材料同时适用于专业人士和业余爱好者。有很多方法只需纸笔就能手工完成,参见 9.6.1 节末尾。这些方法适合在没有电力和电子设备的情况下实地使用。

> 人人皆可打造牢不可破的密码。

牢不可破的密码你也能创建。你所需要的就是正确的知识。只要你能读懂这本书,或者哪怕是读懂其中的一半,那么牢不可破的密码就不是梦想。只要你有此愿望,本书将教会你如何抵御配备了超级计算机的密码专家发起的猛烈攻击。没有其他哪本书能做到这一点。事实上,单凭纸笔方法就能开发出自己的安全密码。我从 15 世纪以来的古老密码入手,积累了大量的方法和概念,并教你什么样的组合能够强化你的密码,什么样的组合只是白费力气。我可以给你提供一套经过实践检验的可靠技巧,以及一些新颖的招数,你可以用来建造一座坚不可摧的"密码"堡垒。

注意:我是一名训练有素的数学家,也是一名职业计算机科学家,所以我倾向于大量使用数学符号和数学概念。本书面向更广泛的读者,不仅仅是工程师和科学家。我会尽量解释所有必要的数学知识,使本书自成体系。如果你能理解下标和指数,并能读懂包含括号的表达式,那么你所需的数学背景就差不多了。除此之外的所有数学知识,比如质数、模运算,以及更高级章节中的矩阵运算和代数环,我都会逐一讲解。

如果你不理解某个数学概念,有三个选择:(1) 相信我的话;(2) 完全跳过这部分内容;或者(3) 不使用相关的密码学方法。能用的方法还有很多,有些肯定能满足你的需求。

或者,你就一头扎进去,研读数学部分吧。你可能都会惊讶于自己的学习能力。如果你不理解某个话题,别气馁,换一个试试,也许会发现并不难。即使是专业的数学家也并非全能。

2 什么是密码学

> **本章内容包括：**
> - 密码学基本术语
> - 何为牢不可破的密码？
> - 有哪些不同类型的密码学？

密码学经常被称为"秘写的艺术(The Art of Secret Writing)"，但其远不止于此。它涵盖了从隐形墨水到借助光子量子纠缠传输信息的方方面面，特别是，密码学还包括编码(codes)和密码(ciphers)的生成和破解。

对于加密术语，不同的作者有不同的用法，让我们先就一些基本术语达成一致。

明文(plaintext/cleartext)是你想要保密的消息或文档。在传统密码学中，消息是以发送方和接收方都懂得的某种语言书写的文本。在计算机环境中，这可以是任何类型的文件，比如 PDF(文本)、JPG(图像)、MP3(音频)或 AVI(多媒体)。

密码(cipher)是一种对消息进行混淆以使其不可读的方法或算法：例如，更改字符的顺序或用不同的字符替换某些字符。一般来说，密码的操作对象是文本中的单个字符或字符组，对其意义以不作考虑。

密钥(key)是只有发送方和合法接收方才知道的一段秘密信息，决定了每个消息使用哪种转换方式。例如，如果密码(方法)是改变消息中字母的顺序，密钥则可能指定了当天的消息使用哪种顺序。密钥可以是字母、单词或短语、数字，也可以是若干字母、单词和数字。密码的强度在很大程度上取决于其所使用的密钥的总长度。

密钥单词(keyword)或密钥短语(keyphrase)是用作密钥的单词或短语。

加密(encryption/encipherment)是由知晓密钥的合法发送方将明文变为不可读的密文的过程。

密文(ciphertext)是经过混淆处理后被传输或存储不可读的消息或文档。

解密(decryption/decipherment)是由知晓加密方法和密钥的合法接收方将经过混淆处理后的密文变回原始明文消息的过程。

编码(code)也是一种混淆信息使其不可读的方法。与密码相反,编码通常作用于消息中的单词或短语。典型的编码用多组数字或字母代替单词或短语。(令人困惑的是,"编码"一词也用来指代字母的标准化表示,比如摩斯码。具体含义根据上下文应该分辨得出。)

广义密码学(cryptology)是对密码学(cryptography)、用于密码构造和破解的数学及方法的形式化研究。学者们研究密码学;密码破译者研究密码分析学。

密码分析学(cryptanalysis)研究编码和密码,目的在于找出其中的薄弱之处以及破解方法,或是对其进行改进。

破解(code-breaking)是指由没有密钥甚至可能连加密方法都不知道的第三方(敌人或对手)揭示加密消息的过程。这可以通过数学手段或耐心收集和整理截获的消息来实现,不过在实践中,通常可以归结为三个 B:贿赂(bribery)、勒索(blackmail)和侵入(break-ins)。

2.1 牢不可破的密码

既然我们已经有了一些共识,那就让我来谈谈主要问题。我所说的"牢不可破"到底代表什么? 首先,我的意思是密码无法通过密码学手段被破解。这不包括侵入、贿赂、胁迫、背叛、勒索、蜜罐等类似途径。这些不在我们的讨论之列。其次,密码在现实意义上无法被破解。任何对手用于破解密码的资源和时间都是有限的。在选择密码时,你需要了解潜在对手可能会花费多少人力和算力来破解你的密码。猜测要保守,考虑到计算机的改进,增加安全边际,然后敲定一个数字。这样在选择密码时就有了指向。只要达到这个目标,你的密码就牢不可破了。

记住,很多消息的生命期都是有限的。如果你的消息是 ATTACK AT DAWN(拂晓攻击),而敌人在下午的时候才知道该消息,则为时已晚。攻击已经发动了。如果留给对手的时间不足 12 个小时,那么要花费 12 个小时才能破解的密码实际上就是牢不可破的密码。

为了让这一概念更加清晰,当我说密码被破解时,意思是对手能够读取使用该密码发送的消息。哪怕对手只能读取消息的 1% 或 0.01%，也可以认为密码已被破解。但是，这并不绝对。如果对手只有在截获了大量用相同密钥加密的相同长度的消息，或者 64 位密钥中有 63 个为 0 时，才能读取信息，那么仍不算破解了密码。对手无法未卜先知地知道哪些信息使用了哪种密钥，或者哪些密钥几乎全为 0。可能永远不会有人发送长度相同、密钥相同或者 64 位密钥位中有 63 位为 0 的两条信息。

如果你的密码使用 256 位的密钥，而敌方的密码分析员找到了一种数学或计算方法将其减少到 200 位甚至 150 位，那么这个密码可能会被削弱，但如果你选择的安全级别是 128 位，它仍然是牢不可破的。使用 256 位密钥来实现 128 位的安全级别提供了巨大的安全边际。

美国政府认识到旧的数据加密标准不再安全时，举办了一场新密码的国际竞赛，在全球范围内征集提案。数百名密码学家评估了提交的数十种候选密码的安全性、速度和易实现性。从 1997 年到 2000 年 4 月，共进行了三轮筛选，最终选出了优胜者。当你设计的密码要成为政府、银行、工业和军事领域的全球标准时，这些步骤是必经之路。如果你决定参加下一次比赛，本书将助你一臂之力。

不过，大多数读者都没这种打算，他们的密码使用范围更为有限。对于密码评估，他们可能更相信自己的判断，或是自行设计的验证过程。第 12 章中的指导原则有助于这类读者做出明智而自信的决定。

2.2 密码学的种类

密码学分为很多不同的种类。过去使用的一些密码种类包括：

- 隐写：例如，信使可以吞下消息，或者把其藏在靴子后跟或马鞍里，或者直接记在脑子里。古时候，让信使用他们听不懂的语言来记忆消息的读音是很常见的做法。
- 秘写：比如凯撒密码(Caesar Cipher)，方法是将字母表中的每个字母用位于其后的第 3 个字母替换。也就是说，A 变成 D，B 变成 E，C 变成 F，依此类推。
- 消息伪装，使消息看起来像别的东西，比如信使衣服上的图案。
- 隐形消息，比如微粒或者在加热或暴露于酸时才变得可见的隐形墨水。
- 误导：例如，签名或纸张的形状和颜色才是真实消息，其他一切均为干扰或虚假信息。

所有隐藏消息的方法统称为隐写术（steganography），本笃会修道院院长 Johannes Trithemius（原名 Johannes Heidenberg）于 1499 年出版的 *Steganographia* 一书中首次描述了隐写术。Trithemius 的这部著作本身就是某种形式的隐写术，因为它被伪装成了一本魔法书。

其中一些隐写方法在现代亦有传承。例如，仅使用每个像素的低位比特即可将消息隐藏在 JPEG 图像文件中。另一个例子是使用随机数生成器来选取文件每个字节中的某些位。选中的那些位包含消息，其余的位可能是随机的乱码。

在描述现代密码之前，让我先介绍一种有用的速记法。消息从发送方送至接收方，加密的目的是防止敌方读取消息。为了简洁起见，我将发送方称为 Sandra，将接收方称为 Riva，将敌方称为 Emily。这比 Alice、Bob、Carol 自然多了，不是吗？①

图 2-1　Sandra 向 Riva 发送加密消息

通常情况下，Sandra 会在其所在处加密消息，然后再发送给 Riva。消息可以通过任意方式发送：信件、电话、互联网、短波无线电、阿尔迪斯灯（Aldis lamp）、微爆流（microburst）、电报、光缆、信号、量子纠缠，甚至可以是烟雾信号（如果存在直线视线）。为了使场景更完整，密码可能需要密钥和明文，而且也许有敌方在监听。更全面的示意图如下所示。

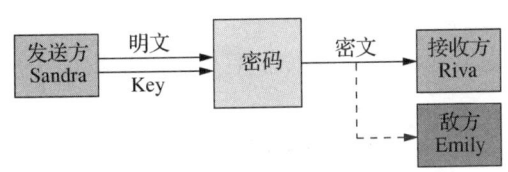

图 2-2　存在敌方监听的加密消息发送场景

现代密码一般可划分为三大类：对称密钥（Secret Key）②、公开密钥（Public Key）和专有密钥（Personal Key）。三者的主要区别如下。

对称密钥：Sandra 持有对称密钥，用于加密消息。Riva 持有对应的对称密钥，用于解

---

① Alice、Bob、Carol 是密码学和物理学领域的惯用角色名称。本书中改用 Sandra、Riva、Emily 分别代表发送方（sender）、接收方（receiver）和敌方（enemy），因为人名和角色的首字母正好相同，这样更便于记忆。

② Secret Key 通常用于描述对称密钥密码体制中的密钥，用于加密和解密等操作。参照中国国家密码管理局发布的密码行业标准化指导性技术文件《密码术语》（GM/Z 0001—2013），选择将其译为"对称密钥"。

密消息。这也许是相同的密钥或者逆钥(inverse key)。Sandra 通常控制着密钥。如果 Sandra 修改了密钥,她必须将新密钥或其逆钥发送给 Riva。这是传统密码学的标准范式。

公开密钥[①]:Riva 持有公开密钥并将其示之于众。如果 Sandra 想给 Riva 发送消息,就使用 Riva 的公开密钥对消息进行加密。Riva 也持有用于解密消息的私钥,只有她本人知道。该方案可行的关键在于没人能根据公开信息计算出私钥。主流的公钥方法是由 Ronald Rivest、Adi Shamir、Len Adelman 在 1975 年左右发明的 RSA 算法。

专有密钥:Sandra 和 Riva 各自拥有自己的专有密钥,不与任何人(甚至彼此)共享。由于不会传输或共享密钥,专有密钥密码有时也被称为无密钥密码(keyless cryptography)。工作原理如下:(第 1 趟)Sandra 使用自己的专有密钥对消息进行加密,并将加密后的消息发送给 Riva。(第 2 趟)Riva 使用自己的专有密钥对消息再进行加密,然后将经过双重加密的消息发送给 Sandra。(第 3 趟)Sandra 使用自己的专有密钥解密消息,并将其发送给 Riva。该信息现在仅由 Riva 的密钥加密,她可以用此密钥读取消息。

这里的棘手之处在于,Sandra 的加密和 Riva 的加密需要交换。也就是说,无论 Sandra 先加密还是 Riva 先加密,产生的结果必须是一样的。我们将其用符号表示为 SRM=RSM,其中 M 代表消息,S 和 R 分别代表 Sandra 和 Riva 的加密。专钥加密的优势在于,大家彼此之间可以安全地进行通信,无需预先布置任何密钥或传输任何密钥,因此也就不存在密钥被截获的可能性。

专有密钥加密也称为三趟协议(Three Pass Protocol)。协议只是用于某种目的(比如传输消息)的一系列步骤。换句话说,协议是一种算法。三趟协议的基本思路是由 Adi Shamir 在 1975 年左右提出的,本书中介绍的具体方法是我自己原创的。

2.3 对称密钥密码与非对称密钥密码

许多书籍都指出,密码学可以分为两类:对称密钥密码和非对称密钥密码。在对称密钥密码中,Sandra 和 Riva 使用相同的密钥对消息进行加密和解密;而在公开密钥密码中,Sandra 使用一个密钥,Riva 使用该密钥的逆钥。这种二分法忽视了既不是对称也不是非对称的专钥密码,以及第 2.2 节开头所述的各种传统方法。此外,对称/非对称的分类未必准确。第 15.3 节中介绍的希尔密码(Hill Cipher)属于一种对称密钥方法,加密时将消息与密钥相乘,解密时与逆钥相乘——就像公钥密码一样。

[①] 有时也简称为"公钥"。考虑到译文流畅性的需要,译文中会交换使用"公开密钥"和"公钥"这两个词。

将密码分为对称和非对称并不是特别有用。这种划分没有抓住对称密钥密码和公开密钥密码的本质区别,也就是说,在对称密钥密码中,所有密钥都是保密的,而在公开密钥密码中,其中一个密钥由各方严密保管,另一个密钥则公开,供所有人使用。

公开密钥密码和专有密钥密码均出现在 1975 年左右。公开密钥密码激发了人们的想象力,从那时起,对称密钥和专有密钥方法就被冷落了。许多书籍都对公开密钥密码作了全面介绍。这本书将重点放在对称密钥密码,这是密码学的支柱和基石。

2.4 分块密码与流密码

另一种分类是将密码分为分块密码(block ciphers)和流密码(stream ciphers)。块密码对消息中的字符块进行操作,比如 5 个字符的块。所有块的大小通常相同,每个块使用相同的密钥。

流密码一次处理消息中的一个字符。每个字符都有自己的密钥(character key),称为字符密钥,通常取自一个更大的密钥,后者称为消息密钥(message key)。在传统的流密码中,消息密钥是重复的。例如,如果消息密钥大小是 10 个字符,那么第一个密钥字符将用于加密消息的第 1、11、21、31……个字符,第二个密钥字符用于加密消息的第 2、12、22、32……个字符,依此类推。使用定期重复的密钥的密码称为周期性密码。在较新的流密码中,消息密钥的长度通常与消息本身一样,即密钥流(key stream)。这种非周期性的加密方式被称为一次性密码本(one-time pad)。我们将在第 13 章讨论了如何生成密钥流。

分块/流的分类并不是非此即彼的。还有一种混合密码,其中消息被划分成组,但不同的组用不同的密钥加密,因此密码的操作对象是组流(a stream of blocks)而不是字符流。

2.5 机械化与数字化

密码还可以根据产生密码的方式来分类。最早的密码完全是徒手打造的。不是使用铅笔和纸,而是尖笔(stylus)和羊皮纸,或者尖笔和泥板。

最早的机械加密方式是古希腊人和斯巴达人使用的密码棒(skytale 或 scytale,读作 SKIT-a-lee),大概出现在公元前 700 年。密码棒是一根棍子,上面缠绕着一条由皮革或羊皮纸制成的窄带子,每一圈的边缘都彼此紧密吻合。换句话说,没有间隙,也没有重叠。消息文字写在两圈或更多圈带子之上。解开带子时,看到的只有支离破碎的文字,这样敌人就无法识别其中包含的信息。可以添加额外的涂鸦或色块,使其看起来像是装饰品。

发送方保留着这根棍子,用于日后阅读和书写消息。信使可以把带子当作腰带系在身上,也可以用来束发或系马鞍。接收方需要一根直径相同的棍子来重组信息。当然,信使们不知道带子的用途,甚至有可能在他们不知情的情况下被缝在衣服上。

Giovanni Battista Porta 于 1593 年版的 *De Occultis Literarum Notis* 一书中有一幅密码棒的图片,其中展示了各个希腊字母如何出现在几圈带子上。下面是一个现代版本。

图 2-3 现代版本的密码棒

希腊人将密码棒的秘密保守了大约 700 年。然而,罗马人就没有那么幸运了。最终,他们在北欧的敌人知道了这些棍子的含义和用途。于是,罗马人发明了一种特殊的测量工具,为中空的黄铜或青铜所制的十二面体,每个面均为相同的五边形,上有一个圆孔。借助这些孔,就能精确地制作出直径合适的木棒。当总督、大使或间谍被派往需要穿越敌对领土的岗位时,携带这种工具比携带可能被搜获的密码棒要安全得多。12 个孔的直径各不相同,以便与其他总督、大使和间谍进行安全通信:例如,小孔用于 Londinium(今伦敦),中孔用于 Lugdunum(今里昂),大孔用于 Tarraco(今加泰罗尼亚的塔拉戈纳)。

就目前所知,这些十二面体的用途从未被北欧人所知,就连现代考古学家也未发现。考古学家就这些人工制品的用途提出了大量荒谬的推测,比如儿童玩具、马鞍饰品、铁匠练习用的零件、烛台、火炮测距仪,到最后甚至猜到了宗教物品。

这是在比利时最古老的城镇 Tongeren 附近发现的青铜罗马十二面体,陈列在 Gallo-Romeins 博物馆。

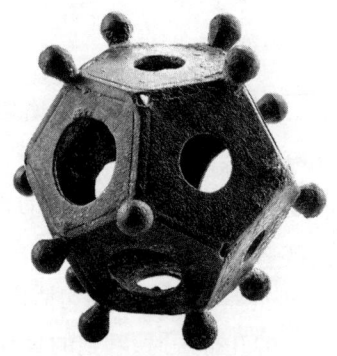

图 2-4 青铜罗马十二面体

这里说一件趣事：如果你在维基百科和其他网站上搜索"skytale"，网站会告诉你密码棒是通过条带的每一圈书写字母来产生置换密码（transposition cipher）。这种说法是错误的。这样的条带很容易被识作为机密消息。无论敌人是否能读懂，都不会让信使将其传递出去。在 cryptiana. web. fc2. com/code/scytale. htm 中有完整字母与破裂字母问题的全面研究。1841 年，才华横溢的密码学家 Edgar Allan Poe 写了一篇随笔 *A Few Words on Secret Writing*，很好地描述了密码棒以及自己通过匹配破裂的字母片段来解密消息的方法。

更糟糕的是，如果你在维基百科中搜索"transposition cipher"，会看到网站声称密码棒被用于生成"栅栏密码（rail fence cipher）"，也称为"之字形密码（zigzag cipher）"。栅栏密码使用上下交替的列。沿着或绕着棍子书写消息不涉及任何文字方向的改变。因此，如果拿密码棒来生成置换密码，结果可能是列置换，绝不会是栅栏。（我在维基百科上纠正了这些错误，但是更正信息又被删除了。算了，我也不想再当"维基百科警察"了。）

20 世纪 60 年代版本的密码棒是排好一叠计算机穿孔卡（punch card），用铅笔在卡片的外表面书写消息，然后彻底打乱卡片，只留下分散的点。当这些穿孔卡通过卡片分类机时，卡片会恢复到原来的顺序，消息就能被阅读了。这个想法被程序员广泛讨论，但我不知道是否有人真的实践过。另一个对应的现代产物是将信息写在拼图玩具的空白背面，然后将碎片打乱。接收方者需要拼凑出完整的图片，然后翻转过来阅读消息。

另一种机械密码是 Thomas Jefferson 在 1790 年至 1793 年间发明的 Jefferson 转轮密码机（Jefferson Wheel Cypher）。该装置将 36 个同样大小的木制圆盘穿在一根铁棒上形成一个木制圆筒。字母表的 26 个字母以某种混乱的顺序书写在每个圆盘露出来的外沿。圆盘可以独立旋转，拼出任何消息。直到 20 世纪 60 年代，人们还在使用使用圆盘或纸带形式的 Jefferson 密码。

在 15 世纪到 19 世纪期间，出现了各种的密码盘。最常见的一种由数个平薄的同心圆盘制成，可以围绕一个中心轴旋转。每个圆盘的边缘处都以特定顺序书写了字母或一些数字或符号。圆盘变得越来越小，这样就可以同时看到所有的字母。圆盘在某个位置对齐，加密过程包括在其中一个盘片上找到明文字母，然后使用另一个盘片上对应的字母或符号作为密文字母。后期的密码盘在每个字母被加密后都会手动或自动地推进内盘，这样可以继续进行加密。

这张图片是由 Augusto Buonafalce 绘制的 Leon Battista Alberti 密码盘，取自其 1467 年的著作 *De compendis ci fri*（图片由 Wikimedia Commons 提供）。

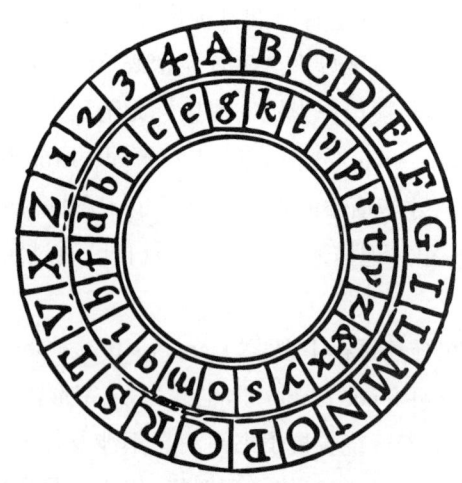

图 2-5 Leon Battista Alberti 密码盘

从 1915 年开始,人们发明了一系列机电转子密码机,其中最著名的是 20 世纪 20 年代由德国工程师 Arthur Scherbius 研制的恩尼格码密码机(Enigma machine)。在进入计算机时代之前,市面上销售的有数十种类型的密码机。这些机器都能生成流密码。其基本思路是由电流所经过的一系列旋转的转子的路径来决定字母的替换。每个字母被加密后,一些转子在各种凸轮、齿轮、凸耳和棘爪的控制下转动,并以数不清的方式改变替换。因此,如果我们将单词 INFANTRY 加密后得到了 PMRNQGFW,那么再经过数十亿次转动也不太可能再得到相同的加密结果。

自 20 世纪 60 年代以来,密码学逐渐向计算机化和数字化方向发展。1975 年,IBM 制定了数据加密标准(Data Encryption Standard,DES),并于 1977 年获得了美国国家标准局的认证。这促使了 Serpent、Twofish 等一系列分块密码的出现,最终美国国家标准与技术研究所(NIST)于 2001 年正式通过了高级加密标准(Advanced Encryption Standard,AES)。第 11 章会介绍这类密码。

密码学经历了从手工到机械,再从机电到数字化的发展。

2.6 为什么要选择对称密钥?

在这个公开密钥密码时代,问题就自然产生了:为什么会有人选择对称密钥密码? 有几个原因。

对称密钥密码速度更快。即使是最强最复杂的对称密钥方法,其速度也往往比主流的公开密钥方法快上数百甚至上千倍。事实上,公开密钥密码时的主要用途是为了保护对称密钥密码的密钥。密钥使用公开密钥方法传送,但消息本身则使用对称密钥方法加密。

公开密钥密码(Public Key cryptography,PKC)需要有公钥基础设施(Public Key Infrastructure)。必须由公钥服务器向潜在的通信者分发公钥。PKC容易受到各种中间人和欺骗攻击,即对手冒充发件方和/或接收方和/或密钥服务器,因此PKC需要大量的身份认证(authentication)和验证(verification)。请求公钥一方必须证明自己是接收方所在网络的成员。包含公钥的消息必须经过验证,以确保其来自服务器。服务器在首次发布公钥以及每次更改公钥时,都必须对接收方进行身份验证。新的一方加入网络时,必须对授权方进行身份验证。当服务器添加新网络时,所涉及的各方必须都进行身份验证。接收方还必须验证收到的消息未被第三方篡改或替换。所有这些都导致了要传输大量的消息。

对称密钥密码的运作没有任何管理负担。双方可以交换对称密钥消息,不涉及任何第三方或中间系统。当多方交换对称密钥消息时,唯一需要的授权是参与方都拥有当前密钥。未经授权方的将不能获得密钥,也无法读取消息。

交换消息并不是密码学的唯一用途。同样重要的作用是确保长期存储在计算机内、闪存驱动器等外部设备或云存储中的数据文件的保密性。PKC无法用于此目的。只有对称密钥方法适合数据文件保密。

当一个消息需要同时广播给多个接收方时,使用对称密钥方法可以轻松实现。只需要各方都拥有密钥即可。他们可以使用与其个人密钥分开的特殊广播密钥。或者,可以通过使用单独的密钥传输密钥(key-transmission key)向每个参与方发送消息密钥。对于公开密钥方法,你需要获取全体接收方各自的公钥,并进行所有相关的授权和验证。这是无法预先安排的,因为参与者可以随时更改他们的公钥。

最常见的公开密钥方法是RSA。该方法的优势在于,目前很难对大数进行因式分解(参见3.4节)。对于一个200位的十进制数而言,如果它没有小的质因数,在目前情况下是无法分解的。然而,当量子计算机可用时,这一切都将改变。麻省理工学院的Peter Shor教授设计出了一种量子算法,可以轻松地分解这种大小的数字。一旦发生这种情况,计算机中存储的所有RSA信息都将能够被读取。

到目前为止,尚没有方法可以通过量子计算机来破解对称密钥密码。如果对量子计算机有顾虑,对称密钥密码是你唯一的选择。

2.7 为什么要自创密码？

如果你是一个密码爱好者，那么想要打造属于自己的密码，原因不言而喻，因为你爱密码。模型火车爱好者设计、搭建、操控模型火车。模型飞机爱好者设计、搭建、试飞模型飞机。密码爱好者则是设计、实现、破解密码。

如果你是一名学习密码学的学生，构建自己的密码是一种不错的训练方法。这是学习如何构建和评估密码的最佳途径。当前的标准密码 AES(参见 11.5 节)不会长盛不衰，需要有人设计它的替代品。如果你也想参与其中，这本书也许是你最好的起点。

如果你是一位严肃认真的密码学家，肩负着保护高价值数据和通信的重任，那么可能会出于合理怀疑态度，质疑政府批准的密码算法是否像政府所声称的那样安全可靠，从而选择构建自己的密码。让我给你讲一个故事来支持你的疑虑。

大约在 1975 年，IBM 提出了一种现名为 DES(Data Encryption Standard，数据加密标准)的密码，随后成为对称密钥加密的全球标准。最初由 IBM 设计时，DES 采用了 64 位的密钥。然而，美国国家安全局(National Security Agency, NSA)要求将密钥长度从 64 位减少到 56 位，将剩下的 8 位用作校验和。

这完全没有道理。如果确实需要校验和，可以将密钥增加到 72 位。人们普遍认为美国国家安全局提出这个要求的真正原因是他们知道如何破解使用 56 位密钥的消息，但不知道如何破解使用 64 位密钥的消息。事实证明的确如此。

你可以合理地得出结论，美国国家安全局永远不会批准任何它无法破解的加密标准。在这种情况下，不难推断 NSA 能够破解所有不同形式的 AES。如果美国国家安全局能够破解 AES，那么其他国家的同行很可能也能破解 AES。

候选的全球标准密码是由少数专家构建的。众所周知，这些专家在美国马里兰州米德堡(Fort Meade)的 NSA 总部接受简报。在会议期间，NSA 人员向他们建议可能增强或削弱密码的技术。推荐的方法中可能隐藏着某种后门，仅让 NSA 能够轻松解密这些密码。此外，NSA 还可能提供工作、合同和研究资助，诱使专家采纳那些具有漏洞的方法。

这里确实存在一些推测，但密码学家往往非常保守[1]。如果你能想象出一个合理的

---

[1] 密码学家的原则是假设攻击者具有尽可能高的能力和资源，并努力设计安全性更高的密码来抵御各种潜在的攻击。即使某个弱点目前看起来可能无法被利用，未来技术的进步或者攻击者的新方法可能会改变这种情况。因此，在设计和选择密码标准时，密码学家们倾向于采取保守的态度，尽可能考虑各种可能的威胁，并努力提高系统的整体安全性。这样可以最大程度地保护信息免受未知的攻击方式。

弱点或漏洞,无论你的对手是否真能利用它,最好尽可能加以防范。

最后,你也许只是追求更快的速度、更简单的实现或更便宜的硬件。你可能希望在不牺牲安全性的同时构建自己的密码来实现这些目标。本书中介绍的方法可以帮助你做到这一点。

话虽如此,但请记住,实际上存在许多陷阱。不要只是创建了一种密码,就认为其"足够牢固"。很多密码都存在意想不到的弱点。即使是最强大的密码,也会因为操作错误而被攻破,比如所有消息都以标准报头开始、频繁重复使用密钥或者使用不同的密钥发送相同的消息。例如,在二战期间,许多德国情报被破译,正是因为它们都以"Heil Hitler(希特勒万岁)"开头。

这本书包含了构建牢不可破的密码所需的全部信息,但要记住,仅仅靠一本密码学专著并不能使你一夜之间成为专家。务必按照第 12 章介绍的原则来检查你的密码强度。

3

基本概念

本章内容包括：
- 比特和字节
- 函数和布尔运算符
- 质数和模运算

在我们进入正题之前，先来介绍一些基本概念。对此我不会花费太多时间，因为其中很多概念如今已经在学校里（甚至是低年级）教过了。其他更多的基本概念会在后续部分根据需要介绍。

3.1 比特和字节

数据以比特（bits，是 binary digits 的缩写）[①]的形式在计算机中存储。单个比特的取值可以为 0 或 1。在计算机中，比特的存储方式有多种，可以表示为开关的闭合，磁铁北极的上下，光的顺时针或逆时针偏振，电脉冲的小振幅或大振幅。

这些二进制数字（binary digits）可用于组成二进制数值（binary numbers）[②]。下面是 3 位二进制数及其等价的十进制数。前者称为八进制数，意味着其基数为 8：

[①] bit 一词常被译为"比特"或"位"。在本书的翻译过程中，当上下文清晰时，选择将 bit 译为"位"；在容易产生混淆的地方，将 bit 译为"比特"。

[②] "digit"通常指代一个单独的数位，如 0 到 9 中的任意一个数字。而"number"则指代一个完整的数值，可以由多个数字组成。

000= 0	100= 4
001= 1	101= 5
010= 2	110= 6
011= 3	111= 7

比特也可用于表示计算机逻辑中的逻辑值或真值。0 代表逻辑假，1 代表逻辑真。

字符，比如字母或数字，可以由 8 位二进制数（称为字节）表示。"字节"是 IBM 公司的 Werner Buchholz 在 1954 年创造的。由于二进制的每一位有 2 个可能的值，8 位可以表示代表 2^8 个不同的字符：即 256。这对于 26 个小写字母、26 个大写字母、10 个十进制数字、33 个标点符号（比如＝和＄）以及一些控制字符（比如制表符和换行符）来说已经足够了。

有几种方案能够表示额外的字符，比如西里尔字母ж、阿拉伯字母ش，甚至中文"是"，每个形符（logogram）①最多使用 4 个字节。不过这些都与我们无关。密码能够处理字符串，无需考虑其含义。被加密的字节可能是代表某些中文形符的四个字节中的第三个，这无关紧要。

就我们的目的而言，一个字节具有三种特性：(1) 它是连续的 8 个逻辑真/假值；(2) 它是一个 8 位二进制数，位于整数闭区间 $[0,255]$；(3) 它代表了某个字符，比如字母、数位、标点符号或形符的一部分。

3.2 函数和运算符

数学函数现在在小学阶段就开始教授，所以我相信不需要再解释这个概念，但建立一些符号和术语会有帮助。函数接受一个或多个值，并产生另一个值作为结果。所接受的值称为函数的输入或参数，返回的值称为输出或结果。我们称将函数应用于参数以产生结果。

函数可以用符号（比如＋）或字母表示。当使用符号时，称之为运算符，因此＋和×是运算符，而参数则称为操作数。如果函数只有一个参数，符号可以放在参数之前，比如 -5 或 $\sqrt{9}$，或者放在参数之后，例如 5!（即 5 的阶乘，等于 $1\times 2\times 3\times 4\times 5=120$）。如果有两个参数，符号放在它们之间，例如 $3+4$ 或 6×7。如果符号是一个字母，参数被置于括号中，比如 $f(x)$。函数表示为 f，参数表示为 x。如果有多个参数，彼此之间用逗号分

---

① 在语言学中，"logogram"一词通常译为"形符"、"书写符号"或"字形符号"。它指的是一种表征单词、词组或概念的图形符号，每个符号代表一个完整的词或意思。这些符号通常与特定的文字系统或书写系统相关联。古代的象形文字和许多汉字是典型的例子。

隔，例如 $f(a, b, c)$。某些关于计算机语言的书籍区分形式参数（arguments）和实际参数（parameters），但在这里并不重要。

3.3 布尔运算符

就像加法、减法、乘法以及其他操作数值的类似函数一样，当数值代表真假值时，有一些函数可以操作二进制位。这些函数称为逻辑运算符，或者布尔运算符（以纪念英国数学家 George Boole）。

如果 A 和 B 均为真值，那么逻辑函数 not、and、or、xor 的定义如下：

如果 A 为假，则 not A 为真，反之为假。

如果 A 和 B 均为真，则 A and B 为真，否则为假。

如果 A 或 B 为真或两者均为真，则 A or B 为真，否则为假。

如果 A 或 B 仅有其一为真，则 A xor B 为真，否则为假。

换句话说，如果 A 为真且 B 为假，或者 B 为真且 A 为假，A xor B 为真。xor 被称为异或运算符，通常用内含＋的圆圈符号 $\oplus$ 表示。and 和 or 运算符通常用符号 $\wedge$ 和 $\vee$ 表示。记住这些符号并不难，表示 and 的符号 $\wedge$ 看起来像没有横杠的大写字母 A。

以下是表格形式的 4 个布尔函数的值：

```
and      or       xor      not
00 0     00 0     00 0     0 1
01 0     01 1     01 1     1 0
10 0     10 1     10 1
11 1     11 1     11 0
```

通过对相应位的比特执行运算，这 4 个运算符可以从单个比特扩展到比特序列。如果 A 是 0011，代表由逻辑值"假假真真"组成的比特序列；如果 B 是 0101，代表由逻辑值"假真假真"组成的比特序列，那么应用以上 4 个布尔运算符可以得到：

```
        and    or     xor    not    运算符
A       0011   0011   0011   0011   第一个操作数
B       0101   0101   0101          第二个操作数
        0001   0111   0110   1100   结果
```

异或运算符广泛用于密码学中。例如，一次性密码本（参见第 14 章）的一种简单实现就是对消息的字节和密钥流的字节进行异或运算，如下所示：

	H	E	L	P	明文
消息	01001000	01000101	01001100	01010000	UTF-8编码的明文
密钥	10101100	10001011	11000010	00111001	
	11100100	11001110	10001110	01101001	密文

3.4　数值基数

在普通算术中,数值用十进制记数法表示。这种计数法是由印度人和阿拉伯人在 5 世纪和 7 世纪之间的某个时候发明的。因此,十进制数字也被称为阿拉伯数字(Arabic numerals)。这个系统是由比萨(Pisa)的 Leonardo(Leonardo Pisano,当时大家都称其为 Fibonacci)引入欧洲的[①]。

历史趣闻

在 Leonardo 所处的时代,大约是 1175 年至 1250 年期间,滑块拼图风靡一时。(有些人认为,这个拼图与传说中由 Noyes Chapman 于 1874 年发明的"十五拼图"[②]是同一个。)设有现金奖励的公开比赛在当时十分普遍。Leonardo 擅长拼图,从无败绩。他的竞争对手戏称他为"Fibonacci",意思是"傻瓜(bonehead)[③]",而 Leonardo 欣然接受了这个称号。Fibonacci 的名号逐渐响彻整个意大利。当 Fibonacci 在 1202 年写下 *Liber Abaci*(计算之书)一书时,他想让人们知道这本书的作者是大名鼎鼎的 Fibonacci。但如果直接说出来的话,会显得自夸和不庄重,所以他在书的扉页上署名 Filius Bonacci,意为"幸运之子"或"Bonacci 之子"。

后人没有理解这个意图,认为伟大的 Leonardo Pisano 不应该被称为"傻瓜"。他们猜测 Leonardo 的姓可能是 Bonacci。基于同样的原因,为了提醒读者他就是著名的 Fibonacci,在他的私人写作中,Leonardo 有时会俏皮地称自己为 Leonardo Bonacci(幸运的 Leonardo)。

随着时间的推移,人们逐渐遗忘了拼图天才 Fibonacci 的名字和荣誉,直到 1836 年,

---

① Leonardo 的全名是 Leonardo Fibonacci,也被称为 Leonardo Pisano,因为他出生于意大利的比萨市(Pisa)。"Fibonacci"是他的拉丁化姓氏,而"Leonardo"是他的名字。

② 十五拼图(Fifteen Puzzle)是一种滑块拼图游戏,由 15 个编号的正方形组成,这些正方形被放置在 4×4 的方格中,其中一个方格为空格,允许周围的方块向其移动。目标是通过移动方块将它们重新排列成正确的顺序,通常是从 1 到 15。十五拼图曾经在 19 世纪末和 20 世纪初非常流行,甚至还有专门的比赛和奖励。

③ 因为 Leonardo 做事情经常采取一些奇怪的方法,但是却总是能够成功解决问题,这给人留下了深刻的印象。虽然"bonehead"这个词与"Fibonacci"没有直接关联,但是有可能是后人自己发明的一种称号来形容 Leonardo 的智商水平和聪明才智。

> 当藏书家兼臭名昭著的盗书贼 Guglielmo Libri 将这所有细节联系在一起,终于明白了 Filius＋Bonacci＝Fibonacci。术语"Fibonacci 数"和"Fibonacci 序列"是由法国数学家 Edouard Lucas 在 1870 年前后创造的。

好的,言归正传。我们使用指数记法来解释十进制数。指数表示一个数乘以自身的次数。例如,5^3 表示 5 被自身乘以 3 次,即 $5×5×5$,结果为 125。对于指数表达式 B^E,读作"B 的 E 次方",或简称"B 的 E",B 称为基数(base),E 称为指数(exponent)。如果 N 是任意数,则 N^1 等于 N 本身。根据约定,除了 0,任何数的 N^0 均为 1。0^0 没有定义,因为用不同的方式计算 0^0 会得出不同的结果。

当我们写下一个十进制数值(即以 10 为基数),比如 3 456,它的意思是 $3×1\,000+4×100+5×10+6×1$。使用指数记法可以表示为 $3×10^3+4×10^2+5×10^1+6×10^0$。从右边的低位数字开始,在本例中就是 6,将其乘以 1;接下来的数字 5 被乘以 10;再接下来的数字被乘以 10^2,然后是 10^3,以此类推。如果这个数值有 50 位,则左边的最高位数字将乘以 10^{49}。

该过程在其他数制中类似。例如,二进制系统使用的基数为 2。二进制数 11001 可以表示为 $1×2^4+1×2^3+0×2^2+0×2^1+1×2^0$,即 $16+8+0+0+1=25$。在使用计算机工作时,常用的数制是十六进制(基数为 16)。十六进制中使用的数码是 0123456789ABCDEF 或者 0123456789abcdef,我更喜欢用大写字母 ABCDEF,因为这样所有的十六进制数码的高度都一样,更易于阅读。十六进制数 9AB 可以求值为 $9×16^2+10×16^1+11×16^0$,即 $9×256+10×16+11$,对应的十进制表示为 2475。

密码学中数值基数的一种用途是将文本转换为数值。我们很自然地将字母表中的 26 个字母与 26 进制中的数值联系起来,如下所示:

```
A B C D E F G H I J  K  L  M  N  O  P  Q  R  S  T  U  V  W  X  Y  Z
0 1 2 3 4 5 6 7 8 9 10 11 12 13 14 15 16 17 18 19 20 21 22 23 24 25
```

单词 WORK 可以表示为数值 $22×26^3+14×26^2+17×26+10$,或者 396 588。该值可以像任何数值一样进行操作,例如加法、减法或乘法。

大数可以用指数记数法(也被称为科学记数法)来表示,就像这样:$1.23×10^7$。这是 1.23 与 10^7(10 000 000)的乘积,结果为 12 300 000。这相当于把 1.23 的小数点向右移动 7 位。

3.5 质数

数值,特别是大于 1 的整数,可以被归类为质数或合数(composite)。如果一个数是两个较小正整数的乘积,那么它就是合数;否则就是质数。最先的几个合数分别是 $4=2\times2$、$6=2\times3$、$8=2\times4$、$9=3\times3$。最先的几个质数分别是 2、3、5、7、11。1 既不是质数也不是合数。

质数有一个重要性质:任何数都可以用唯一的方式(除了因数的顺序)写成质数的乘积。例如,由于 $30=2\times3\times5$,除了 2、3 或 5 之外,没有其他质数可以平分 30。这里的 2、3 和 5 被称为 30 的质因数(prime factors)。任何整数的质因数集合是唯一确定的。确定一个整数的质因数称为因式分解。

如果两个整数 A 和 B 没有共同的质因数,则二者称为互质。例如,20 和 27 是互质的。如果 N 为整数,则 N 和 1 总是互质,仅当 $N=1$ 时,N 和 0 才是互质。N 和 $N+1$ 始终互质。

使用正整数,当 A 除以另一个称为除数的数值 B 时,结果是商(quotient)和余数(remainder)。我们称商为 Q,余数为 R。Q 被定义为最大的整数,使得 QB 不超过 A。余数表示还剩下多少,即 $R=A-QB$。注意,$0\leq R<N$。例如,假设 A 是 40,B 是 11。不超过 40 的最大的 11 的倍数是 33,所以商为 3,因为 $3\times11=33$。余数为 7,因为 $40-33$ 等于 7。

3.6 模运算

对余数的研究称为模运算(modular arithmetic)。模运算由哥廷根大学的数学家 Carl Friedrich Gauss 于 1801 年引入。在模运算中,商被忽略,除数称为模数,余数称为留数(residue)。在前面的例子中,模数是 11,留数是 7。如果模数是 N,并且两个数 X 和 Y 具有相同的留数,我们说 X 和 Y 在模 N 下同余(congruent modulo N),或者等价地说,X 和 Y 同属于模 N 的同余类。写作 $X\equiv Y\ (\bmod\ N)$。例如,$40\equiv 7\ (\bmod\ 11)$,所以 40 和 7 在模 11 下属于同一个同余类。只要 $X-Y$ 是 N 的倍数,或者说只要存在整数 a 使得 $X=Y+aN$,那么 X 和 Y 在模 N 下将是同余的。

同余类遵循与普通整数相同的算术规则,例如:

$a+b\equiv b+a\ (\bmod\ N)$ 且 $ab\equiv ba\ (\bmod\ N)$,

$a+0\equiv a\ (\bmod\ N)$,$a-a\equiv 0\ (\bmod\ N)$ 且 $a\times 1\equiv a\ (\bmod\ N)$,

$(a+b)+c\equiv a+(b+c)(\bmod\ N)$ 且 $a(bc)\equiv(ab)c\ (\bmod\ N)$,

$a(b+c)\equiv ab+ac\ (\bmod\ N)$ 且 $(a+b)c\equiv ac+bc\ (\bmod\ N)$

我们称 $-a$ 为 a 的加法逆元。记法 $a-b$ 可以被视为 $a+(-b)$ 的简写形式。

乘法逆元的情况更为复杂。对于同余式 $ax \equiv b \pmod{N}$，要考虑三种情况：(1) 当 a 和 N 互质时；(2) 当 a 和 N 有一个不整除 b 的公因数 d 时；(3) 当 a、b、N 都能被公因数 d 整除时。

1. 假设 a 和 N 互质。那么存在唯一的留数 a'，它是 a 在模 N 下的乘法逆元，使得 $aa' \equiv 1 \pmod{N}$ 和 $a'a \equiv 1 \pmod{N}$。如果 a' 存在，则同余式 $ax \equiv b \pmod{N}$ 可以很容易地解为 $x \equiv a'b \pmod{N}$。关于 N 很大时计算 a' 的有效方法，参见 15.5 节。

2. 如果 a 和 N 具有公因数 $d > 1$，则 a 没有模 N 的乘法逆元。不存在一个 a' 使得 $aa' \equiv 1 \pmod{N}$。如果 b 不能被 d 整除，则 $ax \equiv b \pmod{N}$ 无解。例如，$4x \equiv 5 \pmod{12}$ 无解。

3. 假设 d 是 a 和 N 的最大公约数，表示为 $\gcd(a, N)$。也就是说，d 是能够同时整除 a 和 N 的最大整数。如果 a、b、N 都能被 d 整除，则可以通过将 a、b、N 除以 d 来简化同余关系，即 $(a/d)x \equiv (b/d) \pmod{N/d}$。

让我们看一个例子。考虑同余式 $8x \equiv 4 \pmod{12}$。两侧除以 4，得到简化的同余式 $2x \equiv 1 \pmod{3}$。这个同余式的解为 $x \equiv 2 \pmod{3}$，意味着 x 可以是形如 $3n+2$ 的任意整数。回到最初的同余式，x 是模 12 的留数，所以 x 必定位于 $[0, 11]$。在该区间内形如 $3n+2$ 的数有 2、5、8、11。这说明 x 可以取 2、5、8 或 11 中的任何一个值。因此，同余式 $8x \equiv 4 \pmod{12}$ 有 4 个解。

在本书后续部分，mod 被用作算术运算符。表达式 $x \bmod y$，其中 x 是整数，y 是正整数，表示 x 除以 y 的余数。因此，27 mod 3 等于 0，27 mod 4 等于 3，27 mod 5 等于 2。

4

密码学家的工具箱

> **本章内容包括：**
> - 密码的评级系统
> - 替换密码
> - 置换密码
> - 分割法，将字母分解为更小的单元
> - 伪随机数生成器

对称密钥密码包含几个基本要素。你可以将其视为行业工具。要构建一种强大的密码，你的工具箱里离不开这些工具，但这并不意味着应该在每种密码中都用遍所有要素。那样会导致过度复杂，并不会提高安全性。你的密码会变得迟缓，带不来任何额外的好处。本章将介绍替换、置换、分割法、随机数等内容。第10章和第11章还介绍了文本压缩和分块链接等工具。

在讨论这些要素之前，让我们先来谈谈强度。密码的强度是以位数（bits）来衡量的。每一位都代表一个二元选择。如果存在一种密码，每个密文只能代表两个可能的明文之一，那么该密码的强度将为1位。例如：

0＝我们输了
1＝我们赢了

密钥的长度是密码强度的一个限制性因素。如果一种密码使用64位密钥，则其强度最多只能达到64位，但如果密码较弱，强度也会降低。

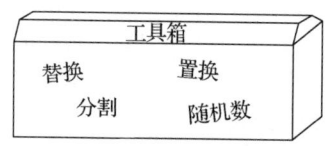

图 4-1 密码学家的工具箱

4.1 评级系统

为了让你对本书描述的密码强度有一个总体印象，我会按照从 1 到 10 对密码进行评级。这些是我的个人评级，基于我的经验和我对使用我所知的最佳技术破解密码所需努力程度的分析，还有密码之间以及与历史上被破解或未被破解的密码之间的比较。我会在每个评级之前给出大量分析：

- 1 表示初学者只使用纸笔并付出适度的努力即可破解的密码。
- 2 表示有经验的业余爱好者只使用纸笔即可破解的密码。
- 3 表示熟练的业余密码学家可以用手工方法破解的密码。
- 4 或 5 表示需要借助计算机和/或受过训练的密码学家。
- 6 到 9 表示专家级别所需的算力。
- 10 表示该密码能够抵御拥有大量训练有素的密码学家且使用当今最大的超级计算机的国家密码机构。

有时会不在这些等级范围以内：0 表示无需纸笔就能理解的密码，例如 Pig Latin[①] 或 GNITIRW EHT SDROW SDRAWKCAB。11 表示该密码将能够抵御未来可能出现的，比量子计算机或目前我们所能想到的超级计算机更强大的究极计算机的攻击。

了解了我是如何评定不同密码，你就知道该如何评定你在其他地方看到的密码，或自己发明的密码。每个评级只是一个估计值，并非强度保证。后者需要通过第 12 章中所描述的分析过程来实现。

4.2 替换

密码学家的工具箱中第一件工具是替换（substitution）。文本中的一个单元（unit）被

---

① Pig Latin 是一种英语变形游戏，常用于儿童之间的嬉戏。据说是由在德国的英国战俘发明来瞒混德军守卫的。在 Pig Latin 中，单词的首个辅音字母（或辅音字母组合）被移到词尾，并在其后加上 "ay"。例如，单词 "hello" 在 Pig Latin 中会变成 "ellohay"。这种变形可以增加单词的趣味性和机密性，同时也是一种练习语言规则和音节的方式。

替换为另一个单元。明文单元可以是单个字母、字母对偶或更长的字母分组。密文单元可以是字母、字母分组、数字分组或字母数字组合。当所有单元都是单个字母时,该密码称为简单替换或单字母替换(monoalphabetic)。在计算机密码学中,单元可以是任意长度的位、字节、位或字节分组。本节仅作概述,全面的讨论留待第5章和第6章。

已知最古老的替换密码之一可能是由 Julius Caesar 发明和使用的凯撒密码(Caesar Cipher),其中字母表中的每个字母都被其位置之后的第3个字母替换。在现代用法中,这可以是之前或之后的任何固定位置。凯撒密码的安全性评级为1级。

所有的明文单元并不要求具有相同的长度。假设密码采用字母表中的字母并替换为2位数字对偶(2-digit pairs)。字母表只有26个字母,但是有100个可能的数字对偶。这意味着密码学家可以将74个额外的数字对偶另作他用。其中一种已经实践了数百年的用法是在单个字母之外,替换常见字母对偶(比如 TH、ER、ON、AS、NT)以及可能的短词(比如 THE 和 AND)。明文单元的长度则为1、2或3个字母。这使得数字对偶的频率更加均匀。由于字母出现频率的差异可以用于破解密码,因此使频率均匀化有助于增强密码的强度。

另一种方法是使用额外的数字对偶为某些常见字母提供附加替换。这称为同音替换(homophonic substitution)。例如,你可以为 E 提供10个替换项,为 T 提供8个替换项,依此类推。给定字母的多个替换项称为同音词(homophones)。这类似于同音词 F 和 PH 在英语中代表相同的发音。提供多个替换项使得100个数字对偶的频率更加均匀。当然,字母对偶和同音替换这两种方法可以结合起来,进一步均匀化数字对偶的频率。换句话说,这些方法可以防止对手使用频率分析。

Huffman 编码

在计算机环境中,密文单元可以是比特串。由 David A. Huffman 于1952年发明的 Huffman 编码(Huffman Coding)就是一个很好的例子,当时他还是麻省理工学院的学生。我不打算介绍优化编码集的方法,这里只给出一个变长二进制编码(variable-length binary code)的概念性示例。在 Huffman 编码中,根据底层的字母频率表,最频繁出现的字母得到短码,而较少出现的字母得到长码。因此就可以使用较少的比特来表示消息。这称为文本压缩。在10.7节中,你会看到更强大的文本压缩方法。

英语中最常见的字母是 E 和 T,各自出现的概率约为 1/8。由于 $8=2^3$,我们用3个比特表示 E 和 T。我们可以随意选择任何3比特的值,比如 E=100 和 T=111。我将这种方法称为混合 Huffman 编码。接下来最常见的字母是 A、O、I、N、S、R、H,各自出现的概率约为 1/16，因此为每个字母使用 4 比特。我们可以使用任何 4 比特的编码，但不能是已经被使用的以 100 或 111 开头的编码。接下来的一组字母是 D、L、U、C、M、F、Y，各自出现的概率约为 1/32，所以需要 5 比特的编码。依此类推。

以下是我统计了英文文本中 15 万个字母之后所创建的一组混合 Huffman 编码。其他语言可能会有差异。Huffman 编码具有前缀属性（prefix property），也就是说没有任何编码是其他更长编码的前缀。例如，如果 ABCD 是一个编码，那么对于任意选择的二进制数字 A、B、C、D、E，ABCDE 不能再作为另一个有效编码。前缀属性由数学家 Emil Leon Post 在 1920 年首次提出。

```
E 100      D 00000    P 010010
T 111      L 01000    B 010011
A 0001     U 10110    V 110101
O 0010     C 10111    K 1101000
I 0011     M 11000    X 11010011
N 0101     F 11001    Q 110100101
S 0110     Y 11011    J 1101001000
R 0111     W 000010   Z 1101001001
H 1010     G 000011
```

使用这些编码组，单词 STYLE 将被编码为 0110 111 11011 01000 100。将其以 4 比特一组的形式重写，得到 0110 1111 1011 0100 0100，对应十六进制为 6FB44。

尽管对于 Sandra 的敌人 Emily 来说，很难识别出密文中每个字母的编码组，但她可以搜索更长的重复比特串。这些串代表常见的字母对偶（称为"双字母组"或"二元分词"[bigram]）、字母三连组合（称为"三字母组"或"三元分词"[trigram]）或者单词。例如，任何给定的 10 比特串应该大约每 2^{10}（1024）次出现一次。如果一个 10 比特串在 1024 个串中出现了 20 次或更多，那么几乎可以肯定其代表英语中最常见的单词 THE。如果你在文本中确定了单词 THE，那么就可以寻找像 THERE 或者 THESE 这样的扩展，因为它们很容易通过重复的字母 E 找到。混合 Huffman 编码的安全性评级为 3 级。

4.3 置换

第二个重要的密码工具是置换（transposition），即改变消息中字符的顺序。最简单的方法是路径置换（route transposition）：将消息的字母按照一种顺序写入网格中，然后按照另一种顺序读取出来。本节仅作简要概述，详细讨论参见第 7 章。

例如，消息"THERE IS NO LOVE AMONG THIEVES"共有 25 个字母，按照从左到右、逐行填充的方式写入 5×5 的网格中，然后按照从上到下、逐列的方式读取。从上到下读取时，该网格的最左列是 TIOOI。

```
T H E R E          明文：   THERE IS NO LOVE AMONG THIEVES
I S N O L
O V E A M          密文：   TIOOI HSVNE ENEGV ROATE ELMHS
O N G T H
I E V E S
```

将字母写入网格以及从网格中读出字母的常见路径包括：左右直行、上下直行、左右交替直行、上下交替直行、从任意角落开始的对角线、交替方向的对角线，顺时针或逆时针向内或向外螺旋。路径置换密码的安全性评级为 1 级。

4.4 分割

分割（fractionation）[①]是将字符分成更小单元的过程。我们已经见过一种方法，将字符表示为二进制数。该二进制数的每一位可以作为一个独立的单元进行操作（替换或置换）。本节仅作简要概述，详细讨论参见第 9 章和第 10 章。

将字母表示为两位数字的经典方法是 Polybius 方阵（Polybius Square），这是由希腊历史学家 Polybius 于公元前二世纪发明的。下面是一个 5×5 的网格，使用了包含密钥单词 SAMPLE 的混合字母表。请注意，为了使 26 个字母纳入 25 个方格的网格，字母 I 和 J 共用一个方格。

```
    1 2 3 4 5
1   U V W X Y         使用密钥单词SAMPLE的混合
2   Z S A M P         Polybius方阵
3   L E B C D
4   F G H IJ K
5   N O Q R T
```

因为 A 在第 2 行第 3 个格子，所以表示为 23。B 表示为 33，C 表示为 34，依此类推，Z 表示为 21。I 和 J 都表示为 44。然后，以各种方式对这些数字进行替换、置换、重新分组。可以使用该网格或者另一个按照不同混合顺序排列的 Polybius 方阵将数字对偶变回字母。

现代版本的 Polybius 方阵会使用 ASCII 或 UTF-8 编码中的十六进制值替代每个字符。因此 A=41，B=42，C=43，…，Z=5A。类似地，可以对这些十六进制数字进行替换、置换、重新分组，并转换回字节。

一个有趣的例子是由 M. E. Ohaver 在 1910 年发明的分割摩斯密码（Fractionated

---

① 根据 fractionation 一词在密码学中的定义（Fractionation is a method of splitting letters so that each plaintext letter is represented by two or more symbols.），选择将该词译为"分割"。

Morse）。因为不喜欢自己的名字 Merle，Ohaver 一直使用缩写"M. E."。

> **历史注释**
>
> Craig Bauer 在其著作 *Secret History：The Story of Cryptology* 的第 241 页脚注处指出 M. E. Ohaver 是多产的流行小说作家 Kendell Foster Crossen 的笔名之一。事实并非如此。Crossen 有时使用笔名 M. E. Chaber，该名字取自希伯来语中的 "מחבר"（mechaber），意为"作者"。

在分割摩斯码中，字母被划分为固定大小的组，比如每组 7 个字母，并将其使用等价的摩斯码进行替换，以 / 作为字母分隔符。然后，颠倒编码组的长度，再将调整后的编码组变回字母。

```
E   X     A   M   P   L   E       明文
·/-··-/·-/--/·--·/·-··/·/          等价的摩斯码
1   4     2   2   4   4   1       编码组长度
1   4     4   2   2   4   1       相反顺序的长度
·/-··-/·--·/·-/--/·-··/·/          重新分组后的摩斯码
E   X     J   A   N   L   E       等价字母
```

摩斯码是由 Alfred Vail 于 1840 年发明的，以他的雇主 Samuel F. B. Morse 的名字来命名。

这种密码有几个明显的弱点。由于使用了标准的摩斯字母表，唯一的密钥就是字母组的长度，只需尝试几次即可猜到。明文字母通常被替换为自身。有 30 种不同的摩斯码组，但只有 26 个字母，因此额外需要 4 个字符。为此，Ohaver 使用了日耳曼语中的 ä、ë、ö、ü。分组摩斯码的评价为 1。

这些问题可以通过两处修改在一定程度上得到修复：(1) 只使用长度为 1、3、4 的摩斯码组。这样的组合正好有 26 种，完美适配字母表的 26 个字母。(2) 打乱字母顺序，也可以打乱摩斯码组的顺序，两者效果一样。我称这个增强版为 FR-Actionated Morse。例如，使用密钥单词 MIXEDALPHBT 将字母表与标准顺序的摩斯码组混合，你会得到：

```
M ·-       P ···       Y ····      N -
I ·--      H ··-       Z ···-      O --
X ·-·      B ··--      C ····-     Q ---
E ·--·     T ·-·-      F ···--     R ----
D ·-··     U ··-·      G ··---     S ----·
A ·---     V ·-··-     J ·----     
L ·-···    W ··-··     K -···     
```

即便是有了这些改进措施，FR-Actionated Morse 的评级也只是 2。

· 28 ·

4.5 随机数生成器

随机数生成器可以是能够产生一定范围内数字序列的任何东西。这些数可以是单个比特、8位字节、十进制数字或其他所需范围内的数值。例如,范围在 0 到 25 之间的数(对应着字母表的 26 个字母)可用于某些密码。本节仅对该主题作简要概述,详细讨论参见第 13 章。

重要的是要认识到,"随机数"并不存在。你不能说 51 是一个随机数,而 52 不是,或者反过来。但是你可以说,序列 51,52,53,54……并不随机,因为这个序列是完全可预测的。随机性是序列或生成器的属性,而不是序列中的各个数的属性。所以,比"随机数序列(a sequence of random numbers)"更准确的表述是"数值随机序列(a random sequence of numbers)"。

生成器可以是物理过程,比如宇宙射线、盖格计数器的响声①、计算机击键的精确时序、劲风中旗帜的挥舞、海浪拍打所产生的水雾、匆忙赶乘火车的人们等等。对于加密而言,大多数物理源还不够快,但是数值序列可以被存储在计算机文件中以备后用。

生成器也可以是数学函数或计算机程序,每次调用时都会产生一个数。由数学算法产生的随机数称为伪随机数,以区别于真随机数。前者弱于后者,因为确定了部分随机序列的对手可能能够计算出前后的数,进而读取消息。真随机数无法由数学函数产生。在第 13.8 节中,我会展示一种生成密码学意义上安全的伪随机数序列的方法,防止对手扩展序列段落。

伪随机序列和真随机序列之间的一个关键区别是,伪随机序列最终会重复出现,而真随机序列永远不会重复。序列出现重复之前的项数称为周期长度(period)。例如,序列 3,1,9,2,4,3,1,9,2,4,3,1,9,2,4,3……周期长度为 5(以下划线标出)。一般来说,周期长度越长,密码越强。

数值序列的随机性并不意味着这些数的概率相同。例如,假设你正在观察驶过繁忙桥梁的汽车的颜色。这些颜色是随机的,但某些颜色比其他颜色更常见。白色、黑色、银色、红色要比橙色、品红色或黄绿色常见得多。同样,在掷骰子的游戏中,如果骰子是公平的,那么每次掷出的结果都是随机的,但掷出 7 点的可能性是掷出 12 点的 6 倍。

在 13.14.1 和 13.14.2 节中,我将讨论如何"采收(harvest)"这些序列中的随机性,

---

① 盖格计数器(Geiger counter)又叫盖格-米勒计数器(Geiger-Müller counter),是一种用于探测电离辐射的粒子探测器,通常用于探测 α 粒子和 β 粒子,也有些型号的盖格计数器可以探测 γ 射线及 X 射线。

以获得数值概率基本相等的序列。我将假定任何随机数生成器都会产生具有相等概率的数。这称为均匀分布或等概率分布。使用优秀的随机数生成器，生成的二元组和三元组等也会具有均匀的概率分布，甚至可以扩展到八元组或更高。

链式数字生成器

最后以一个可以使用纸笔轻松实现的伪随机数生成器结束本节内容。完全不需要计算机。我们称之为"链式数字生成器（Chained Digit Generator）"。先写一个 7 位十进制数，这 7 个数位称为种子或初始值或初始化向量。对于任何使用该生成器的密码，可以将其视为密钥或部分密钥。要生成伪随机数的第 1 位，只需将原数的第 1 位和最后 1 位相加。然后将结果追加到原先数字序列的末尾，并将第 1 位数涂黑。因此，从 3920516 开始，我们将 3 和 6 相加得到 9。

```
3920516
39205169
```

每当和超过 9 时，我们都会去掉十位上的数字。也就是说，加法是通过与 10 求模完成的，这有时被称为无进位加法（non-carrying addition）。我们重复这个过程，得到伪随机数的第 2 位。这里 9+9 得到 18。我们去掉十位上的数字得到 8。

```
39205169
392051698
```

这个过程可以重复进行，以获得所需数量的伪随机十进制数。

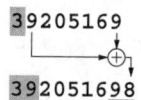

最终得到的伪随机序列是 9800562199940232……

注意，如果种子中的所有数字都是偶数，则生成伪随机数的所有数字也将是偶数。同样，如果所有数字都可以被 5 整除，即为 0 或 5，则生成的所有数字也将能被 5 整除。在这种情况下，周期最多只能达到 128，因为种子是 7 位数，而可能的 0 和 5 的组合只有 $2^7=128$ 种。由于这样的种子不能生成长周期，属于不合格的种子。对于链式数字生成器来说，一个合格的种子必须至少包含一个奇数位和一个非 5 的倍数的位。例如，2222225 是一个合格的种子，而 2222222 和 5555555 则不合格。合格的 7 位数种子的周期始终为 2 480 437。

该生成器的行为类似于自制的伪随机数生成器，共计 10^7 个可能的 7 位数种子。如果你从任意一个种子开始,生成器将循环产生一些数字序列,直到再次生成该种子,因此7位数集合被分为几个不同的离散周期(cycle)[①],各自都有自己的周期长度。如果选择一个合格的种子,那么周期将总是有 2 480 437 个数字的最大可能周期长度。该长度的独立周期有 4 个,再加上由不合格的种子产生的若干更短的周期。

其他大小的种子也具有类似的行为。即使随机数生成器的最大周期长度很短,由于可能存在多个最大周期,因此仍然有很高的概率获得一个最大周期。下表列出了使用合格种子获得特定长度的周期的概率:

位数	周期长度	概率
4	1 560	100%
5	168	86.7%
6	196 812	99.974%
7	2 480 437	100%
8	15 624	98.817%
9	28 515 260 at least 2 851 526	79.999% 99.9988%
10	1 736 327 236 at least 248 046 748 at least 13 671 868	86.9% 99.31% 100%

根据上表,长度为 5 位数和 8 位数的种子是不安全的。这类种子会产生很高比例的极短周期。长度为 7 位数和 10 位数的种子是最好的选择,因为总能获得一个较长的周期。

这个随机数生成器仅仅是一个演示模型,旨在展示使用简单手工方法可以实现的功能,不适用于高安全性的工作。

4.6 有用的组合和无用的组合

本章介绍的四种基本技术能够以无数种组合方式使用,我将在本书余下部分中展开探讨。然而,重要的是要认识到,不是每种组合都是有益的。有些组合只是徒增了工作量,并未增加强度。

考虑某些初学者的思路。他们对消息进行简单替换,然后对结果文本进行第二次简

[①] 在随机数生成器中,"period"通常指的是生成器产生的一组数字序列中出现重复序列的最小周期长度。而"cycle"则是指这个最小周期内的数字序列,即随机数生成器循环生成的数字序列。因此,一般将"period"译为"周期长度"或"循环长度",而"cycle"则译为"周期"或"循环序列"。

单替换,然后再进行第三次,以此类推,重复 5 次、10 次,甚至 100 次。这纯粹是瞎折腾。两次简单替换与一次简单替换没什么两样,只是换用了不同的混合字母表而已,因此多次简单替换并没有增加任何强度。说明如下。这两次替换使用了密钥 FIRST 和 SECOND。第三次替换等同于先进行第一次替换,再进行第二次替换。

```
ABCDEFGHIJKLMNOPQRSTUVWXYZ      第一次替换
XYZFIRSTABCDEGHJKLMONPQUVW

ABCDEFGHIJKLMNOPQRSTUVWXYZ      第二次替换
UVWXYZSECONDABFGHIJKLMPQRT

ABCDEFGHIJKLMNOPQRSTUVWXYZ      等价替换
QRTZCIJKUVWXYSEONDAFBGHLMP
```

来看一个例子。如果我们使用第一次替换来加密单词 EXAMPLE,结果为 IUXEJDI。如果用第二次替换来加密 IUXEJDI,则结果为 CLQYOXC。你可以自行验证,对 EXAMPLE 使用等价替换加密,得到的结果也是 CLQYOXC。

先后进行两次加密称为二次组合加密。前面的例子表明,两次简单替换的组合只是产生了另一次简单替换。首先使用一种加密方法对明文进行加密,然后再使用另一种密码对第一次加密后的结果进行加密,这称为多重加密(superencipherment)。最常见的超级加密形式是非进位加法,或者模 10 加法,其工作原理如下:

```
12155  12155  12155  12155     多重加密密钥
61587  02954  70069  53028     明文编码组
73632  14009  82114  65173     多种加密后的编码组
```

Bazeries 4 型密码

让我们来看看相反的情况。有一种密码,在替换步骤之后紧接着是一个非常简单的置换步骤,由此产生了更强的加密效果。

该密码是由才华横溢,同时脾气暴躁且口无遮掩的法国密码学家 Étienne Bazeries 于 1898 年提出的。我不知道 Bazeries 为其取了什么名字,我称之为 Bazeries 4 型密码 (Bazeries type 4 cipher),因为这是他在 1890 年代向外交密码局(Bureau de Chiffre)[①]提议的 4 种密码中的最后一个。这种密码可以很容易地手工实现。

Bazeries 4 型密码由简单的替换步骤和置换步骤(我称之为分段翻转)组成。置换步

---

① Bureau de Chiffre 是法国历史上的一家密码机构,成立于第一次世界大战期间,负责加密和解密法国的军事和外交通信,在密码学和信息安全领域扮演了重要角色。该机构也曾是法国情报部门的一部分,并在第二次世界大战期间继续发挥作用。

骤按照一个由小整数序列组成的密钥翻转文本中的短小片段。下面是一个示例，使用密钥单词 BAZERIS 混合替换字母表，置换密钥为 4、2、3。

```
ABCDEFGHIJKLMNOPQRSTUVWXYZ      明文字母表
HGFDCBAZERISYXWVUTQPONMLKJ      密文字母表

THEQUICKBROWNFOXJUMPSOVERTHELAZYDOG    消息明文
PZCUOEFIGTWMXBWLROYVQWNCTPZCSHJKDWA    替换之后

4    2   3    4     2   3    4     2   3    4     2   3
PZCU OE  FIG  TWMX  BW  LRO  YVQW  NC  TPZ  CSHJ  KD  WA    置换密钥
UCZP EO  GIF  XMWT  WB  ORL  WQVY  CN  ZPT  JHSC  DK  AW    最终密文

UCZPE  OGIFX  MWTWB  ORLWQ  VYCNZ  PTJHS  CDKAW   每5个字符为一组的密文
```

这种置换方法能够强化很多类型的密码，值得拥有自己的名号。我们称其为分段翻转（Piecewise Reversal）。你可以通过在数字键中使用负数，按正常顺序混合一些文本片段，从而增强这种置换方法。下面的示例使用了数值密钥（numeric key）3、4、−3、2。请注意，这个密钥等价于 3、4、1、1、1、2。

```
3    4     -3   2     3    4     -3   2     3    4     -3   2
THE  QUIC  KBR  OW    NFO  XJUM  PSO  VE    RTH  ELAZ  YDO  GS    明文
EHT  CIUQ  KBR  WO    OFN  MUJX  PSO  EV    HTR  ZALE  YDO  SG    置换后
```

密码局的密码学家们无法解密 Bazeries 提供的任何消息样本。尽管付出了相当大的努力，这些消息经过了 40 年也仍未得出答案，直到著名建筑师兼业余密码学家 Rosario Candela 解开了谜团，并为此写了一本书（*The Military Cipher of Commandant Bazeries*, Cardanus Press：New York, 1938）。

然而，Candela 无法直接解密这些消息。不过，他发现并利用了 Bazeries 从密钥生成替换字母表所用方法中的一个弱点。如果 Bazeries 使用了更强的方法来混合密码字母表，Candela 就无能为力了。因此，我们将 Bazeries 4 型密码（使用了经过密钥充分混合的字母表）的安全性评级为 5 级。对于组合了两种安全性评级分别为 1 级的方法来说，这个结果相当不错。

> **历史趣闻**
>
> Candela 毕业于哥伦比亚建筑学院，因此他计划把自己的书交给哥伦比亚大学出版社发行。当时的美国密码学家协会主席 William F. Friedman 得知此事后，私下阻止了这本书的出版。这再次佐证了 Bazeries 4 型密码的强大。

5 替换密码

> **本章内容包括：**
> - 简单替换密码和多字母替换密码
> - 使用 Kasiski 测试和重合指数破解多字母替换密码
> - 自动密钥和滚动密钥密码及其破解方法
> - 模拟转子密码机

现在我们准备更深入地探讨上一章中介绍的基本工具。在开始描述各种密码之前，我先来明确声明这些密码试图实现的目标。荷兰语言学家及博学者 Auguste Kerckhoffs 于 1883 年在 *Journal des Sciences Militaires* 发表的一组文章中首次表达了这些原则：

1. 密码在实践中应该是牢不可破解的，即使在理论上未必如此。
2. 即使敌方知晓系统，这一点也应该成立。
3. 密钥应易于记忆（不需要笔记）且易于更换。
4. 应该可以通过电报传输密文。
5. 设备和文件应易于个人携带和操作。
6. 密码应易于使用，不应有复杂的规则或计算。

第 4 条原则可能需要更新为"通过数字方式传输密文"。除此之外，这些原则从 1883 年至今仍然有效。

第 2 条原则的一个推论是，密码的强度应完全依赖于密钥。Kerckhoffs 还认为，只有密码学家才有资格评估密码的安全性。而选择使用哪种密码的决定多是由缺乏密学专业知识的政府官员做出,有时可能导致灾难性后果。

5.1 简单替换

简单替换也称为单字母替换(monoalphabetic substitution),就是你在报纸和杂志的智力游戏栏目中看到的那种熟悉的密码类型。在简单替换密码中,消息的每个字母都被一致且均匀地替换为另一个字母。因此,如果字母 M 在某个位置被替换为 T,则消息中的每个 M 都将被替换为 T,而密文中的每个 T 都代表 M。

由于大多数人都熟悉简单替换密码的解密技巧,我对其仅作提及:字母频率、首字母频率、末字母频率、双字母组频率、字母对偶频率、短单词、常用前缀和后缀、元音和辅音的分布、模式单词以及利用标点符号等。

对于报纸上简单的密报(cryptogram),通常只需要查看短单词即可。如果你发现 AB 和 CBA,那么单词很可能是 TO 和 NOT,而 AB 和 BAC 则往往是 OF 和 FOR。模式 ABCA 可能是 THAT,ABCDC 意味着 THERE,ABCDB 可能是 WHICH。如果你在网上搜索,也许会发现销售模式单词列表的网站,或者能够找出与你提供的模式相匹配的单词的网站。

对于更难的密报,比如 FOXY PIXY MANX AXED TOXIC LUXURY ONYX SPHINX 这样的文本,需要更有组织的方法。

我将使用下列密报来演示该过程。语言已知为英语。文本共有 73 个字母和 11 个单词,平均单词长度为 6.64 个字母,而正常的英语单词长度为 5.0 个字母。为了增加谜题的难度,其中不包含 5 个字母以下的短单词,也没有模式单词。

RULEYS YLCRS KLEYXDO GVLEBDVS BWLEKVMC IVQOR KIGXGQLOWUS KSYIWZ,
ZLORUS LOBZQC SQXMV

第一阶段是识别元音字母和辅音字母。首先计算每个字母出现的次数,以得到频率统计。在该密报中,字母 A 的计数是 0,字母 B 的计数是 3,字母 C 的计数是 3,依此类推。完整的频率统计如下:

A-0　B-3　C-3　D-2　E-4　F-0　G-3　H-0　I-3
J-0　K-4　L-8　M-2　N-0　O-5　P-0　Q-4　R-4
S-7　T-0　U-3　V-5　W-3　X-3　Y-4　Z-3

请注意,这里只有两个高频字母,L 和 S,出现的频率分别为 8 和 7。在正常的英文文本中,元音字母占总字母数的 40%。这个比例很稳定,即使字母频率被有意干扰也通常保持不变。在密报中有 73 个字母,因此应该有 29 个元音。这差不多要求 L 和 S 都代表元音,除非频率发生了严重倾斜。

接下来,你可以制作一个接触表(contact chart),将字母表中的字母垂直排列在页面中央。密报中出现的每个字母各占一行。在每一行中,在中心字母之前出现的每个字母都列在左边,在中心字母之后出现的每个字母都列在右边。例如,图表的第一行是 EO B DWZ,表示在密报中,字母 B 之前分别是 E 和 O,之后分别是 D、W、Z。以下是这个密报的完整接触表(为了节省空间,显示为 3 列)。

```
    EO  B  DWZ         UYKVWQZ  L  ECEEEOOO      GDKIM  V  LSMQ
    LMQ C  R                VX  M  CV             BOI   W  LUZ
     XB D  OV            DQLLL  O  RWRB           YGQ   X  DGM
   LLLL  E  YYBK          VGZS  Q  OLCX           EES   Y  SLXI
     IX  G  VXQ            COO  R  USU             WB   Z  LQ
     KY  I  VGW         YRVUKU  S  YQ
      E  K  LVIS          RWR  U  LSS
```

接触表用于辨识元音字母和辅音字母。一般而言,元音字母会与左右两侧的各种字母广泛接触,而辅音字母往往只与有限数量的字母接触。根据接触表,可以确定 4 个可能的元音字母,即 L、Q、S、V,以及 4 个可能的辅音字母,即 E、O、R、U。我们使用符号。表示元音字母,使用符号×表示辅音字母,查看它们的分布是否合理。

```
RULEYS YLCRS KLEYXDO GVLEBDVS BWLEKVMC IVQOR KIGXGQLOWUS
xx○x-o -o-x○ -○x---○ -○○-○-- -○-○xx  -----○x○---

KSYIWZ, ZLORUS LOBZQC SQXMV
-○----  -○xxx○ ○x--○- -○x-○
```

在第 3 个单词 EYXDO、第 7 个单词 KIGXG 和第 8 个单词 YIWZ 中,有 3 处连续没有元音字母出现的较长片段。这表明 I 和/或 X 可能是元音字母。虽然 I 和 X 与很多不同的字母都有接触,但是 X 代表元音的可能性极低,因为那样的话,第 11 个单词将以 3 个元音字母开头并以元音字母结尾,这在英语中很罕见。我能找到的唯一例子是 OUIJA(占卜板)。(由于有重复的 I,SQXMV 不可能是 AIOLI)。所以,I 很可能是元音字母,而 X 是辅音字母。

让我们再次区分元音和辅音。在密文中,有 5 对推测性元音字母(tentative vowels)[①]:VL、VS、VQ、QL、SQ。在英语中,元音对偶并不常见,所以很可能 V 或 Q 其实是辅音字母。基本上可以排除 Q,否则的话,第 10 个单词将以 5 个辅音字母结尾。我所知

---

① 在分析密文时,有时会出现没有足够的上下文信息来确定某个字母是否是元音的情况。这些字母被称为"tentative vowels",因为它们可能是元音字母,也可能是辅音字母,需要进一步的分析来确定它们的身份。在这种情况下,通常需要观察其周围的字母以确定它们是否在一个可能是元音的位置。

道的唯一一个这样的 6 字母单词是 ANGSTS(焦虑)。

让我们把 I 作为元音字母,把 V 和 X 作为辅音字母,看看情况如何。

```
RULEYS YLCRS KLEYXDO GVLEBDVS BWLEKVMC IVQOR KIGXGQLOWUS
xx0x-0 -0-x0 -0-x-x- -x0x--x0 --0x-x-- 0x0x0 -0-x--0x-x0

KSYIWZ, ZLORUS LOBZQC SQXMV
-0-0--, -0xxx0 0x--0- 00x-x
```

看起来没错。从第 3 个单词中,我们现在可以确定 D 是元音字母,从第 11 个单词中,可以推测出 M 也是元音字母。现在已经找到了全部 6 个元音字母,所以其他的必然是辅音字母。以下是辅音字母和元音字母的完整分布情况。

```
RULEYS YLCRS KLEYXDO GVLEBDVS BWLEKVMC IVQOR KIGXGQLOWUS
xx0x0 x0x0 x0x0x0 x00x0x0 x0x0x0x 0x0x 0 x0xx00x0

KSYIWZ, ZLORUS LOBZQC SQXMV
x0x0xx, x0x0x 0x0x0 00x0x
```

```
xx B 0xx        xxxxx0x L xxxxxxx      x0x00 V 0000
000 C x         xx M xx                xx0 W 0xx
xx D xx         0000 O xxxx            xx0 X 0x0
0000 E xxxx     xxxx Q xxxx            xx Y 00x0
0x G 0          xxxxx R xxxx           xx Z 00
xx I xxx        xxxxx S x0
x K 0xx         xxx U 000
```

第二阶段是识别各个字母。下面的字母联系表展示了英文字母的联系特征。不同的语言具有不同的特点。例如,字母 M、V、Z 通常前后都有元音字母,而字母 N 通常前面是元音字母,后面是辅音字母。我使用古腾堡计划(Gutenberg Project)的英语语料库编制了这张表。

字母接触表

之前	之后		
	元音字母	混合后	辅音字母
元音字母	MVZ	RX	N
混合后	BJQW	CDFGLPST	
辅音字母	H	Y	AEIOU

在密报中,明文 H 可以作为密文 U 很好的候选。然而,U 在单词结尾的双字母组 US 中出现了两次,因此这是不太可能的。

明文 N 可以作为密文 E 和 O 的有力候选项。E 和 O 代表的辅音字母前面都有元音字母,并且后面跟着辅音字母。然而,O 是更好的选择,因为其出现频率更高,而且它位于单词 ZLORUS 的两个已知辅音字母之前。在英语中,3 个辅音字母的组合多以 N 开头,比如 NST 和 NTH。所以,O 更有可能代表 N。由此可得:

```
RULEYS YLCRS KLEYXDO GVLEBDVS BWLEKVMC IVQOR KIGXGQLOWUS
××o×o  ×oo×o ×o×××o  ××o×o×o  ××o×o×o× o×oN× ×o×××ooN×o

KSYIWZ, ZLORUS LOBZQC SQXMV
×o×o××, ×oN×o  oN×o×  Yo×o×
```

现在可以尝试寻找符合某些模式的可能单词。我发现有 67 个单词符合 ZLORUS ×°N××,其中 32 个以 E 结尾,27 个以 Y 结尾。另有 37 个单词符合 SQXMV °°×°× 且不包含 N,其中 15 个以 Y 开头,但只有 1 个以 E 开头。因此,密文 S 最有可能代表明文 Y。由此可得:

```
RULEYS YLCRS KLEYXDO GVLEBDVS BWLEKVMC IVQOR KIGXGQLOWUS
××o×Y  ×o××Y ×o×××N  ×o×××Yo  ××o×o××  o×oN× ×o×××ooN××Y

KSYIWZ, ZLORUS LOBZQC SQXMV
×Yo××,  ×oN××Y oN×o×  Yo×o×
```

密文单词 IVQOR 和 ZLORUS 都包含双字母组 OR。让我们尝试识别。已知 IVQOR °×°N× 不包含 Y,那么只剩下 24 个可能的单词,其中 12 个以 G 结尾,8 个以 S 结尾,因此密文 OR 很可能是 NG 或 NS。ZLORUS ×°N××Y 可能对应的明文单词现在只剩下 26 个,其中第四个字母有 8 次为 G,6 次为 T,但只有 1 次为 S。故密文 OR 最可能代表明文 NG。由此可得:

```
RULEYS YLCRS KLEYXDO GVLEBDVS BWLEKVMC IVQOR KIGXGQLOWUS
G×oo×Y ×o×GY ×o×××N  ×××o×Y   ×××××××  o×oNG ×o×××ooN××Y

KSYIWZ, ZLORUS LOBZQC SQXMV
×Yo××,  ×oNG×Y oN××o× Yo×o×
```

第一个单词 RULEYS 有 8 种可能性。这些仅包含双字母组 UL 的 6 种可能性。对于每种选择,让我们看看单词 ZLORUS 的可能性。

UL	RULEYS	ZLORUS
HO	GHOSTY	none
LU	GLUMPY	JUNGLY
NA	GNARLY	none
RI	GRIMLY	none
	GRISLY	none
RO	GROSZY	none
	GROWLY	none
RU	GRUMPY	HUNGRY

ZLORUS=JUNGLY 可以立即被排除，因为 KSYIWZ 将会呈现为×Y×∘×J 的姓氏。英语中没有这样的单词。这意味着 RULEYS 代表 GRUMPY，而 ZLORUS 代表 HUNGRY。填入这些新字母，可以得到：

```
RULEYS YLCRS KLEYXDO GVLEBDVS BWLEKVMC IVQOR KIGXGQLOWUS
GRUMPY PU×GY ×UMP×N ××UM∘×Y ××UM××∘ ∘×∘NG ×∘×××∘UN×RY

KSYIWZ, ZLORUS LOBZQC SQXMV
×YP∘×H, HUNGRY UN×H∘× Y∘×∘×
```

其余的字母可以轻松填写。现在显然第二个单词是 PUDGY，第三个单词是 BUMP-KIN，由此得到第八个单词 BYPATH，依此类推。

完成的密报为 GRUMPY PUDGY BUMPKIN CLUMSILY STUMBLED ALONG BACKCOUNTRY BYPATH, HUNGRY UNSHOD YOKEL。

简单替换的评级为 1。当字母频率和接触频率被有意修改时，比如在这个例子中，评级可以提高到 2 或 3。这是个很好的谜题，但对于一般通信毫无用处。

5.2 字母混合

简单替换需要一个混合字母表，有几种传统的纸笔实现方法。一种获取混合字母表的方法是使用密钥单词。在最简单的情况下，你只需从某个位置开始写入密钥单词，然后在后面填入字母表的其余部分，按需循环填充。剩下的字母可以依序或倒序填充。下面给出了三个例子：

```
ABCDEFGHIJKLMNOPQRSTUVWXYZ    明文
UVWXYZSAMPLEBCDFGHIJKNOQRT    密文

ABCDEFGHIJKLMNOPQRSTUVWXYZ    明文
HGFDCBSAMPLEZYXWVUTRQONKJI    密文

ABCDEFGHIJKLMNOPQRSTUVWXYZ    明文
XYZBCDSAMPLEFGHIJKNOQRTUVW    密文
```

这种方法首次由 Argenti 家族使用，他们在 1600 年左右担任多位教皇和主教的密码秘书（cipher secretary）。这些字母表混合得不太好。使用两个密钥单词效果会更好些，比如：

```
KLMNOPQUVWXYZFIRSTABCDEGHJ    明文
HGFBASECONDZYXWVUTRQPMLKJI    密文
```

列混合

将字母表写成块状。密钥单词写在顶行，字母表的其余部分根据需要写作多行。较长的密钥单词能够提供更好的混合效果。然后按列读取块中的字母。在此示例中,密钥单词 SAMPLE 已写在顶行。从上往下依次读取的第一列为 SBIRY,第二列为 ACJTZ,依此类推。如果愿意,你可以按列上下交替读取,也可以选择其他路径。

```
SAMPLE      向下读取：   SBIRY ACJTZ MDKU PFNV LGOW EHQX
BCDFGH
IJKNOQ      交替读取：   SBIRY ZTJCA MDKU VNFP LGOW XQHE
RTUVWX
YZ          对角读取：   Y RZ IT BJU SCKV ADNW MFOX PGQ LH E
```

跳跃混合

我在上高中时发明了另一种适用于纸笔加密的方法,我称之为跳跃混合(SkipMix)。这种方法使用一串叫作"跳跃值(skips)"的小数字作为混合字母表的密钥,例如 3、1、4。先使用标准字母表。跳过 3 个字母并取下一个字母,即 D。

ABC**D**EFGHIJKLMNOPQRSTUVWXYZ

删除该字母,然后再跳过 1 个字母并取下一个字母,即 F。

ABC**D**E**F**GHIJKLMNOPQRSTUVWXYZ   D

删除该字母,然后跳过 4 个字母并取下一个字母,即 K。

ABCE**F**GHIJ**K**LMNOPQRSTUVWXYZ   DF

然后重复 3-1-4 的循环。跳过 3 个字母并取下一个字母,即 O。

ABCEGHIJ**K**LMN**O**PQRSTUVWXYZ   DFK

按照密钥数字循环重复,直到 26 个字母全部被选中。得到的混合字母表为：

DFKOQVZBINRXEHSYCPAJWTGML

跳跃混合也可以与密钥单词一起使用。假设密钥单词是 SAMPLE。将每个字母替换为其在字母表中的位置,即 19、1、13、16、12、5。也可以将两位数拆成单元数,即 1、9、1、1、3、1、6、1、2、5。使用这一串跳跃值作为混合密钥。注意,0 是可以使用的有效值。

跳跃混合非常适用于计算机。在这种情况下,字母表是 256 个不同的 8 位字符编码。跳跃值可以是 0 到 255 之间的任何整数。数值密钥仍然可以根据关键字生成。使用关键字而非一串整数的优点在于,它更容易让人记住并准确输入。例如,假设关键字是 SAMPLE。这些字母在 ASCII 编码中的数字编码值为 83、65、77、80、76、69。这些值位于 65 到 90 之间的一个较窄范围内,导致混合不够充分。为了使字母编码在更广泛的范围内分布,它们可以乘以某个常数值再对256取模。乘数可以是7到39之间的任何奇数。例如,关键字 SAMPLE 的 ASCII 编码乘以17再对256取模的结果为131、81、29、80、12、149。该覆盖范围为149－12＝137,远远超过了原始范围83－65＝18。

可以使用的跳跃值仍然只有26个。获得更多值的方法之一是将相邻的数字相乘再对256取模。这样的话,跳跃值序列则为83×65、65×77、77×80、80×76、76×69、69×83,所有这些乘积都要对256取模。因此,83×65＝5395≡19(mod 256)。数值密钥变为19、141、16、192、124、95,覆盖范围为192－16＝176。

另一种方法是将关键字的第一个字母乘以7,第二个字母乘以9,第三个字母乘以11,依此类推,所有的乘积都要对256取模。

由于将关键字转换为数值密钥是由计算机而不是人工操作员完成的,因此可以使用任意的复杂计算。我建议使用二次函数代替线性函数,使得对手在获取部分消息的明文后更难推断出密钥单词。例如,如果 N_i 是数值密钥的项,K_i 是密钥单词中字符的数值,则适合的函数可以是:

$$N_i = (K_i K_{i+1} + K_{i+2} K_{i+4}) \bmod 256$$

其中,下标在超过密钥单词长度时会绕回(wrap around)。例如,如果密钥单词有10个字符,那么 K_{11} 将绕回到 K_1,K_{12} 将绕回到 K_2,依此类推。

*函数 $K_i K_{i+1} + K_{i+2} K_{i+3}$ 没有那么强。如果密钥单词的长度为 L,则只有 L 个不同的二次项。Emily 可以将其视为 L 个变量,求解 L 个线性方程,找出 L 个乘积 $K_1 K_2$,$K_2 K_3$,$K_3 K_4$,…,$K_L K_1$ 的值。接下来就很容易找出各个 K_i 的值。**

在本书中,我展示了字母表与简单密钥单词混合的例子,以便你能够一目了然地看到构建过程,例如下面的字母表:

SAMPLEBCDFGHIJKNOQRTUVWXYZ

这个字母表漏洞百出。千万不要在实践中这么做。我在这里这样做只是为了帮助读者理解。你肯定不希望助对手一臂之力,所以一定要坚持使用经过密钥充分混合的字母表(通过列混合、跳跃混合或其他强大的混合函数)。其他方法参见12.3.8节。

5.3 名录法

从15世纪到18世纪,替换密码之王是名录法(nomenclator),被国王、教皇、外交官、间谍等广泛使用。每部名录都有一份包含数百个,有时高达数千个条目、单字母、数字、双字母组、音节、单词、名称的清单,其中每项有最多25个替换。名录法更像编码而不是密码，故不在本书的讨论范围。

5.4 多字母替换

解密简单替换密码的技巧涉及字母频率和字母接触。如果你想设计一种能够抵御这种攻击的密码，破坏字母频率和字母接触是不错的着手点。

假设你对加密每个字母时用的不是相同的字母表，而是两个不同的字母表。使用第一个字母表对奇数位置的字母进行加密，使用第二个字母表对偶数位置的字母进行加密。也就是说，第一个字母表将对消息中的第 1、3、5……个字母加密，而第二个字母表将对消息中的第 2、4、6……个字母加密。

现在，密文字母的频率一半来自第一个字母表，一半来自第二个字母表。它们是两组频率的平均值。只有当一个密文字母在两个字母表中都代表高频字母时，它才具有高频率。例如，密文字母 K 可以代表第一个字母表中的 E 和第二个字母表中的 A，所以其频率将处于 E 和 A 在正常文本中的频率之间。

相反，只有当一个密文字母在两个字母表中都代表低频字母时，它才具有低频率，比如第一个字母表中的 K 和第二个字母表中的 V。因此，密文中的高频字母和低频字母都比正常文本中的要少。如果通过条形图或直方图显示字母频率，波峰会更低，波谷会更浅。因此，使用两个字母表会使频率计数更加平坦。

接触频率也是如此。任何常见的双字母组，比如 TH，在消息中大约有一半的时间从奇数位置开始，另一半时间从偶数位置开始。在一半时间内，T 用第一个字母表加密，H 用第二个字母表加密，在另一半时间内则相反。因此，接触频率也会变得更加平坦。

使用的字母表越多，频率就会变得越平坦。在实践中，基本上从美国内战到第一次世界大战，通常使用约 20 个字母表。有一种统计测试可以测量字母频率的平坦程度，并以此估算字母表的数量，但结果不太精确，尤其是在使用超过 10 个字母表时。5.6 节和 5.7 节介绍了更好的方法。

让我们来看一下多字母替换密码（polyalphabetic ciphers）的历史发展。早期的多字母替换密码由 Leon Battista Alberti 和 Johannes Trithemius 分别于 1467 年和 1499 年发明的（但直到 1606 年才公布）。随着 1553 年 Giovan Battista Belaso 所著的 *La cifra del Sig* 一书的出版，多字母替换密码开始以现代形式出现。

5.5 Belaso 密码

1553 年，Giovan Battista Belaso 发明了 Belaso 密码，其中使用了 26 个不同的字母表，每个字母表都是通过将标准字母表按照一定位移量进行移位得到的。这 26 个密码

字母表可以显示为表格,每行包含一个经过移位后的字母表,如下所示:

```
ABCDEFGHIJKLMNOPQRSTUVWXYZ
BCDEFGHIJKLMNOPQRSTUVWXYZA
CDEFGHIJKLMNOPQRSTUVWXYZAB
...
ZABCDEFGHIJKLMNOPQRSTUVWXY
```

每行的第一个字母标识了对应的字母表,例如第一行是 A 字母表,第二行是 B 字母表,依此类推。Belaso 率先使用密钥为消息中的字母选择字母表。(不同的是,Argenti 家族使用密钥单词混淆字母表。)在水平方向上书写消息,在明文字母上方写下密钥,重复多次直至与明文长度相等。加密字母时,在表格顶部找到该字母,使用密钥字母选择表格中的某行,将明文字母替换为所选行中直接位于下方的密文字母。例如,使用密钥字母 C 来加密明文字母 S,具体过程如下:

```
ABCDEFGHIJKLMNOPQRSTUVWXYZ    加密明文字母S(第1行)
BCDEFGHIJKLMNOPQRSTUVWXYZA    使用密钥字母C(第3行)
CDEFGHIJKLMNOPQRSTUVWXYZAB    生成密文U
```

我们在表格顶部找到字母 S,其密钥是 C,因此使用表格中的第 3 行进行加密。在第 3 行中,直接在 S 下方找到字母 U,因此 S 被替换为 U。

通过上述表格,使用密钥 CAB 来加密单词 SAMPLE,S 被替换成了 U。

```
CAB CAB    密钥
sam ple    明文
UAN RLF    密文
```

消息中的下一个字母是 A,对应的密钥是 A,因此使用第 1 行的字母表对 A 进行加密,结果还是 A。与 SAMPLE 中的 M 对应的密钥是 B,因此使用第 2 行的字母表 M 进行加密,得到 N,依此类推。最终的密文为 UANRLF。

除了使用表格外,还可以使用 St. Cyr 滑动器(得名自法国的 Saint-Cyr 军校)来进行加密。下图展示了位于 M 位置的滑动器。

```
ABCDEFGHIJKLMNOPQRSTUVWXYZABCDEFGHIJKLMNOPQRSTUVWXYZ
              ABCDEFGHIJKLMNOPQRSTUVWXYZ
```

你可以用木头、纸板或塑料制作自己的滑动器。顶部双倍宽度的行是固定的,而底部单宽行则是滑动的。橡皮筋可以将其拉紧并保持正确的位置。可以混用一个或两个字母表。

Belaso 密码是对称的,因为使用密钥 K 加密字母 X 与使用密钥 X 加密字母 K 完全相同。基于将密钥添加到明文或对密钥和明文执行异或运算的密码在这个意义上是对称的。

由于某些我不知道的原因,Belaso 密码现在称为 Vigenère 密码,而 Blaise de Vigenère 发明的密码(参见 5.9.2 节)现在则称为自动密钥密码(autokey cipher)。为表敬意,我继续将 Belaso 发明的使用标准字母表的密码称为 Belaso 密码。对于使用混合字母表的情况,我称之为 Vigenère 密码。对于由 Vigenère 发明的自动密钥密码,我称之为 Vigenère 自动密钥。

将 Belaso 密码归于 Vigenère 是 Stigler 命名定律(Stigler's law of eponymy)的一个例子,该定律是由 Stephen M. Stigler 提出,即重要的科学发现通常不会以其真正的发现者的名字来命名[①]。一些密码学领域的例子包括由 Charles Wheatstone 发明的 Playfair 密码以及由 Alfred Vail 发明的摩斯码(Morse code)。而 Stigler 命名定律本身则是由 Robert K. Merton 提出的,他将其命名为圣马太(St. Matthew)的马太效应(Matthew Effect)[②]。

5.6 Kasiski 方法

长达 300 多年的时间里,Belaso 密码一直被认为是牢不可破的。法国人称之为"Le Chiffre Indéchiffrable",即不可破解的密码。转折点发生在 1863 年,普鲁士步兵军官 Friedrich W. Kasiski 少校出版了一本详细介绍如何确定多字母替换密码周期长度的书籍,现在称为 Kasiski 方法或 Kasiski 测试。有证据表明,Charles Babbage 可能在 1846 年用过这种方法,但没有公布。丹麦技术大学(Technical University of Denmark)的 Ole Immanuel Franksen 撰写了大量有关 Babbage 及其差分机的文章,其著作 *Mr. Babbage's Secret* 一书中提出了这个观点。

该方法的思路是在密文中寻找重复的字母序列。其中一些序列可能是偶然出现的,特别是双字母组,但是大多数重复序列是由相同部分的密钥对明文中相同的字母进行加

---

① 这个定律源自对科学史和科学进步的研究发现,很多重大的科学发现并不总是以最早或最主要的贡献者的名字来命名。相反,由于各种原因,包括科学共同体的传统、政治因素、偏见等,这些发现更常常被以其他人的名字命名。该定律的名字本身也是一个例子,Stigler 在提出这个定律之前,就已经有其他人描述了类似的现象。因此,Stigler 将这个定律以自己的名字命名,以突显这一现象的普遍性。

② "马太效应"的命名来自圣经中的一个寓言,即《圣经·马太福音》中的一句话:"因为凡有的,还要加给他,叫他有余;没有的,连他所有的也要夺去。"(25 章 29 节)

密而产生的。重复序列越长，其偶然出现的概率就越低。如果相同部分的密钥被用来加密两个重复的字母序列，那么它们之间的距离必然是密钥长度的倍数。距离是从一处出现位置的第一个字符到另一处出现位置的第一个字符的度量。请看以下使用密钥单词 EXAMPLE 的密码片段。

```
EXAMPLE EXAMPLE EXAMPLE EXAMPLE EXAMPLE    密钥
therain inspain staysma inlyint heplain    明文
XEEDPTR MKSBPTR WQAKHXE MKLKXYX LBPXPTR    密文
----+-- --1---- +----2- ---+--- -3----+    位置
```

密文三字母组 PTR 出现了 3 次，分别在位置 5、12、33。这 3 次出现都是使用密钥字符 PLE 加密明文 AIN 得到的。也就是说，它们是由同一部分的密钥对相同的明文三字母组加密而来。

明文三字母组 AIN 从位置 21 开始，由于使用了不同部分的密钥 EEX 进行加密，所以产生了不同的密文三字母组 EMK。同样，明文三字母组 THE（出现在位置 1 和 29）和 INS（出现在位置 8 和 13）并不会产生重复的密文三字母组，因为加密的时候使用了不同部分的密钥。

在这个片段中，重复的三字母组组之间的距离分别为 12－5＝7、33－5＝28、33－12＝21。这些距离（7、28、21）均为密钥单词 EXAMPLE 的长度 7 的倍数。Kasiski 展示了如何利用这些重复序列来揭示加密的周期长度。

我们再看一个密报的例子。

```
ZVZPV TOGGE KHXSN LRYRP ZHZIO RZHZA ZCOAF PNOHF
VEYHC ILCVS MGRYR SYXYR YSIEK RGBYX YRRCR IIVYH
CIYBA GZSWE KDMIJ RTHVX ZIKG
```

这是一个以正常英语为基础的 Belaso 加密。我们在其中寻找重复的字母序列，发现 EK 在位置 10、64、90 出现，RYR 在位置 17 和 53 出现，等等。完整的重复字母序列清单如下：

1	EK	10	64	90	
2	RYR	17	53		
3	RY	17	60		
4	YR	18	54	59	71
5	ZHZ	21	27		
6	HZ	22	28		
7	ZI	23	101		
8	YHCI	43	79		
9	HCI	44	80		
10	CI	45	81		
11	YXYR	57	69		
12	XYR	58	70		

我们立即注意到有两个重复的四字母组 YHCI 和 YXYR。重复的四字母组几乎不会偶然出现。YHCI 的两次出现之间的距离是 79－43＝36，而 YXYR 的两次出现之间的距离是 69－57＝12。距离 12 和 36 暗示了密钥的长度可能为 4、6 或 12。我们可以通过观察其他重复序列来进一步缩小范围。

RYR 的距离是 36，ZHZ 的距离是 6。其他重复的三字母组 HCI 和 XYR 只是两个重复的四字母组 YHCI 和 YXYR 的一部分，所以并未提供额外的信息。这个密报最有可能的周期长度是 6。

好了，上面的例子有点太简单了。让我们看看在更难的情况下会发生什么。其他书籍中推荐的一种方法是，获取重复序列之间的所有距离，并找到它们的所有因数。书中声称，最频繁的因数即为周期长度。例如，如果距离是 36，那么因数是 1、2、3、4、6、9、12、18、36。但这种方法可能会产生误导。

首先，你可能错误地认为周期长度是实际值的两倍。这是因为大约一半的距离只是偶然的。由重复明文序列产生的有效距离的一半是周期长度的偶数倍。对于某些消息来说，这些偶数倍的周期长度将超过那些奇数倍的周期长度的距离。同样，一半的偶然重复的密文序列具有偶数距离。在偶然的情况下，可能会出现很多偶数距离。同样，1/3 的距离偶然会是 3 的倍数。

当你计算距离的因数个数时，应将因数 2 出现的次数减半，将因数 3 出现的次数减去 1/3，依此类推。这样可以得到更准确的比较结果。例如，如果距离为 3 出现了 6 次，按 1/3 的比例减少后变为 4 次，因为其中有 2 次可能是纯粹偶然所致。

其次，当重复序列多次出现时，这些重复序列之间的距离可能会有误导。如果有 N 次重复，那么成对重复的数量是 $N(N-1)/2$。在示例密文中，YR 出现了 4 次，因此有 6 对重复，即 $4×3/2$。所以，彼此之间有 6 个距离，分别为 54－18＝36、59－18＝41、71－18＝53、59－54＝5、71－54＝17、71－59＝12。其中哪些（如果有的话）是周期长度的倍数？假设密文 XYZ 出现了 5 次，并且其中 3 次是由相同的明文导致的。那么会有 10 个距离，其中只有 3 个源于重复的明文，而其他 7 个都是虚假的。

如果不希望仅仅因为无法区分偶尔重复和有效重复就将后者排除掉。你可以这么做：假设你有一个周期长度的候选值。例如，假设你觉得周期长度是 6，那么将重复序列出现的位置模 6 化简（还记得模运算吗？如果不记得，复习一下 3.6 节）。

让我们尝试一下模方法。再次查看 YR 的 4 次出现，并将这些位置依次对 5、6、7 取模，看看会发生什么。

```
18 54 59 71    YR在密文中出现的位置
 3  4  4  1    位置对5取模
 0  0  5  5    位置对6取模
 4  5  3  1    位置对7取模
```

对7取模的4个余数各不同。如果周期长度是7，那么YR的所有重复都是偶然的。对5取模只有2个相等的余数。如果周期长度是5，那么4次出现中只有2次来自重复的明文。但如果周期长度是6，我们就找到了答案。现在看到，YR的4次出现来自明文中的两个不同的重复双字母组，其中一个双字母组在明文的位置18和54处，距离为36，另一个双字母组在明文的位置59和71处，距离为12。

这是怎么发生的？回顾一下重复序列的列表。你可以看到，双字母组YR出现在重复的三字母组RYR和重复的四字母组YXYR之中。各自贡献了一次重复。

让我们再看看确定多字母替换密码周期长度的第二种方法。如果来自重复序列的证据不确定，有一个备用方案还是不错的。

5.7 重合指数

重合指数(Index of Coincidence)是由美国密码学家William F. Friedman于1922年发明的。其概念非常简单，但却意义深远。想象一下，我们使用多字母替换密码对两个消息进行加密。但密钥不同，周期长度可能也不同。如果逐个字母比较这两条密文，相应字母一模一样的概率为1/26（约0.0385）。如果两个消息都是52个字符长，则有52/26=2对相应字母相等。在这里，我使用Belaso密码对52个字母的明文"ON THE FIRST DAY OF SPRING A YOUNG MANS FANCY TURNED TO BASEBALL"进行了加密，密钥分别为MARS和VENUS。相等的两个字母已经突出显示。（两对相等的字母碰巧都是F。）

```
ANKZQ  FZJET  USKOW  KBRZF  SAPGG  NXEMN  JXMNT  QFUIF  QDKGN  AJWNA  CD
JRGBW  AMEML  YELIX  NTECF  BELIM  IKZUF  NJNHU  TXHLF  ZHGIT  VWRVS  GP
```

现在想象一下，使用相同的密钥加密两个消息。每对相应字母使用相同的密钥字符进行加密，所以如果明文字母一样，那么密文字母也一样。A的频率约为0.08，所以两个明文字母都是A的概率为0.08^2，约为0.0064。两个明文字母都是B的概率约为0.015^2=0.000225，整个字母表依此类推。所有26个字母的概率总和约为0.0645至0.0675，大约为1/15，具体取决于使用的字母频率表。当使用相同密钥时，两个相应密文字母相等的概率大约是1/15，比使用不同密钥时的概率1/26高出73%。

这个事实可以用来确定多字母替换密码的密钥长度。将密文的字符编号为 C_1、C_2、C_3……假设密钥长度为 L。我们可以将密文中的字符与向后移动一定位置（记为 S）的相同字符进行比较。也就是说，我们比较 C_1 与 C_{1+S}、C_2 与 C_{2+S}、C_3 与 C_{3+S} 等等。

当移位 S 是 L 的倍数时，对于每个位置 i，C_i 都使用与 C_{i+S} 相同的字母表进行加密，所以两个相应的密文字符相等的概率为 $1/15$。如果移位不是 L 的倍数，则相应的字符将不会使用相同的字母表进行加密，它们相等的概率仅为 $1/26$。当 $S=L$，$S=2L$ 时，相等字符的数量应该最多。尝试几种不同的移位，就能清楚地了解这种模式。产生最多匹配的移位通常是周期长度的倍数。

尝试大量不同的移位听起来像是计算机的工作，但实际上可以手动完成，用不着花费太多工夫。将密报写在两份长纸带上。然后将其中一份纸带滑动对齐另一份纸带，统计出每次移位时相等字符的数量。字母之间必须均匀间隔，以便正确对齐。通过使用方格纸（graph paper）或者在书写字母时将尺子按在纸带旁边，可以轻松达成要求。

```
ZVZPVTOGGEKHXSNLRYRPZHZIORZHZAZCOAFPNOHFVEYHCILCVS...
ZVZPVTOGGEKHXSNLRYRPZHZIORZHZAZCOAFPNOHFVEYHCILCVS...
```

重合指数还有另一种用途，已被证明在密码分析中颇具价值：检测两个消息是否使用了相同的密钥进行加密。想象一下，Emily 正在使用一种密码机，能够产生超长周期（例如 10 万）的多字母替换密码。对比之下，二战中德国军队使用的恩尼格玛机的周期长度为 $26 \times 25 \times 26 = 16\,900$。假设你截获到数以千计的消息。每个消息都是使用这个长密钥的一部分进行加密的。将每个消息与其他消息对齐，同时使用重合指数和重复密文序列，你可以检测到不同消息中使用密钥的同一部分进行加密的片段。

只要找到足够多的这些密钥重叠片段，你就可以将其拼接在一起以获得更长的片段。一旦有了足够多的使用相同密钥部分进行加密的消息，便能通过常规手段、字母频率、接触频率、识别常见单词等方法解密这些消息。

5.8　再论重合指数

还有另一种估算多字母替换密码周期长度的方法，也称为重合指数，同样是由 William F. Friedman 提出的。这种方法计算存在 2 个字母表、3 个字母表等情况下两个字母相等的概率。这是提前计算好的，并保存在一个表格中。其思路为给定的消息计算相同的统计数据，并将该数字与表格进行比较。最接近的匹配被认为是密码的周期长度。在实践中，这种方法的结果能够做到接近的程度，但往往有时会有 1、2 甚至是 3 的偏离。

当周期长度超过 10 时,该方法就没什么用处了。这种方法比随机猜测好不到哪里去,因此没有必要详细解释其细节。

Belaso 密码和 Vigenère 密码在 19 世纪 80 年代仍被广泛应用。随着 Kasiski 方法广为人知,两者的使用逐渐减少,在重合指数出现之后基本就销声匿迹了。然而,如今其仍然是最受业余爱好者欢迎的密码之一。有好几次,当我告诉别人我在写一本关于密码学的书时,他们会告诉我他们知道一种牢不可破的密码。结果毫无例外的总是 Belaso 密码,他们称之为 Vigenère 密码。然后我不得不通过破解他们给出的密码,证明事实并非如此。现状混乱不堪,以至于我不得不创建一个网页 mastersoftware.biz/vigenere.htm 来确保正确使用密码。

5.9 破解多字母替换密码

在使用 Kasiski 方法或重合指数找出周期长度后,下一步是解密各个字母表。首先,让我们从最简单的情况开始,即 Belaso 密码。

5.9.1 破解 Belaso 密码

在 Belaso 密码中,所有的替换字母表都是将标准字母表按照一定量移动位置得到的。确定了位移量,就等于破解了该密码。第一步是分离出经过密钥的各个字母加密的字符。让我们再看一下 5.5 节中的示例。由于已经确定周期长度为 6,故将密文分开写作 6 个字母为一组。

```
ZVZPVT OGGEKH XSNLRY RPZHZI ORZHZA ZCOAFP NOHFVE YHCILC VSMGRY
RSYXYR YSIEKR GBYXYR RCRIIV YHCIYB AGZSWE KDMIJR THVXZI KG
```

每组的第一个字母是用密钥的第一个字母加密的,每组的第二个字母是用密钥的第二个字母加密,依此类推。如果我们将密文垂直写作 6 列,则形如下所示:

```
123456
ZVZPVT
OGGEKH
XSNLRY
...
```

其中第一列字母是用密钥的第一个字母加密的,第二列字母是用密钥的第二个字母加密的,依此类推。

分别考虑每一列的字母。各列都有正常的英文字母频率,但按照其密钥字母进行了移位。如果我们能确定这些位移量,那么就能破解该密码。我将描述两种方法,一种适用于手工解密,另一种适用于计算机解密。让我们先来看看纸笔方法。

对于每一列,我们可以统计频率,这样就有 26 个数字。对于纸笔解密来说,最好是将频率显示为直方图(柱状图)。第一列密文的直方图如下所示:

```
                    R       Y
            K   O   R       Y Z         第一列
A - - - - G - - K - - N O - - R - T - V - X Y Z   的频率直方图
```

第一列的频率直方图

由于只有 18 个字母,这个直方图比较稀疏,但已经足够了。我们将其与标准英文字母频率的直方图(如下所示)进行比较,并尝试确定偏移量。

标准英文字母频率

该频率分布的一些直观特征包括:(1) E 明显是最高峰;(2) 有三个峰值,平均间隔 4 列,即 A、E、I,其中 I 与 H 相伴;(3) N 和 O 有一个双峰;(4) R、S、T 有一个三峰。

我们尝试将这个直方图与密文直方图进行匹配。首先,寻找一个可能代表 E 的高峰。有两个高峰,R 和 Y,对应于密钥字母 N 和 U。也就是说,如果用 N 对 E 进行加密,结果就是 R;如果用 U 对 E 进行加密,结果就是 Y。

接下来,寻找相距 4 个空格的 3 个峰值。有两个候选项:G、K、O 和 N、R、V,对应于密钥字母 G 和 N。那么双峰呢?可能的候选项是 N、O 和 Y、Z,对应于密钥字母 A 和 L。三峰呢?只有一个选择:X、Y、Z,对应于密钥字母 G。

第一列最可能的密钥是 G,它产生了 A、E、I 的峰值和 R、S、T 的三峰。第二个最可能的密钥是 N,它给出了最常出现的字母 E,以及 N、O 的双峰。

将注意力转向密文的第二列。字母频率直方图如下所示:

```
                            S
        G H                 S           第二列
    C   G H                 S           的频率
- B C D - G H - - - - - O P - R S - - V - - - -   直方图
```

第二列的频率直方图

这次密文字母 S 引起了我们的注意。如果 S 代表明文 E,那么密钥必然是 O。让我们通过比较密文的频率直方图和移位后的字母表来验证这一点。

```
                              S
            G H               S                    密文直方图
          C G H               S                    尝试密钥=O
        - B C D - - G H - - - - - - O P - R S - - V - - -    字母表O
        M N O P Q R S T U V W X Y Z A B C D E F G H I J K L
```

密文直方图

你可以看到,密文中所有高频字母,即 C、G、H、S,分别对应于高频明文字母 O、S、T、E。这是一个绝佳的契合,第二个密钥字母很可能是 O。密钥单词以 GO 开头。

其他 4 个密钥字母也可以用同样的方法确定。密钥单词是 GOVERN,明文是:THE LEGISLATURE SHALL BE DIVIDED INTO TWO CHAMBERS THE UPPER CALLED THE SENATE AND THE LOWER IS THE HOUSE OF REPRESENTATIVES。

这就是手工方法:使用直方图使频率分布可视化,然后通过目测来匹配分布。对于计算机解密,我们需要一种数值方法来观察分布并找到匹配项。在讨论多字母替换密码的每本书中都可以找到的标准方法是使用相关系数(correlation coefficient),具体来说是 Pearson 积矩相关系数(Pearson product-moment correlation coefficient),该系数以现代统计学之父 Karl Pearson 的名字来命名。

如果你了解统计学,对其应该不会陌生。毫无疑问,带有此功能的统计软件包是现成的。请放心使用。对于其他人,我将展示一种更简单、更快速且准确度完全相同的方法。

在通过目测匹配两种频率分布时,我们试图将一个直方图中最高的峰与另一个直方图中最高的峰相匹配。如果将它们的高度相乘,会得到最大的乘积。如果你按字母表顺序将 26 个乘积相加,那么当高峰彼此对齐时,总和最大;当最高峰与最低谷对齐时,总和最小。

思路就是这样。尝试 26 个可能的移位。将密文的字母频率与标准英文的移位频率对齐,并将 26 个乘积相加。最大的总和表明最有可能的移位。这会告诉你最有可能的密钥字母。第二大的总和是第二可能的移位,依此类推。我称这种技术为"高峰法(Tall Peaks)"。

Belaso 密码的安全性评级为 2 级。

5.9.2 破解 Vigenère 密码

在 Belaso 密码问世约 30 年后,Blaise de Vigenère 对其作出了两处改进。第一处改进是在表格的外部添加了辅助线。这样做的效果是产生了一个混合字母表，而不需要重新排列表格。来看下面的示例，横向辅助线中使用了密钥单词 FIRST LOVE，纵向辅助线中使用了密钥单词 YOUTH。第二处改进是自动密钥，参见 5.10 节。

```
       FIRSTLOVEABCDGHJKMNPQUWXYZ    顶部辅助线
    Y  ABCDEFGHIJKLMNOPQRSTUVWXYZ  Y
    O  BCDEFGHIJKLMNOPQRSTUVWXYZA  O
    U  CDEFGHIJKLMNOPQRSTUVWXYZAB  U
    T  DEFGHIJKLMNOPQRSTUVWXYZABC  T
    H  EFGHIJKLMNOPQRSTUVWXYZABCD  H
    A  FGHIJKLMNOPQRSTUVWXYZABCDE  A
    B  GHIJKLMNOPQRSTUVWXYZABCDEF  B
                 . . .
    Z  ZABCDEFGHIJKLMNOPQRSTUVWXY  Z
       FIRSTLOVEABCDGHJKMNPQUWXYZ    底部辅助线
```

要使用密钥字母 U 对加密字母 B，可以在行的左侧或右侧的密钥辅助线（key guide）中找到密钥字母 U，在顶部或底部的字母辅助线（letter guide）中找到明文字母 B。密文字母是 U 所在行和 B 所在列的交叉点字母，即 M。要解密的话，使用密钥字母找到行，在该行上再找到密文字母，从顶部或底部的字母辅助线中获取明文字母。

如果你选择手动加密，建议每隔 4 或 5 行/列绘制水平和垂直的辅助线。或者，使用透明的塑料 L 形尺来准确找到交叉点。

以下是使用这种形式的 Vigenère 密码加密的样本消息，周期长度为 5。

```
SLMDQ BXSLM XIHSQ NHJEQ SVJGW LBJSJ BFEII CBHVN RUTGW RPHEN
VXPIL RPPIW SAJHQ SVTKU ACFQQ ACFDT MCTOM XZEKE XZPLP RLHG
```

这种密码存在严重的缺陷。由于表格中的每一行都是移动若干位置的标准字母表，因此每个密码字母表也都与移动若干位置的所有其他密码字母表相同。你无法有效地将密码字母与标准字母进行比较，因为它们的顺序是混合的，但是，可以通过肉眼或使用高峰法相互比较密码字母表来确定位移。

下图展示了 5 个密码字母表的频率分布直方图，将它们的峰值和谷值对齐。第 1 列（阴影部分）中的所有密文字母代表相同的明文字母。这意味着第一个密码字母表中的 S，第二个密码字母表中的 C 和第四个密码字母表中的 L 都表示相同的字母。将其全部替换为 A。第 2 列没有字母。在第 3 列中，第三个密码字母表中的 M 和第五个密码字母表中的 T 表示相同的明文字母。将其全部替换为 C，依此类推。在第 26 列中，将所有的密文字母全部替换为 Z。

这将密文转换为一个简单的替换密码，可以使用 5.1 节中介绍的方法进行破解。Vigenère 密码的安全性评级为 2 级。

经过移位的密码字母表

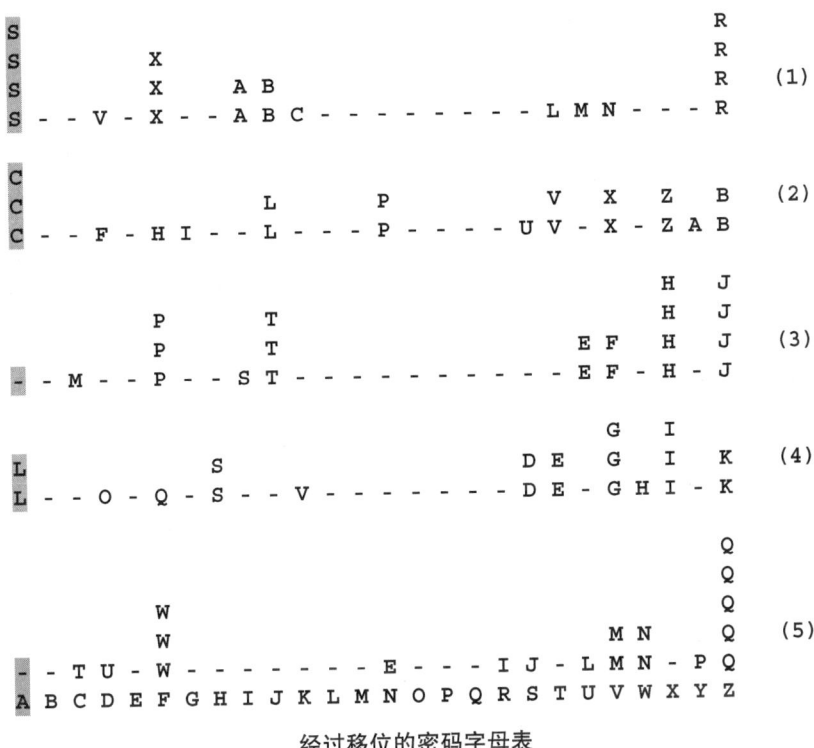

经过移位的密码字母表

5.9.3 破解通用多字母替换密码

通用多字母替换密码也可以使用表格来实现。表格各行可以根据任何方案相互独立地混合。值得注意的是,行数不一定要与列数相同。对于计算机密码,不妨将表格设置为 256 个字符宽和 512 行高,这样每个密文字母在一列中会出现两次。这将使得对手很难通过获得密文以及对应的明文来确定密钥。以下是一个 100 行表格的部分示例:

```
00  IBVMRUCNJYSAWEPZODXGQKTHLF
01  LOEIBQXJTMFRWAPUCZNVGKYHSD
02  GTAOKYSFUJPERHXLBVQDIZMWCN
03  DPNETHVBJZSGMWAXIQOFYRCUKL
      . . .
99  BRXIZPYLVJCNQHTKESUAMGWDOF
```

该表格与一个数值密钥(2 位十进制数,用于选择要加密的行)配合使用。一个 20 位的密钥可以产生周期长度为 10 的多字母替换密码。

破解通用多字母替换密码与破解单字母替换密码大同小异。首先,需要统计频率,并为每列生成制作接触表。在本例中,列 C 的接触位于 C−1 列和 C+1 列,必要时从最右列绕回到第一列。由于在一列中，每个字母出现的次数较少，因此只能从为数不多的数据中进行推理。这需要大量通过经验积累而来的灵光乍现。

我们从这个经过多字母替换的密文着手：

OHOYO RKKDF JKYSU ZONSO OKGSC LHKDK FKHWU ZGGSN ZYYZK JPHZO
RKKDP KCHUK LHYYF BGBSC FKKFK CZIUX VOZRU TZWSN UZYSU ZONSO
OPHCO RPNDZ ZPIHK OGDHN UWOSN ZYYZK XOQDX BNMUO R

快速检查该密文，可以发现其中有两个较长的重复序列：位置 13 和 93 处的"YSU-ZONSOO"，以及位置 39 和 124 处的"SNZYYZK"。在这两种情况下，序列两次出现之间的距离是 5 的倍数，可以确认周期长度为 5。这些长重复序列可能代表常见的单词或短语，或者与消息主题相关的单词。

5 个密钥字母的接触表如下所示。为了更容易解释推导过程，我用数字标记每个密文字母，指定其字母的编号。因此，C1 表示字母表 1 中的密文字母 C（即使用密钥的第一个字母加密），H3 表示字母表 3 中的密文字母 H（使用密钥的第三个字母加密），依此类推。

回想一下，两侧具有很多不同接触的字母往往是元音字母，而具有较少不同接触的字母往往是辅音字母。

```
              (1)                    (2)                 (3)
          FX   B   GN             K   C   H           G   B   S
          K    C   Z           ZBO   G   GBD          G   D   H
         KC    F   KK          OLL   H   OKY         KG   G   SS
         FK    J   KP       RJOFRF   K   KYGHKK    KPCP   H   WZUC
          P    K   C             B   N   M           ZP   I   UH
         CK    L   HH          ZVZX   O   NZNQ      KHKK   K   DDDF
        OOK    O   HKPG        JORZ   P   HHNI        N   M   U
       OOOO    R   KKP            U   W   O         OOP   N   SSD
          U    T   Z             ZZ   Y   YY         HW   O   YS
         NN    U   ZW           CTU   Z   IWY         O   Q   D
          X    V   O                                  Z   W   S
          K    X   O                                KYHZY Y   SZYSZ
      UUNUZN   Z   OGYOPY                             O   Z   R

                (4)                    (5)
             H   C   O              SS   C   LF
         KKKNQ   D   FKPZX          DY   F   JB
             K   F   K           DZUFHZ  K   FJLCOX
            ID   H   KN            SSHS  N   ZUUZ
             Z   R   U           YSZSCU  O   RORORR
       YNGGBWYNO S   UOCNCNUON       D   P   K
           HIM   U   KXO           SWRS  U   ZZTZ
             H   W   U               UD  X   VB
            OY   Y   OF               D  Z   Z
           YHY   Z   KOK
```

根据接触表，我们可以初步确定 G2、K2、O2、P2、H3、K5 为元音字母，R1、Z1、K3、

N3、D4、S4、O5、U5 为辅音字母。根据其高频率，S4 很可能代表明文字母 T。

按照简单替换的做法继续进行。更新接触表，显示已确定为元音和辅音的字母，并将密文中的元音字母和辅音字母标记出来。利用这些信息来进一步改善和修正元音/辅音的识别过程，同时识别单个字母。

我不打算重复 5.1 节中做过的所有步骤。逻辑是一样的，但增量步骤更小也更多，还有更多的回溯。通用多字母替换密码被评为 3 级。

5.10 自动密钥

你也许记得我在 5.9.2 节曾经讲过，Vigenère 对 Belaso 密码作了两处改进。第一处改进是在表格外部放置辅助线，以产生混合字母表。第二处改进就是自动密钥。

自动密钥使用明文消息作为密钥来加密消息其余部分。早期版本由意大利的医生/数学家/占星家 Girolamo Cardano 发明。在 Girolamo 的系统中，每个字母都使用自己作为密钥进行加密。这只在字母表的字母个数为奇数时才奏效。在使用 26 个字母的英文字母表中，A 会产生 A，而 N 也会产生 A，所以预期的接收者必须弄清楚到底是哪一个。即使字母表的字母个数为奇数，Cardano 自动密钥也只是产生简单的替换。

Vigenère 通过滞后（lag）改进了 Cardano 的方法。Vigenère 使用单字母密钥（1-letter key）加密第一个字母，使用第一个明文字母加密第二个字母，使用第二个明文字母加密第三个字母，依此类推。在现代实践中，使用密钥单词来加密第一组字母，然后再使用这组明文字母加密第二组字母，以此类推。下面的例子使用密钥单词 SAMPLE 配合 Belaso 表格（即未混合字母表）。

```
SAMPLE THEDEL EGATIO NMUSTP RESENT AUNITE          密钥
THEDEL EGATIO NMUSTP RESENT AUNITE DFRONT          明文
LHQSPP XNEWMZ RSULBD EQMWGI RYFMGX DZEWGX          密文
```

对于非混合字母，解密非常简单。在 5.7 节中描述的"重合指数"可用于确定密钥单词的长度。当密文的偏移量为密钥长度的倍数时，指数通常会显著提高，如下所示：

```
LHQSPP XNEWMZ RSULBD EQMWGI RYFMGX DZEWGX
       LHQSPP XNEWMZ RSULBD EQMWGI RYFMGX DZEWGX
```

假设你已经发现密钥单词有 6 个字母。尝试使用字母表中的每一个字母作为密钥的第一个字母。从 A 开始。由于第一个密文字母是 L，所以第一个明文字母必为 L。这也会是消息的第 7 个字母的密钥。因为第 7 个密文字母是 X，故第 7 个明文字母只能是 M。

以此类推，对于第一个密钥字母的每次猜测，会得到对应的第 1、7、13、19、25、31 个明文字母。也就是说，它给出了所有的第 6 个（every 6th）明文字母。共有 26 组字母，每组对应一个可能的密钥字母。其中部分 6 字母组具有正常的英文字母频率，而其他部分则是不合理的。第二个密钥字母重复上述过程，对其的每次猜测，会得到对应的第 2、8、14、20、26、32 个明文字母。

现在，选取字母 1、7、13……的 5 个最可能的候选，并将它们与字母 2、8、14……的 5 个最可能的候选配对，得到 25 个双字母组。其中一些可能性很高，一些则不太可能。然后，从中选择最合理的 10 个组合，与第三个密钥字母的 5 个最可能的候选进行配对，得到 50 组三字母组。从中选择最合理的 10 个组合，与第四个密钥字母的 5 个最可能的候选进行配对。这时候，一些明文单词就会开始出现，密钥字母的正确选择也将变得明显起来。

如果你是通过计算机操作，跳过双字母组。尝试前三个密钥字母的所有 26^3 种组合，直接处理三字母组。对接下来的三个密钥字母（即第 2、3、4 个密钥字母）重复该过程。前三个密钥字母和后三个密钥字母的最可能候选会有重叠。同样，第三组和第四组密钥字母也存在类似情况。这将迅速缩小正确密钥单词的范围。

使用标准字母表的 Vigenère 自动密钥的安全性评级为 3 级。

5.11 滚动密钥

滚动密钥（running key）是类似于自动密钥，但摒弃了简短的密钥单词（keyword）和密钥短语（keyphrase），选择使用可能与消息本身一样长的密钥文本（keytext）。滚动密钥从未被广泛应用于实践，因为它要求双方都要一字不差地持有密钥文本。如果一方记得或复制的密钥文本是 MINE EYES HAVE SEEN THE GLORY OF THE COMING OF THE LORD，而另一方记得的密钥是 MY EYES HAVE SEEN THE GLORY OF THE COMING OF THE LORD，则双方无法通信。解决该问题的一种方法是使用双方都有的一本印刷书籍中的密钥文本，但是这本书必须随身携带。对于计算机通信来说，这完全不是问题，因为计算机可以存储成千上万本书。

再次假设使用标准英文字母的 Belaso 表格法，破解滚动密钥并不难，尽管步骤比较烦琐。其中一种适用于自动密钥和滚动密钥的技术是猜测文本中可能出现的一个单词。这个单词可能出现在密钥文本或明文中。密码学家随后需要将其找出。这个可能的单词，也称为 crib，可能是一个常见的英语单词，比如 THE 或 AND，也可能是与所猜测的主题有关的单词。例如，如果消息涉及贸易谈判，那么单词有可能是 TARIFF、SHIPPING、REPRESENTATIVE、BARGAINING 等类似的词。

解密思路是在消息中尝试将这个可能的单词放在所有可能的位置上。这叫作"单词拖动(word dragging)"。知道明文单词和相应的密文可以得到密钥片段。如果这个单词放置正确,那么这个片段看起来就像正常的英语。可能的单词越长,你越有信心它是正确的。只要找到一个单词,就试着猜测字母,然后再猜测文本中在其之前或之后的单词来扩大突破口。

还有第二种技术,适用于计算机破解。这需要一个新的数学概念:条件概率(conditional probability)。条件概率是事件 A 在事件 B 也发生的条件下发生的概率。单个事件 A 的概率表示为 $P(A)$,事件 A 特定于事件 B 的条件概率表示为 $P(A|B)$。如果 AB 表示事件"A 和 B",那么事件 A 特定于事件 B 的条件概率是 $P(A|B)=P(AB)/P(B)$。这意味着 $P(AB)=P(A|B)P(B)$。

举一个例子也许有助于解释这个概念。如果你掷两颗标准骰子,掷出 12 点的概率是 1/36。但是,如果你掷第一个骰子,结果是 6 点,那么掷出 12 点的概率变为 1/6。假设 A 表示"掷出 12 点",B 表示"第一掷是 6 点"。那么 $P(A)=1/36$,$P(B)=1/6$。$P(AB)$ 表示"掷出 12 点,第一掷是 6 点"。$P(AB)$ 也是 1/36,因为如果你掷出 12 点,那么第一掷只能是 6 点。使用条件概率的记法表示为 $P(A|B)=P(AB)/P(B)=(1/36)/(1/6)=1/6$。所以,当第一掷是 6 点时,掷出 12 点的条件概率是 1/6。

让我们使用条件概率来破解滚动密钥密码。要用到工具是单字母、双字母组、三字母组概率的表格。可以通过统计大量文本中的字母、双字母组、三字母组来编制这些表格。在 Project Gutenberg 网站(www.gutenberg.org)可以找到许多此类文本。选择明文选项。在互联网上也可以找到类似的表格。

你需要为每个可能的双字母组和三字母组分配一个概率,而不仅仅是在文本中发现的那些。对于双字母组来说,这是显而易见的。如果 AB 是一个未出现在统计数据中的双字母组,你可以设 $P(AB)=P(A)P(B)$,但是我建议将其设得低一些,因为 AB 从未出现过。我自己使用 $P(AB)=P(A)P(B)/3$。一旦得到了一个完整的双字母组概率集合,你可以通过将 $P(ABC)$ 设为 $P(A)P(BC)$ 和 $P(AB)P(C)$ 之中较大的那个来扩展到三字母组。同样,我建议将其设低一些,因为三字母组 ABC 从未出现过。例如,将 $P(ABC)$ 设置为 $P(A)P(BC)/3$ 和 $P(AB)P(C)/3$ 之中较大的那个。这些人为的概率意味着所有二元分词和三字母组的总概率都大于 1。这在数学上是说不通的,但并没有实际影响。

现在我们有了破解滚动密钥密码的必要工具。在消息中选择一处起始位置,比如 s,在位置 s、$s+1$、$s+2$ 处尝试所有可能的密钥三字母组。查看相应的明文三字母组。将密钥三字母组和文本三字母组的概率相乘,得到该位置的概率。保留前 10 000 个概率最高

的位置,丢弃其余的位置。对于选中的每个三字母组,在位置 $s+3$ 处尝试所有可能的密钥字母,并查看相应的明文字母。假设密钥三字母组是 JKL,下一个密钥字母是 M,对应的明文四字母组是 ABCD。你可以使用条件概率 $P(KLM|KL)$ 来估算密钥四字母组 JKLM 的概率,即字母 M 跟随双字母组 KL 出现的概率。这是通过三字母组概率 $P(KLM)/P(KL)$ 计算得出的,其中 $P(KLM)$ 是三字母组 KLM 的概率,$P(KL)$ 是双字母组 KL 的概率。因此,四字母组的概率被估算为 $P(JKL)P(KLM|KL)$。对于密钥四字母组和明文四字母组 ABCD 都是这样处理的。

通过将密钥四字母组概率和明文四字母组的概率相乘来估算该位置的概率。同样,保留前 10 000 个概率最高的位置,丢弃其余的位置。继续进行,直至找到明显的答案。所有这些都可以由计算机完成,无需任何人工监督。

使用标准字母表的 Vigenère 滚动密钥的评级为 4 级。

*5.12 模拟转子密码机

多字母替换密码的必要条件是从 20 世纪 20 年代开始使用的机电转子机(electro-mechanical rotor machine)。这些机器的周期长度可以达到数十亿或数万亿,如果转子的运动依赖于明文或密文字符,则根本没有周期[①]。从 1915 年左右到第二次世界大战结束,至少生产了 70 种不同类型的转子机。有几个网站提供了这些机器的图片和说明。

每台机器都有一个或多个转子,通常为 3 到 6 个,但有时多达 10 个。每个转子执行简单替换。在加密每个字母后,部分转子转动,对下一个字母使用不同的替换。各种齿轮、凸耳、凸轮、杠杆和锁爪系统控制转子以无法预测的方式转动。也就是说,你的对手完全猜测不到。

如果我们用数字替换字母表中的字母,会更容易描述转子机。对于机械转子机,每个转子有 26 个位置,对应于字母表的 26 个字母,我们将 A 替换为 0,B 替换为 1,C 替换为 2,依此类推,Z 被替换为 25。换句话说,我们使用传统编号系统减 1。对于计算机模拟,我们使用 8 位字节,将字符替换为某些标准化系统(比如 UTF-8)中的数字代码。在这个系统中,A 是 65,B 是 66,C 是 67,依此类推,Z 是 90。其他字符,如小写字母、数字和标点符号也使用其 UTF-8 字符代码替换。

---

① 通常情况下,转子机的加密过程是循环进行的,每个字母都会根据转子的位置进行替换。这种循环性质导致了一个明确的周期长度,在周期内将会出现重复的加密结果。然而,如果转子的运动依赖于明文或密文字符本身,而不是固定的位置,那么转子机就不会有明确的周期。这意味着即使是相同的明文,在不同位置的转子上加密可能会得到不同的结果,增加了密码分析的难度。因此,这种情况下的转子机被称为没有明确周期的机器。

图 5-1 转子密码机

现在,我们处理的就是数字了,可以对其执行算术运算,比如加法以及取 26 或 256 的模。如果你想复习模运算,参见 3.6 节。

目前已生产出的密码机能装配多达 16 个转子。这是苏联制造的 Fialka 机器的 10 转子组件,华沙条约组织国家从 1956 年到 20 世纪 90 年代一直在使用。照片由 Paul Hudson 提供并获得 CC BY 2.0 许可。

图 5-2 苏联制造的 Fialka 机器

5.12.1 单转子机

我们先从单个机械转子开始。转子执行简单替换，可以用一个替换列表 S 来模拟。替换列表 S 是通过随机打乱字母表得到的，类似于表格的一行。列表中的条目从 0 到 25 进行编号，对应着字母表的 26 个字母。替换表中第 N 个条目，记作 $S(N)$，是字母表中第 N 个字母的替换字母。因此，$S(0)$ 是 A 的替换字母，$S(1)$ 是 B 的替换字母，依此类推。

随着转子的转动，位置会发生改变。使用数字 P 表示位置，范围从 0 到 25。当一个转子转动了 26 个位置后，就会返回到起始位置 0。当转子处于位置 P 时，第 N 个字母的替换字母是 $S(N+P)$。所以当转子处于位置 5 时，$S(5)$ 是 A 的替换字母，$S(6)$ 是 B 的替换字母，以此类推。需要注意的是，$N+P$ 会绕回，所以 $S(26)$ 和 $S(0)$ 相同，$S(27)$ 和 $S(1)$ 相同，依此类推。换句话说，$N+P$ 实际上是 $(N+P) \bmod 26$ 的缩写。

在一个机械转子机中，转子在加密每个字母后会以不同的步长转动。这种不规则的运动可以通过使用一个步长序列来模拟，比如 (a,b,c,d,e)。在第 1 轮，转子向前转动 a 个位置。在第 2 轮，转子向前转动 b 个位置，依此类推。在第 6 轮，重复之前的步骤。因此，如果转子起始位置为 P，在经过一轮后，转子位于 $P+a$。经过两轮后，转子位于 $P+a+b$。经过 5 轮后，转子位于 $P+a+b+c+d+e$。经过 6 轮后，转子位于 $P+2a+b+c+d+e$。在机械设备中，每个转子通常只转动几个位置，通常每轮是 0 或 1 个位置，具体取决于特定的凸耳是向上还是向下。在计算机模拟中，我们没有这样的限制。在模拟机械转子时，步长可以是从 0 到 25 个位置，如果使用 8 位字节来表示字符，则可以是从 0 到 255 个位置。

由于我们选择的是 5 步长的密钥，这个单转子机会在 $5 \times 26 = 130$ 个周期后重复。当 $a+b+c+d+e$ 是偶数时，机器会在 65 个周期后重复，如果 $a+b+c+d+e$ 是 13 的倍数，机器会在 10 个周期后重复。显然，单转子机提供的安全性不高。这种机器的安全性评级为 3 级。

5.12.2 三转子机

让我们来模拟一种更实用的转子机。该机器有三个转子，使用 8 位 UTF-8 编码。三个转子需要 3 个替换列表，分别是 S_1、S_2、S_3。当转子处于位置 P_1、P_2、P_3 时，字母表的第 N 个字母通过公式 $S_3(S_2(S_1(N+P_1)+P_2)+P_3)$ 进行加密。

每个替换列表都有自己的步进序列：设 S_1 的步进序列为 $(a_1, a_2, a_3, \cdots, a_i)$，$S_2$ 的步进序列为 $(b_1, b_2, b_3, \cdots, b_j)$，$S_3$ 的步进序列为 $(c_1, c_2, c_3, \cdots, c_k)$。如果每个转子的步进总和是奇数，并且 i、j、k 互质，则该机器的周期长度为 $256ijk$。例如，如果 $i=10$、$j=11$、$k=$

13，那么 ijk 为 1 430，周期长度为 1 430×256=366 080。这就像是多字母替换密码，其表格有 366 080 行，每个周期只使用一行。

假设三个替换列表和步进序列已知，例如这些数据已经大范围标准化。有人可能会认为 Emily 只需要尝试 $256^3 = 1.67 \times 10^7$ 个初始转子设置就能破解所有消息。在当前的个人计算机上，这可能只需要几秒钟。但这种看法是不对的。

考虑机器的两种不同状态。其中，转子的位置相同，但步进序列不同。在这两种状态下进行加密会得到不同的密码字母序列，因此相同消息的加密结果是不同的。通过穷举搜索来破解该密码需要尝试所有可能的转子设置和步进序列的所有可能位置，共计为 $256^3 \times 1\,430$，或 2.40×10^{10} 种情况。使用个人计算机仍然可行，但需要几个小时，而不是几秒钟。

如果转子和步进序列是已知的，那么这种三转子密码的安全性评级为 4 级。

如果转子和步进序列是保密的，那么 Emily 必须求助于通用多字母替换密码的技术，也就是截获大量的消息，对其进行匹配，从中找到使用相同设置加密的部分。为了区分真正的匹配和偶然的匹配，需要对长重叠部分（long overlaps）进行重合指数测试（参见 5.7 节）。建议至少使用 200 个字符。只有在消息长度大于 200 个字符时才应尝试匹配。对于长度为 L 个字符的消息，其中 $L \geq 200$，可匹配位置的数量是 L-199。当所有截获消息的可匹配位置的总和 M 超过 $\sqrt{2.40 \times 10^{10}} = 1.55 \times 10^5$ 时，可以开始检测文本的匹配部分。

这看起来似乎并不多，但检测这些重叠部分的工作量是 M^2 级别。而且，单个重叠部分是远远不够的。你需要足够多的重叠才能开始区分高频字母，并将元音字母与辅音字母分开。这得需要一台大型计算机和一些有才华的密码分析专家。如果转子和步进序列未知，三转子机的安全性评级为 6 级。

5.12.3 八转子机

三个转子是一个不错的开始。为了真正增强模拟转子机的强度，我们将转子的数量从 3 个增加到 8 个。转子的步进数依次为 11、13、17、19、23、25、27、31，使得每个转子的步进数之和都是奇数。这台机器的周期长度约为 5.69×10^{12}。

如果这是硬件设备，转子的内部布线和步进序列可能是内置的。即便如此，仍然不可能像 3 个转子版本那样匹配消息。这是因为 8 个转子现在有 $256^8 = 1.84 \times 10^{19}$ 种可能的初始位置。由于周期长度为 5.69×10^{12}，因此该机器的总状态数变为 $(1.84 \times 10^{19}) \times (5.69 \times 10^{12}) = 1.05 \times 10^{32}$。当转子和步进序列不能更改时，这台八转子机的安全性评级为 9 级。

让我们更进一步。假设有 16 个转子可供选择。对于每个消息,我们按某种顺序选择其中 8 个转子。这样共有 5.19×10^8 种排列方式。对于每种排列,有 1.84×10^{19} 个可能的初始转子位置和 5.69×10^{12} 个步进序列位置,共计 5.43×10^{40} 种状态。

就算 Emily 知道了所有 16 个转子的替换表和步进序列,也不可能破解用这台机器加密的消息,哪怕是使用世界上最大最快的超级计算机也做不到。(截至目前,世界上最快的超级计算机是 IBM 的 Summit 超级计算机,速度高达 200 petaflops。[①])这台八转子机安全性评级 10 级。

如果替换表和步进序列的内容保密或经常更改,那么这种配备了 8 个可互换转子的转子密码在未来 10 年、20 年,甚至 30 年内,仍将远远超出最大型超级计算机的算力。

由于这是软件模拟的转子机,可以随意更换转子。不同于固定的一组 16 个转子,可以通过使用密钥来混合 8 个转子字母表中的每一个来为每个消息改变转子。这将极大地增加安全性,不过每个消息需要单独设置。中等安全级别是使用 16 个转子中的 7 个标准转子,另外再加上 1 个为每个消息独立生成字母表的转子。这样可以减少 87% 的设置时间。

尽管这种密码的安全性已经被评为 10 级,你也许依然希望能够更上一层楼。你可能不相信我的评级,或者认为对手拥有惊人的算力可用。一种方法是使用某些转子的输出来修改操作。我建议在加密中途取得第 4 个转子的输出,使用该字符推进第 1 个转子。可以直接使用这个字符,也可以对其进行简单替换,以获得推进第 1 个转子的位置数。除了消息中的首个字符,第 1 个转子被推进两次,一次来自其步进序列,一次来自第 4 个转子的反馈。

这种双步进(double-stepping)不会影响当前字符的加密。下一个消息字符将使用修改后的设置进行加密。在硬件转子机可能很难实现双步进,但在模拟机上很容易实现,因为转子是逐个模拟的。

顺便说一句,使用第 8 个转子的输出似乎更强大,但事实并非如此。第 8 个转子的输出是密文字符,会被窃听者获知。而窃听者很难接触到中间两个转子(第 4 个和第 5 个)的输出,因此最安全。

第 4 个转子的反馈使得模拟的 8 个转子机呈现非周期性。无论发送多少消息,Emily 都无法找到两条具有相同转子设置序列的消息。∗∗

[①] 超级计算以每秒浮点运算次数(FLOPS)衡量。Petaflops 是计算机处理速度的一种度量单位,等同于每秒千万亿次浮点运算。速度为 1 petaflop 的计算机系统每秒可以执行百万的 4 次方次浮点运算(10^{15})。

6

对策

本章内容包括：
- 双重加密
- 无用字符和无用位
- 同音词
- 在图像或计算机文件中隐藏消息

回顾第 5.9 节，多字母替换密码可以通过两个步骤破解。首先，使用 Kasiski 方法或重合指数来确定周期或密钥长度。这将密文分成一些较短的文本片段，每段仅由密钥的一个字母加密。然后，使用简单替换密码、频率和接触的标准方法破解这些单独的文本。

这次让我们反过来。密码学家如何防止多字母替换密码被这两个步骤破解？我们将介绍一些对策。

6.1 双重加密

如果一个消息使用周期长度为 P 的多字母替换密码进行加密，然后使用周期长度为 Q 另一种多字母替换密码对产生的中间文本再进行加密，结果等价于使用周期长度为 P 和 Q 的最小公倍数（记作 $\mathrm{lcm}(P,Q)$）的多字母替换密码。也就是说，周期长度是 P 和 Q 的倍数的最小整数。例如，如果 P 为 10，Q 为 11，那么双重加密的周期长度为 110；但如果 P 为 10，Q 为 12，那么双重加密的周期长度则为 60，因为 60 是 10 和 12 的倍数。

双重加密中的每个字母表都是第一次和第二次加密所用的两个字母表的组合，如

11.7.4 节所述。如果这些字母表是经过移位的标准字母表，则结果仍然是一个移位后的标准字母表。如果这些字母表是混合字母表，则结果很可能是一个混合更加充分的字母表。

尽管双重加密仍属于多字母替换密码，但由于周期更长，并且每个密钥字符加密的字母较少，可能比单一的多字母替换密码更强大。这种双重加密的安全性评级为 3 级。

如果两次多字母替换密码都采用了自动密钥、滚动密钥或者二者的组合方式进行加密，双重加密则为滚动密钥加密。但是，密钥不是英文文本，所以无法使用 5.11 节中介绍的单词拖拽技术。不过，该节中的概率技术适用于两个滚动密钥。

如果使用简单字母表(也就是 Belaso 表)进行加密，那么加密顺序就不重要了。使用滚动密钥 R 加密消息 M，然后再使用滚动密钥 S 重新加密，结果与使用滚动密钥 S 加密滚动密钥 R 以得到新的组合滚动密钥 C，然后使用该组合滚动密钥 C 对消息 M 进行加密是相同的。

通过用一个滚动密钥对另一个滚动密钥加密而来的密钥是非随机的。它们具有自己的特征字母频率和接触频率，同时还存在一些常见的序列，比如 THE 被加密为 THE，AND 被加密为 THE。所有这些都可以表格化。如果将 UNITED STATES OF AMERICA 或 NEGOTIATING STRATEGY 等长短语拖过一段文本(dragged through a text)，你可以观察滚动密钥的部分内容是否符合这种分布。因此，计算机能够破解双重滚动密钥加密。

对于未混合的字母表，双自动密钥和/或滚动密钥加密的组合被评为 4 级。对于经过密钥充分混合的字母表，该组合被评为 6 级。

6.2 无用字符

无用字符(null)是一种阻碍敌方密码破译人员的古老方法，其历史至少可以追溯到 15 世纪的阿根廷家族。作为插入到消息中的无意义字符，无用字符能够迷惑敌方密码分析员。无用字符最常用于编码。对于多字母替换密码，无用字符可用于干扰频率统计并破坏 Kasiski 或重合指数分析。

无用字符有多种用法。最直接的方法是将其加入字母表，通常表示为星号 *。然后可以将该字符散布到明文中。使用的时候应该保持节制，避免过于明显，引人注意。大约 3% 至 6% 的无用字符是合理的。使用无用字符的一种有效方式是将其插入高频词中，挫败 Kasiski 攻击。这应该是随机形式的。如果你将每一个 THE 更改为 T*HE，那就出现了 4 个字符的重复，反倒是帮了 Emily。最好是一半的时间使用 THE，四分之一的时间使用 T*HE,四分之一的时间使用 TH*E。使用 *THE 或 THE* 没什么用处,因为三字母组 THE 仍然是完整的。

加密表格变为 27 列宽,在密文中会出现星号。你可能觉得这等于告诉别人使用了无用字符,但有一种三元密码(trifid cipher),其字母表就是由 27 个字符组成,参见 9.9 节。Emily 也许会认为你用的是三元密码(可别跟 John Wyndham 创作于 1951 年的小说 *The Day of the Triffids* 中的三脚巨植搞混了)。

这种无用字符的用法相当薄弱。它并没有显著改变字母频率,对 Kasiski 和重合指数的影响不大。该方法的安全性评级为 3 级。

另一种无用字符的用法是在明文中插入一些特定的无用字符序列。这些序列需要容易识别。我建议使用小数量的中频字母(比如 C、D、P)来组成无用字符序列。双字母组 CC、DD、PP 可用于表示字母 C、D、P,而这些字母的其他 6 种双字母组组合则被视为无用字符。该方法的安全性评级也为 3 级。

6.3 中断密钥

无用字符还有一种更有力的用法是将其插入密文,打断重复周期。简单的实现方式是先使用多字母替换密码对消息进行加密,然后每当密文中出现某个触发点,比如特定的字母或双字母组,在其后插入一个无用字符。无用字符可以是任何字母,甚至是双字母组。正是触发器的存在将其标记为无用字符。

这种类型的无用字符插入可能相当复杂。你可以在以下位置插入无用字符:

- 在密文中的每个 W 之后的第 4 个位置,例如,密文 NPGWSOVKLEWPIDF 变为 NPGWSOVTKLEWPIDCF。
- 密文中每逢第二个 H(every second H)之后。
- 密文中每个 Q 后面的首个 A 之后。
- 首个 V 之后的第 1 个位置,下一个 B 之后的第 2 个位置,再下一个 L 之后的第 3 个位置,然后重复 V、B、L、V、B、L……
- 在密文中每两个字母之后,或者每 3 个元音字母之后,或者按升序或降序排列的 4 个字母之后。

抑或是上述任意组合,唯一的限制就是你的想象力。只是别搞得过于复杂,以至于 Sandra 和 Riva 无法快速准确地加密和解密。如果 Sandra 应该在每逢第 2 个 K 之后插入无用字符,每逢第 3 个 M 之后插入无用字符,但她不小心漏掉了一个,或者在第 4 个 M

后面也插入了无用字符，那么 Riva 可能无法解密消息。

配合标准字母表，这种插入无用字符的方法评级为 4 级；配合经过密钥充分混合的字母表，则评级为 5 级，前提是字母表要保密。

还有其他几种打断密钥周期性重复的方法。其中之一是在明文中出现某个触发点时重启（restart）密钥。与前一种触发器在密文中的方法相比，此方法更安全，因为 Emily 可以看到密文，但看不到明文。另一方面，对于合法的接收者来说则更困难。当触发器在密文中时，Riva 可以通过肉眼扫描并删除无用字符。当触发器在明文中时，Riva 必须一次破译一个字符，同时观察触发器。

明文触发器类似于刚提到的密文触发器，只不过出现在明文而不是密文中。触发点出现后采取的操作包括：

- 跳过密钥中特定数量的字符，或者
- 在密钥中重复特定数量的字符，或者
- 从第一个字符开始重启密钥，或者
- 切换方向，将密钥的顺序反转。

下面是四种类型的中断密钥示例，密钥为 SAMPLE，触发字母为 A：

跳过2个字符	重复1个字符	重启密钥	反转密钥	
SAMPLE	SAMPLE	SAMPLE	SAMPLE	密钥
MA··RY	MA····	MA····	MA····	明文
HA··DA	·RYHA·	RYHA··	YR····	
··LITT	····DA	DA····	····AH	
LELA··	·····L	LITTLE	····DA	
MBITSF	ITTLEL	LA····	ELTTIL	

在使用直接排列的字母表（straight alphabets）时，这种中断密钥方法的安全性评级为 5 级；如果使用经过充分混合的字母表，则评级为 6 级。重启密钥不应该过于频繁，否则密钥的第一个字符会被过度使用，而最后一个字符可能会被忽略。

更厉害的中断密钥方法是使用两个长度不同的独立密钥。当密钥长度彼此互质时，这种密码最强大。触发点发生时，从一个密钥切换到另一个密钥。在使用经过密钥充分混合的字母表时，该方法的安全性评级为 6 级。下面是使用密钥 FIRST 和 SECOND 的示例，触发字母为 A：

```
FIRST     SECOND     两个密钥
MA···     RYHA··     明文显示使用了哪个密钥字母
··DA·     ····LI     未显示密文
·····     TTLELA
····M     ······
BITSF     ······
LEECE     ······
WA···     SWHITE
```

该密码追踪最后一次使用的密钥字母。当切换到另一个字母表时,继续使用下一个密钥字母加密。例如,明文 MA 使用密钥字母 FI 加密,因此下一个密钥字母是 R。在使用第二个密钥中的密钥字母 SECO 对 RYHA 加密后,接着使用第一个密钥中的密钥字母 RS 继续加密。

通过这种方式,每个密钥中的所有字母的使用次数大致相同。

6.4 同音替换

4.2 节中介绍的同音替换(homophonic substitution)为每个明文字母提供了多个替换字符,目的在于调平字母频率。最常见的方法是扩大密文字母表以提供额外的替换字符。由于传统的多字母替换密码使用固定的 26 个字母的字母表(至少对于英语如此),所以通常不使用同音替换。

对于使用 8 位字节的计算机,实现同音替换很容易做到。一个字节有 256 个可能的值。26 个大写字母、26 个小写字母、10 个数字和可能的 32 个标点符号只占了 94 个值。如果加上制表符、退格符、换行符、回车符这些控制字符,则共计 98 个值。这样还留下 158 个值可用于无用字符、双字母组、三字母组和密钥中断。

让我们看看如何使用纸笔和普通的 26×26 混合表来实现同音替换。如果你保留一个字母作为触发字母,那么该字母的频率会非常高,很容易被发现。改用 2 个触发字母可能也是如此。我建议使用 3 个触发字母,每个字母的频率低于 4%。我们称该密码为 Trig3。字母 BCDFGJKLMPQUVWXYZ 是适合的选择。假设你选择了 B、C、D。以这 3 个字母开头的双字母组有 78 个,即 3×26。不要使用包含高频字母 AEINORST 的双字母组,因为那样会增加其频率,这与调平字母频率的目标相矛盾。于是就剩下 54 个可用作无用字符、同音词和密钥中断的双字母组。以下是一组可能的替换字符:

BB	O	BM	T	CB	+2	CM	O	DB	N	DM	B
BC	RE	BP	A	CC	-	CP	S	DC	-	DP	IN
BD	-	BQ	+3	CD	C	CQ	E	DD	T	DQ	R
BF	N	BU	E	CF	I	CU	+2	DF	+1	DU	-
BG	R	BV	ON	CG	D	CV	I	DG	+2	DV	S
BH	E	BW	ER	CH	A	CW	ER	DH	AN	DW	-
BJ	+1	BX	R	CJ	-	CX	+3	DJ	-	DX	I
BK	O	BY	+1	CK	+3	CY	-	DK	S	DY	T
BL	-	BZ	T	CL	E	CZ	A	DL	TH	DZ	N

这里的-表示无用字符,因此明文 BD、BL、CC 等也均为无用字符。+1、+2、+3 都是密钥中断器(key-interrupters),分别表示跳过 1 个、跳过 2 个、跳过 3 个密钥字母。同音词集合包括 6 个双字母组 AN、ER、IN、ON、RE、TH,以及单个字母。

保持平衡很重要。如果过度使用这些替换字符,那么字母 B、C、D 的频率就会过高,很容易被辨别为触发字母。如果用得太少,则又不能起到任何有用的影响。大约 10% 是合适的,使用 B、C、D 的双字母组的频率基本相等,大约各占 3%。记住,这种密码不能单独使用字母 B、C、D,必须使用它们的替换字符 DM、CD、CG。

使用得当,同时配以经过密钥充分混合的字母表的情况下,Trig3 密码的安全性评级为 5 级。

5858 密码

在继续讨论双字母组替换之前,再介绍一种密码,我称之为 5858 密码(Cipher 5858)。这是一种使用 5 位(5-bit)字符的计算机密码。5 位长度提供了能容纳 32 个字符的字母表,足够表示 26 个字母、3 个无用字符和 3 个同音词。(1)使用混合字母表将明文写成 5 位字符序列。(2)插入无用字符和同音词,每种使用大约 3%,总共占明文的 18%。最好是随意使用,不要按部就班。(3)如果需要,通过添加 1 个无用字符和最多 4 个随机位来填充明文,使其长度为 8 的偶数倍。(4)填充后的消息被视为一串 8 位字节,并进行充分的密钥混合替换。例如,如果消息包含 80 个 5 位字符,那么这 400 位将按顺序作为 50 个 8 位字节。(5)将消息再次视为一个 5 位字符的字符串。其中 3 个字符被选作密钥中断器+1、+2 和+3,就像 Trig3 密码那样。(6)使用通用多字母替换密码和经过充分混合的 32×32 的 5 位字符表对消息进行加密。(7)将 5 位字符的字符串重新分组为若干个 8 位字节,完成第二次 8 位替换。

总结一下,5858 密码使用了 4 个替换步骤:初始的 5 位替换、8 位替换、带有密钥中断的 5 位通用多字母替换以及最后的 8 位替换。该密码的安全性评级为 7 级。

6.5 双字母组和三字母组替换

另一种防止密码被 Emily 利用字母和接触频率破解的方法是对双字母组甚至三字母组进行替换。最简单的实现是使用一个表格。对于双字母组替换，可以使用 26×26 的表格，每个单元格都是一个双字母组。下面是该表格的开始部分：

```
    A  B  C  D  E  F  G  ...
A   BL TC UB NK RA KS BW ...
B   CA CS FN GX OD MH YL ...
C   PS DE YO UJ BK GC NZ ...
    ...
```

AA 的替换字母是 BL，AB 的替换字母是 TC，依此类推。对于三字母组替换，你可以使用一本有 26 个这样表格的小册子，每个表格对应三字母组的第一个字母。

这种替换可以单独使用，也可以与其他方法结合，比如多字母替换。单独使用时，双字母组替换的评级为 3 级，三字母组替换的评级为 4 级。就安全性而言，先进行双字母组替换，然后使用经过密钥充分混合的机密字母表（secret well-mixed alphabets）的多字母替换被评为 5 级；先进行三字母组替换，然后使用经过密钥充分混合的机密字母表的多字母替换被评为 6 级。

*6.6 在图像中隐藏消息

有一个很有意思的想法，可以追溯到大约 1999 年，是将消息隐藏在计算机的各种数据文件内。这是隐写术（参见 2.2 节）的现代版本。让我们看看其中一种方法：在位图（bitmap）或 BMP 文件中隐藏消息。位图是逐像素存储的图像。最常见的位图格式通过 3 个字节来表示每个像素，指定了该图像上单个像素的蓝色、绿色、红色的色彩深度。（这是 Microsoft 位图图像标准中与设备无关的顺序。如果你记不住，注意蓝色、绿色、红色是按字母顺序排列的。）例如，0,0,0 没有颜色，所以是纯黑色，255,255,255 对于所有三种颜色都具有最大色彩深度，所以是白色，而 255,0,0 则是纯蓝色。

像素通常用十六进制表示，所以纯蓝色是 FF0000。在一些计算机语言中，可以写作 \$FF0000 或 X′FF0000′，甚至是 0xFF0000，因为十进制的 255 在十六进制中是 FF。而在另一些语言中，颜色分量的顺序是颠倒的。例如，在 HTML 中，纯蓝色是 #0000FF。

整个图像可能包含数百或数千行的像素，每行包含数百或数千个像素。包含 3 000 行，每行 4 000 个像素的位图司空见惯。这样的图像拥有 12 000 000 个像素，需要 36 000 000 字节的存储空间，另外加上 54 个字节的头部信息。这就是为什么打开大量高分辨率图像会迅速填满计算机内存的原因。

诀窍在于使用像素的每个分量低位比特来携带消息的一位（one bit of the message)。这不大会被察觉,因为 FF0000 与 FE0000 甚至 FE0101 之间的差异对于肉眼来说几乎不可察觉。对于大图像的单个像素,从视觉上根本看不出来。此外,有一半的位不用改变值。在图像中隐藏消息时,关键是文件必须准确(完整)传输,不能对图像进行放大、缩小、裁剪、旋转、扭曲、压缩或转换图像格式。

消息可以使用任何方法加密。然而,如果 Emily 怀疑你用这种方法隐藏消息,那么不会增加任何额外的安全性。你为消息的每一位付出了传输 8 比特数据的代价,但却没有得到相应的好处。如果你只是简单地逐个取出每个像素的低位,不论你采取何种加密方式,评级不变。

从此方案中获得一些额外安全性的一种方法是不使用所有的位,而是以某种循环顺序从每个像素中选择特定的位。为此,你可以使用一串八进制数(比如 1,3,7,4,6)(参见 3.1 节的表格)作为选择消息位的密钥,这叫作选择密钥(selection key)。选择密钥有 5 个八进制数码,共计 15 个选择位(selection bits)①。从图像的第一个像素和选择密钥的第一个数字开始。如果此数字的第一位比特是 1,则将消息的一位放入像素的蓝色分量的低位,否则将低位随机设置为 0 或 1。如果第二位比特是 1,对绿色分量执行相同的操作,如果第三位比特是 1,对红色分量执行相同的操作。然后对第二个像素和选择密钥的第二个数字重复这个过程。以此类推。

有人可能会认为,当选择密钥的某一位为 0 时,最好保持图像的相应位不变,这样会减少图像失真,使 Emily 更难发现其中包含隐藏消息。没错,但如果 Emily 已经怀疑你在用图像隐藏消息,那么她有可能确定选择密钥。

假设这种情况已经发生。Emily 截获了含有位图图像的消息。进一步假设 Emily 在网上搜索并找到了原始图像。她可以对两个图像逐像素和逐颜色分量地进行匹配。这样就能够绘制出显示两个图像版本之间差异的图。每一个低位匹配的位置,Emily 就会在图中标记一个 X;不匹配的位置 Emily 会标记一个 |。接下来,Emily 可以尝试每种可能的选择密钥长度。当选择了正确的长度 L,并且标记在间隔为 L 个像素处对齐时,选择位为 0 的各列包含所有的 X,而选择位为 1 的各列包含一半的 X 和一半的 |。例如,再次使用选择密钥 1,3,7,4,6,你可能会看到:

```
001 011 111 100 110    选择密钥
XXX X|X XX| XXX X|X    差异图
XXX XX| |XX XXX X|X
XX| X|| XX| XXX |XX
XXX XXX ||X |XX XXX
XX| XX| X|X |XX X|X
```

---

① 一个八进制位对应 3 位二进制(因为 $2^3=8$)。因此,5 个八进制位共对应 15 个二进制位。

对于包含|的每一列,选择密钥的相应位必须为1。所有选择密钥的其他位很可能为0。随着差异图中的行数越多,概率就越高。

因此,只要选择位为0,就应该随机设置颜色分量的低位。使用循环选择密钥,如果底层密码的评级为1到4级,这种消息隐藏方法能再提高2级;如果评级为5到8级,则能再提高1级。

选择密钥还可以使用4.5节介绍的链式数字伪随机生成器,通过7、9或10位的合格种子来生成。使用生成的0到7之间的数字作为选择数字。如果生成的数字是8或9,则将其舍弃并生成下一个数字。在此,伪随机数在统计学意义上是否随机并不重要。最重要的特性是,生成的数字序列比消息长(以比特为单位),这样Emily就无法匹配具有相同选择密钥的密码文本部分了。

使用链式数字选择密钥,如果底层密码的评级为1到4级,这种消息隐藏消息方法能再提高3级;如果评级为5到7,能再提高2级;如果评级为8级,则能再提高1级。**

6.7 添加无用位

这种将消息位与无用位(null bits)混合的思路也可以在不将消息嵌入图像或其他文件的情况下手动完成。首先,使用简单替换或其他方法加密消息。将初步的密文写作二进制形式,比如5位二进制。简单替换和二进制转换可以一次性完成。可以按照某种混合顺序,用5位二进制数替换字母表中的26个字母:

A 00011	G 10011	M 11011	S 01001	Y 11000	3 00110
B 11110	H 01101	N 00001	T 10111	Z 01010	4 01111
C 01000	I 10100	O 11111	U 01110		6 11100
D 00000	J 10000	P 00101	V 10010		7 00010
E 10110	K 11001	Q 11101	W 11010		8 01100
F 01011	L 00100	R 10001	X 00111		9 10101

注意,除了字母表中的26个字母外,还有6个十进制数。为了防止手写时与字母O、I、Z、S混淆,去掉了0、1、2、5这四个数字。这样就得到了32个字符,用于将5位二进制数转换回符号进行传输。

消息现在以二进制位串的形式存在,可以向其中添加无用位。选择密钥用于指定无用位的插入位置。选择密钥的格式为 m_1、n_1、m_2、n_2、m_3、n_3……表示取出 m_1 个消息位并插入 n_1 个无用位,取出 m_2 个消息位并插入 n_2 个无用位,取出 m_3 个消息位并插入 n_3 个空位,以此类推。下面的例子使用了选择密钥2、1、3、1、4、2、3、2。

```
M     E     S     S     A     G     E                      明文
11011 10110 01001 01001 00011 10011 10110                  5位组
2 13  14    2 3   2 2   13    14    2 3   2 2  13  14  2 3  选择密钥
11-011-1011--001--00-101-0010--001--11-001-1101--10        已重新分组
11011010110000101000101100101100110111001011010110         添加无用位
11101 10101 10000 10100 01011 00101 10011 01110 01011 01011 01011  重新分组
Q     9     J     I     F     P     G     U     F     F     F
```

使用这种方案，MESSAGE 被加密为 Q9JIF PGUFF F。追加了 4 个无用位（阴影位）之后补全的最后一个 5 位组。这称为填充或无用位填充。

选择密钥也可以以二进制形式给出，比如 110111011110011100。密钥中的每个 1 表示取出下一个消息位，而每个 0 表示插入一个无用位。

在字母和二进制位之间相互转换时，如果使用两个不同的字母表，该方案会更有效。通过使用像 Huffman 编码（参见 10.4 节）这样的可变长度替换方法，也可以提高强度。为此，编码长度不必与字母频率相对应，但仍然必须具有前缀属性，以便 Riva 能够解密消息。

有两种方法可以避免为第二次替换（从二进制位转换为字母）添加额外字符：(1) 4 位为一组，只使用字母表的 16 个字母，或者使用 16 个十六进制数码；或者 (2) 使用具有 6 个 4 位编码组和 20 个 5 位编码组的可变长度编码。同样，这些编码组必须具有前缀属性。示例如下：

```
E 0101    S 00010   C 01000   P 01111   J 01110    4位/5位
T 1011    H 11011   M 11010   B 11110   Z 00001    替换
A 1110    R 10000   F 10010   V 10001
O 0011    D 00011   Y 00101   K 11001
I 0110    L 11000   W 11111   X 00000
N 1010    U 01001   G 00100   Q 10011
```

注意，我对 6 个最高频字母使用了 4 位替换。这使其在密文中的频率大约是其他 20 个字母的两倍。粗心的对手可能会认为这是一种完全不同类型的密码。

添加无用位适用于多种类型的加密。由于无用位与其他任何位无法区分，添加无用位要比添加无用字符更有效。它可以将密码的安全性评级提高 3 级。

让我们看一个具体的例子，就称其为 Cipher Null5 吧。与之前一样，分为 3 个步骤：从字母转换为二进制位，添加空位，再转换回字母。使用从字母到 5 位组的同音替换将字母转换为二进制位。字母 E、T、A、O、I、N 各自有两个替换项。使用选择密钥插入无用位，方法与 6.6 节中的相同。使用类似于先前表格中的 4 位/5 位替换将二进制位转换回字母。

6.8 多消息合并

密钥的二进制形式也可以用作合并密钥(merge key)来合并两个消息。也就是说,2 个消息的位会相互交错,形成单个消息。基数为 3 或 4 的合并密钥可以合并 3 个或 4 个消息。基数为 4 的合并密钥同样可以合并 3 个消息加上无用位。

多消息合并有两个优点:相较于无用位,不会增加太多额外的长度;可以更快更简单地加密。如果你使用一个较长的合并密钥交错 4 个消息,并为每个消息使用不同的简单替换,仅凭这一点就可以得到 5 级的安全性评级。如果对合并后的消息再另执行简单替换,则能够提高到 8 级。

用于合并消息的密钥可以采用两种形式:位计数形式(bit count form)和选择形式(selection form)。在位计数形式中,消息被轮流取出。密钥的每个数字指定了从每个连续消息中取出多少位。在选择形式中,消息可以按任意顺序提取,但每次只取出一位。密钥的每个数字指定了从哪个消息中取下一位。以下示例展示了如何使用位计数法和密钥 123123 以及选择法和密钥 12122112 合并消息 01010111101000110101 和 11101010011011100110。

```
12 3   12 3    12 3   12 3    12 3   12 3    12 3            位计数密钥
0  101 01      1  110 10      0  011 01      0  1            消息1
   11  1  010  10      0  110 11      1  001 10              消息2
011101101010110110010110011011101001010 1                   密文

12122112 12122112 12122112 12122112 12122112 12122112         选择密钥
0 1  01 01     1 1 1   10 0 0      11 01  01                 消息1
 1 11  0 1 01  0  0 11  0 1 11  0  0 11    0                 消息2
0111010011011101001110001011110001110 10                    密文
```

当消息长度不一时,合并多个消息可能会出现混乱。除了最长的消息外,你需要在所有消息末尾放置一个结束标记。另一种处理长度不匹配的方法是平衡合并(balance the merge)。首先,将所有的消息依次写在一起,彼此之间以保留字符或字符序列分隔。然后,简单地将这个长字符串等分成若干部分。例如,如果消息的长度分别为 50、60、70、80 个字符,总长度为 260 个字符,再加上 3 个分隔符共 263 个字符。你可以将其分为 4 个段落(strand),分别为 66、66、66、65 个字符。如果使用 8 位字节,那么可以将 263×8= 2104 位分为 4 个段落,各为 526 位。没有必要在偶数字节边界处分割位串,但是应该选择从每部分中取出相同位数的密钥。

顺便说一下,消息的数量和段落的数量是独立的。可以有一个或多个消息,段落可以有 2 个或以上数量。例如,一个消息可以被分成 3 个段落,而三个消息可以被分成 2 个段落。

平衡只解决了一半的问题。另一半出现在合并过程快结束的时候。最终，其中一个字符串的所有位被合并完毕，而其他字符串则还有剩余。如果合并密钥指定了一个字符串中的另一位，而该字符串已无剩余位，则直接跳到下一位的选择。

将所有操作整合为一种密码，我们称之为 Merge8。Merge8 密码对首尾拼接的一个或多个消息进行操作。在基数为 26 的版本中（base-26 version），使用 4 位/5 位编码将 26 个字母转换为二进制（同 6.7 节中的 4 位/5 位替换）。消息分隔符可以是字母序列，比如 XXX 或 END。在基数为 256 的版本中，对 ASCII 码采用了密钥充分混合的简单替换（well-mixed keyed simple substitution）。生成的位串分为等长的 8 个段落。使用由 32 个八进制数字组成的密钥来合并这 8 个段落。每 8 个八进制值在密钥中出现 4 次，因此有 $32!/(4!)^8 = 2.39 \times 10^{24}$ 个可能的合并密钥。对生成的字符串进行第二次简单替换。无论是基数为 26 还是 256 的版本，使用的都是 8 位替换。Merge8 的安全性评级为 6 级。

6.9　在文件中嵌入消息

在图片文件中隐藏消息时，每个消息位至少需要 7 个图像位。这非常低效。如果你不打算伪装，那就可以在文件中隐藏更多的消息位。既然是密文，那就让它看起来像密文。有许多方法可以将明文消息隐藏在文件中。我简单的列举一些选项。与 6.6 节类似，对于文件的每个字节，一定数量的明文位隐藏在其中。

- 每次取出固定数量的明文位或可变数量的明文位。
- 将位放置在每个字节内的固定位置或可变位置。
- 将位按顺序放置或重新排列。
- 明文位按原样插入，或者轻度加密，例如简单替换。
- 密文位保持原样，或者轻度加密，例如简单替换。

位的数量、位置以及顺序可以由周期性密钥或随机序列控制。根据不同的选项，此类密码的安全性评级从 1 级到 10 级不等。

来看一个这种密码的例子：(1) 使用经过密钥充分混合的简单替换处理消息。(2) 使用具有较大内部状态空间的伪随机数生成器，在每个字节中选择 2 到 6 个位置。将 2 到 6 位的消息依次放入相应的位置。将剩余的位置设置为随机值。(3) 使用密钥混合的简单替换进行第二次处理。

这种方法称为 EmbedBits，极其快速和简单。缺点是密文长度约为明文长度的两倍。EmbedBits 的安全性评级为 8 级。要想提升到 10 级，可以将简单替换改为双字母组替换，比如双方阵（参见第 9 章）。

7 置换

本章内容包括：
- 路径和列置换
- 随机数置换
- 密钥置换
- 多回文构词

在第 5 章和第 6 章中，我们讨论了替换密码。对称密钥加密方法的第二大类是置换。置换意味着改变消息中元素的顺序。这些元素可以是单词、音节、字母或代表字母的单个数字或位。在本章中，我们主要研究字母置换，但请记住，你也可以使用相同的方法处理其他元素，比如 7.2.2 节中的单词置换。本章将涵盖许多不同类型的置换密码，其中大多数只需要纸笔就能实现。

7.1 路径置换

路径置换（route transposition）是最简单，也是最古老的置换密码形式。它不涉及密钥。保密性取决于路径选择。

路径置换能够很好地激发孩子们对于密码学的兴趣，是课堂、童子军或其他俱乐部的绝佳活动。需要注意的主要事项是，孩子们必须将字母统一写成直列，否则消息会变得混乱。可以通过使用行距较大的方格纸来避免这种情况。

基本思路是沿着一条路径将消息写入矩形，沿着另一条路径读取消息。例如，如果消息有 30 个字符，那么 5×6 的矩形最合适。如果消息有 29 个字符，添加一个无用字符即可。通过无用字符填充消息，直到补满大小适合的矩形中。在开始填写之前，最好是先画出矩形的轮廓。如果消息很长，可以将其分成适当大小的块。例如，长度为 1 000 个字符的消息可以分成 20 个 5×10 的块。

我们已经在 4.3 节中看到过一个路径置换的例子。消息按水平方向从左到右依次写入 5×5 的网格中，并按垂直方向从上到下依次读取每列。水平和垂直是两种类型的路径。下面是一份更详尽的清单：

- 水平方向，从左到右，从右到左，或交替左右
- 垂直方向，从上到下，从下到上，或交替上下
- 对角线，从左上到右下，从左下到右上等等，或交替进行
- 螺旋形，从任何角落向内部或从中心向外部，顺时针或逆时针

你可以从矩形的任意一个角开始，沿着任意路径将消息写入，使用其他任意路径来读取消息。来看一个巧妙的路径示例：

```
 1  2  3  4  5  26 27 28 29
36  6  7  8  9  10 30 31 32
37 38 11 12 13 14 15 33 34
39 40 41 16 17 18 19 20 35
42 43 44 45 21 22 23 24 25
```

消息将按照数字所指示的顺序写入网格并按列读取，即 1、36、37、39、42、2、6、38……

对于路径置换，Emily 只需猜测消息的读取路径。Emily 将消息填入矩形后，就可以通过检查来读取了。注意，无论你是将消息按水平方向写入 5×6 的矩形，还是按垂直方向写入 6×5 的矩形，对 Emily 来说并没有区别。同样，不管你是自顶向下还是自底向上，对 Emily 也没有影响。

路径置换的安全性评级为 1 级。

7.2 列置换

列置换（columnar transposition）是置换密码的主力军。自 17 世纪以来被军队、外交官、间谍广泛使用。这种方法最早出现在 John Falconer 于 1685 年所著的 *Cryptomenysis Patefacta* 一书中。1688 年的光荣革命（Glorious Revolution）之后，John Falconer 跟随 James 二世流亡到法国，并在此去世。该书的第 2 版于 1692 年以新书名 *Rules for Explaining and Decyphering all Manner of Secret Writing* 出版。

列置换可以使用密钥（key），也可以使用密钥单词（keyword）或密钥短语（keyphrase），前者为顺序混乱的连续数字串，后者通过对字母按字母表顺序进行编号将其转换为数字串。例如，考虑密钥单词 SAMPLE。按照字母表顺序，字母 A 最靠前，因此编号为 1。紧随其后的是 E，编号为 2。然后是 L、M、P、S。因此，SAMPLE 转换为数字串 6,1,4,5,3,2。如果同一个字母出现多次，则按照从左到右的顺序进行编号。例如，ANACONDA 转换为 1,6,2,4,8,7,5,3。

```
SAMPLE    ANACONDA    M I S S I S  S I P P I
614532    16248753    5 1 8 9 2 10 11 3 6 7 4
```

将消息按水平方向从左到右写入网格。列数等于密钥的长度。如果密钥是 SAMPLE，则有 6 列。如果密钥是 ANACONDA，则有 8 列。将数值密钥写在网格上方，如下所示：

```
ANACONDA    密钥单词
16248753    数值密钥
ENEMYTAN    明文
KSSECTOR
FORTYTWO
HEADINGW
EST
```

```
EKFHE ESRAT NROW METD AOWG NSOES TTTN YCYI    密文
EKFHE ESRAT NROWM ETDAO WGNSO ESTTT NYCYI     数量为5的密文组
```

按照数值密钥从上到下按垂直方向读取消息，从第 1 列（EKFHE）开始，然后是第 2 列（ESRAT）、第 3 列（NROW），一直到第 8 列（YCYI），如上所示。

合法接收者 Riva 需要执行一些算术运算才能读取该消息。密钥长度为 8 个字母，消息长度为 35 个字母。35 除以 8 等于 4，余 3。这意味着结果包含 4 行完整的 8 个字母，以及最后一行 3 个字母。Riva 在填充列之前应该先画出这个网格的轮廓，以便字符数量放置正确。

对于敌人 Emily 来说，任务会更困难些。技巧在于将每列字母垂直地写在纸带上，然后匹配这些纸带，确定列的顺序。她要寻找成对的纸带，其中匹配的字母能够形成常见的双字母组。如果能找到一个不错的匹配，她就可以尝试在这两张纸带之前或之后添加第三张纸带。一旦正确匹配了 3 或 4 张纸带，短单词开始出现，事情就变得容易了。

Emily 不知道密钥单词的长度，所以只能猜测。她可以从 5 开始逐渐增加。假设已经增加到正确的长度 8。和 Riva 一样，将 35 除以 8。她就知道有 5 短列，每列 4 个字母，以及 3 长列，每列 5 个字母。Emily 的问题在于如何确定每张纸带的起始和结束位置，以便包含至少一个完整的列。

第一张纸带从密文的首个字符开始，长度必须为 5 个字母，以防读出的第一列是长列。第二张纸带从密文的第 5 个字母开始，以防第一列是短列，并且在第 10 个字母结束，以防第一列和第二列均为短列。第三张和第四张纸带也是如此。然后，Emily 对其他四张纸带执行相反的操作，从密文的最后一个字母向中间方向回退。

接下来，Emily 进行纸带匹配，将纸带相互滑动，正确对齐。所有这些都是凭肉眼完成的，所以 Emily 必须熟记最常见的双字母组和三字母组的频率。这也可以通过计算机以简单直接的方式完成。

抵御这种匹配过程的最常见措施是发送方 Sandra 自顶向下读取若干列，自底向上再读取若干列。这意味着 Emily 需要第二组向后读取的纸带。这样，她就有两倍的纸带来尝试匹配。

当所有列都是向下读取时，如果网格是矩形，那么列置换的安全性评级为 2 级，否则为 3 级。当所有列以交替方向读取，如果网格是矩形或列为长列，则列置换的安全性评级为 3 级，否则为 4 级。

列置换是一种经过验证的方法，可以增强任何类型的替换密码的强度。列置换结合密钥混合的简单替换，安全性评级为 5 级。当与经过密钥充分混合的通用多字母替换密码结合时，被评为 7 级。如果两个密钥的长度互质，这种组合是最强大的。

最常见的列置换增强技巧是使某些行的长度不同。这样会使 Emily 难以知道纸带应该从哪里开始和结束。下面展示了四种思路。其中 (4) 是最强，因为它没有在末尾，而是在中间的一个不可预测的点处扰乱了纸带。更复杂的空白模式在部分列中有 2 处或更多个空白。

具有这些变化的列置换的安全性评级为 4 级，前提是 Emily 不知道模式。如果密钥很长并且列中有可变数量的空白，则变体 (4) 的评级将提升到 5 级。法国人在第一次世界大战即将结束时使用了类似的系统。据说德国人至少能够读出其中一些消息，主要是因为法国人多次重复使用他们的密钥。

```
         (1)              (2)              (3)              (4)
         TRANSPOSIT       TRANSPOSIT       TRANSPOSIT       TRANSPOSIT
         961375482X       961375482X       961375482X       961375482X
         INTHISCIPH       THISTIM          HEREISA          THISONEU
         ERSHORTRO        EEACHROW         TILTEDV          SE  SAPRES
         WSALTERNAT       ISLONGERT        ERSIONO          ETPA TTER
         EWITHLONG        HANTHEROWA       RSTAIRC          NOFBLA NK
         ROWS             BOVE             ASE              S
```

(1) TSAIW POAGH HLTSC TROSR ELNRS WOIOT HIRNN IEWER HT
(2) IALNV TWSCO TEMOE RIRGE HESAO THNHW ROTEI HBA
(3) RIEOR ELRRA DOAES EITSE TITSS AVNIH C
(4) TPF EEEN HAB OPT SAA ETO ISL NRT SENS USRK

对于阶梯形状的(3)，还有两种进一步变体：(5)和(6)。前者在到达右边沿时，从第一列开始，形成一个斜线模式；后者在到达右边沿时反向移动，形成一个锯齿状或之字形模式。这些模式的优点在于除了最后一行可能有所不同外，每行的字符数都相同，这样 Riva 可以很容易地计算出行数。这两种变体的示例如下所示。

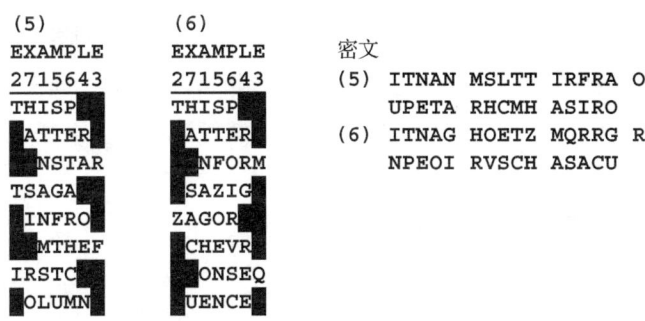

你还可以设置两个或多个不同宽度的独立阶梯，或者在对角线和反对角线方向(\ 和 /)都设置阶梯。

在解密使用任意一种列置换变体发送的消息时，如果难以计算需要多少行，或者最后一行该有多长，这里有一个技巧：计算消息中的字母数，按从左到右的顺序用该数量的小点填充网格（遵循与 Sandra 相同的字母书写模式），然后将字母填充在点上。

例如，在变体(2)中，假设你约定始终在第一行以 7 个字母开始。密文(2)有 38 个字母，因此在第一行放置 7 个点，在第二行放置 8 个点，……直到放置够 38 个点。然后，开始在相应的列中填入字母，替换掉点，如下所示：

```
961375482X      961375482X      961375482X      961375482X
........        ..I.....        ..IS..M         .HIS.IM
........        ..A.....        ..AC..O.        .EAC.RO
........        ..L.....T       ..LO..E.T       .SLO.GE.T
........        ..N....W.       ..NT..R.W.      .ANT.ER.W.
.....           ..V             ..VE            .OVE
```

使用涂黑方格的另一种方法是无用字符填充。应该选择能在两边形成不常见的字符对偶的无用字符，使得 Emily 更难匹配列。最好使用常见字母，别用罕见字母，后者可能很容易被认出是无用字符。来看下面的例子。

```
961375482X      961375482X      密文
·WHEN·ANEE      FWHENAANEE      HBGAC NMEYW ITTEI HEADO AIDIT HUAEN
L·BITE·SYO      LWBITEISYO      ANNAW WRHUA ONTAP HTRNS PNSAY FLUTO
UR·HAND·WI      URGHANDPWI      AAEOI YGS
THA·PAIN·Y      THAEPAINIY
OUCA·NTST·      OUCAHNTSTG
·ANDT·HATS      AANDTNHATS
A·MORA·Y        AOMORAUY
```

使用无用字符的列置换的安全评级为3级。对于有固定模式的涂黑消隐,评级为4级。

7.2.1 Cysquare

历史趣闻:在二战期间,英国使用了一种叫做 Cysquare 的变体密码,由 John H. Tiltman 大校于1941年发明。Cysquare 是一种包含大量涂黑消隐的列置换密码。英国发行了一本 26×26 网格的便笺簿,其中大约有 60% 的方格被随机涂黑,每一页的图案都不同。消息被写入横向的白色方格中,然后按某种顺序纵向读取。该网格是正方形的,能够以任何方向使用。

密钥是所用便笺簿的页码、方向以及网格内的起始和结束位置。密码员会在页面上划线,标记出消息区域。使用不同的区域可以让一页用于多个消息。

缺点是需要分发大量的便笺簿。为了尽量减少便笺簿的数量,英国人一天只用一页纸,在上面书写的消息可能有 50 个之多。这意味着字迹经过多次擦写,变得模糊不清,导致页面无法阅读,最终被密码员拒绝使用。Cysquare 在 1944 年被废弃。

德国人在得到了部分便笺簿和说明书后,从 1944 年直到战争结束,一直在使用该系统,并称其为 Rasterschlüssel,意为网格密钥。然而,德国人在选择黑白方格时做得不好。他们使用了太多相邻的白色方格,所以英国人在匹配纸带时能够识别出双字母组和三字母组。这些消息成为英国宝贵情报的来源。Cysquare 的安全性评级为 7 级,Rasterschlüssel 则为 4 级。

值得注意的是,在计算机时代,黑白方格可以作为位模式传输,网格可以是任何大小,并且每个消息都可以更换网格。我建议黑色方格占 65% 至 75%。按照这种方式,Cysquare 评级将提升到 8 级。

还有一种简化版的手写 Cysquare 方法,不需要印制网格,允许使用数值密钥来指定涂黑的方格。Blackout 置换密码有两种变体:左右交替版本和阶梯版本。两者均使用数值密钥 3174255 来进行涂黑消隐。消隐密钥可以是重复密钥,也可以由伪随机数生成器生成。你可以使用单独的密钥来指定列的读取顺序。

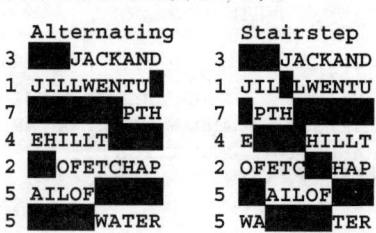

增强列置换的另一种方法是将文本分成不规则大小的块。例如,如果消息长度为 150 个字符,你可以将其分为 37 个、71 个、42 个字符的块。此方法的安全性评级为 4 级。如果对每个块使用不同的密钥,评级将提升至 5 级。

将列置换与其他类型的替换密码结合使用能够极大增强其安全性。即使是与简单替换密码结合,评级也会提高到 5 级,因为匹配条带要难得多。方法的先后没有影响。将通用多字母替换密码与至少 12 列的列置换相结合,即使前者的周期长度只有 3,评级也会提高到 7 级,原因在于基本上消除了匹配条带的可能性。

7.2.2 单词置换

单词置换(word transposition)是一种历史上重要的基于单词而不是字母的列置换密码,曾在美国内战期间作为联邦军主要使用的加密方法。该密码是由联邦电报员 Anson Stager 发明的,他后来创办了西联电报公司(Western Union telegraph company)。由于传输错误率较高,联邦军的通信受到了阻碍。在很多情况下,指挥官们会放弃使用电报,改派步行或骑马的信使传送消息。Stager 意识到,将发送的单个字母改为单词可以降低错误率,减少重新传输消息的需要。

联邦军的密码员按照从左到右的顺序逐词写下消息,形成一个矩形阵列,然后使用各种路径将其读出,比如上下交替读取列,或者交替从阵列的左半部分和右半部分中读取列。无用单词也被广泛使用。来看一个示例。请注意第三行为空。列按照 1,3,5,2,4 的顺序读取。

```
BRING    CANNON   BRIGADE  SIX      FIVE        明文
SOUTH    WEST     TO       ATTACK   ENEMY
SHOULD   RECENT   ABOUT    HORSE    NORTH
LEFT     FLANK    MOUNT    CHARGE   FROM
EAST     TO       DRIVE    ENEMY    TOWARD
OUR      GUNS

BRING SOUTH SHOULD LEFT EAST OUR BRIGADE TO ABOUT MOUNT DRIVE
FIVE ENEMY NORTH FROM TOWARD CANNON WEST RECENT FLANK TO GUNS
SIX ATTACK HORSE CHARGE ENEMY
```

7.3 双列置换

顾名思义,双列置换(double columnar transposition)意味着连续进行两次列置换,最好使用两个不同的密钥。这样可以消除匹配条带的可能性。令人惊讶的是,1934 年 Solomon Kullback 找到了一个通解,并由信号情报局(Signals Intelligence Service)发表。这本 31 页的书在 1980 年解密,由爱琴海公园出版社(Aegean Park Press)出版。爱琴海公园出版社多年来一直是密码学书籍的宝库,但在 2001 年创始人 Wayne G. Barker 去世后,该公司停止运营,也不再提供书籍。好消息是现在可能可以在 www.openlibrary.org 找到些书。

这里不再重复 Kullback 的分析,只需要知道它是基于判断每个明文字母在密文中出现的位置。相反,我要讨论 3 种对抗 Kullback 解决方案的方法。(顺便说一下,Kullback 和我父亲就读于同一所高中,只是比他早 6 年。)

一种简单的方法是通过涂黑几个方格来改变网格的形状。这些方格可以在某个角,甚至是在网格的中间形成矩形或其他形状。示例如下:

被涂黑掉的部分在两次置换步骤中可以具有不同的大小、形状、位置,其大小、形状、位置可以被加入密钥中,以便每个消息使用不同的涂黑方式。双列置换的安全性评级为 4 级。带有涂黑消隐的双列置换被评为 5 级。

另一种相反的方法 NullBlock 也很有效。你可以在中间密文(intermediate ciphertext)或最终密文(抑或是两者)中插入无用字符块。将无用字符块添加到明文中没有什么用。块的大小和位置可以由数值密钥指定,随消息而异。

将任意置换密码与任意替换密码结合能够增强安全性。双列置换密码与简单替换密码相结合的安全性评级为 6 级。双列置换密码与通用多字母替换密码相结合的安全性评级为 8 级。

7.4 循环列置换

列置换的另一种变体是循环列置换(cycling columnar transposition)。它分为两类:水平循环和垂直循环。水平循环需要两个密钥,一个用于循环行,另一个用于确定列的顺序。首先,将消息从左到右按行写作矩形块。接下来,在行的左侧垂直书写循环密钥。如果行数超过密钥长度,根据需要重复该密钥。如果循环密钥是单词或短语,请按正常字母顺序将其转换为数字。

一旦循环密钥以数字形式呈现,则将每行向左循环指定的位置数。然后按列密钥指定的顺序垂直读出字母。下面是使用循环密钥 CYCLES 和列密钥 PAULREVERE 的示例。

```
循环密钥           PAULREVERE      列密钥
                  619572x384
C 1 ONEIFBYLAN    NEIFBYLANO      密文
Y 6 DANDTWOIFB    OIFBDANDTW      EIAPR LYAIT AADNH EOWSO HFBNS SNOEP
C 2 YSEAANDION    EAANDIONYS      OEBDD IHNTY ESIFA OEBLN OTL
L 4 THEOPPOSIT    PPOSITTHEO
E 3 ESHORESHAL    ORESHALESH
S 5 LBE           ELB
```

破解列置换所使用的纸带匹配法对循环列置换仍然有效。只是稍微困难一点,因为每行的最后一个字母紧邻第一个字母,可能形成低频双字母组。这对 Emily 来说最多只是轻微的阻碍。具有水平循环的列置换的安全性评级为 3 级。

垂直循环与之类似,但不是将行向左循环,而是将列向上循环。下面的示例使用关键字 CYCLE 对列进行循环,使用密钥短语 PAULREVERE 选择列的读取顺序。

```
        CYCLECYCLE     PAULREVERE      密钥短语
        1524315243     619572x384      数值密钥
        ONEIFBYLAN     DBEOPWYIAT      明文
        DANDTWOIFB     YNEIRNOSAL
        YSEAANDION     TAHDFPDHFN
        THEOPPOSIT     ESEATEOLOB
        ESHORESHAL     LHEOABSIIN
        LBE            OSN

        BNASH SWNPE BISHL ITLNB NOIDA ODYTE      密文
        LOPRF TAAAF OIEEH EENYO DOS
```

这个密码仍然可以像普通的列置换那样利用纸带匹配法破解,但 Emily 每列需要两张纸带,分别用于顶部区域和底部区域。当每列循环时,列顶部的部分字符会移动到底部,成为新的底部区域。剩余的字母向上移动,成为新的顶部区域。在示例中,左列的 ODYTEL 向上移动 1 个位置,因此 DYTEL 变为新的顶部区域,O 变为新的底部区域。这些区域需要放在单独的纸带上,因为 Emily 不知道这些字母来自长列还是短列。这使得匹配过程更加困难。具有垂直循环的列置换被评为 4 级。

对块同时进行垂直和水平循环是可行的。这与双列置换的强度相当。记住,创建密码的过程越复杂,花费的时间越长,加密和解密就更加困难。双循环列置换被评为 5 级。

7.5 随机数置换

让我们来看一种完全不同的置换方法。这种置换不涉及任何形式的阵列或网格,而是对消息中的字母进行随机编号。

你可以使用任何随机数生成器。第 13 章中介绍了几种。到目前为止，我讲过的只有 4.5.1 节中的链式数字生成器，所以我们就用该生成器来演示。如下所示，为消息的每个字母生成一个随机数：

```
4319327486592783014598965086437521 96
INCREASEBIDTOTWELVEPOINTSEVENMILLION
```

首先，从左到右取出所有编号为 1 的字母：C、V、I。

```
4319327486592783014598965086437521 96
IN-REASEBIDTOTWEL-EPOINTSEVENMILL-ON    CVI
```

接下来，取出所有编号为 2 的字母：A、O、L。

```
4319327486592783014598965086437521 96
IN-RE-SEBIDT-TWEL-EPOINTSEVENMIL--ON    CVIAOL
```

然后，取出所有编号为 3 的字母：N、E、M。

```
4319327486592783014598965086437521 96
I--R--SEBIDT-TW-L-EPOINTSEVEN-IL--ON    CVIAOLNEEM
```

以此类推，直到取出的所有字母。

要解密该消息，Riva 要先生成随机数字。因为有 3 个 1，所以她会在 3 个 1 的下面书写密文的前三个字母 CVI，如下所示：

```
4319327486592783014598965086437521 96
--C-------------V----------------I--
```

然后，Riva 将密文的下 3 个字母 AOL 写在 2 的下面，如下所示：

```
4319327486592783014598965086437521 96
--C--A------O----V--------------LI--
```

依此类推。

随机数字置换的安全性评级为 4 级，可以通过尝试所有可能的随机数生成器种子来破解。

选择更长的种子或使用 10 个数字以 1、2、3……之外的顺序从明文中选择字母来加强该密码。这等效于对随机数生成器的输出应用简单替换。例如，如果你想从标记为 4 的字母开始，那么可以将所有标记为 4 的字母更改为标记为 1 的字母。如果接下来要取出所有标记为 7 的字母，则将所有标记为 7 的字母更改为标记为 2 的字母，依此类推。然后按照描述的方法进行。这样一来，可能的密钥数量就增加了 10!（即 3 628 800）倍。

通过这种改进，链式数字置换被评为 5 级。计算机实现的版本中随机数生成器可以生成随机字节，该方法被评为 7 级，因为重新排列 256 个不同字节可产生的顺序非常多。

7.6　选择器置换

由于我们正在研究随机数，借此机会来看另一种基于随机数的置换密码，即选择器置换（selector transposition）。其思路是将消息分成大致相等的几部分，然后使用随机数序列将这些部分合并。

假设明文有 100 个字符，你打算将其分成 3 部分。你现在有一个随机数生成器，以相等的概率生成数字 0、1、2，同时已经选好了一个种子，该种子充当置换密钥。你需要知道信息的每个部分有多大。这很容易做到。只需生成前 100 个随机数，然后计算生成的每个数字的数量。假设有 36 个 0、25 个 1 和 39 个 2。将消息分成 3 个部分：包含 36 个字母的 P0，包含 25 个字母的 P1，包含 39 个字母的 P2。

加密不难。每次生成器产生 0 时，从 P0 中取出下一个字母。每次生成器产生 1 时，从 P1 中取出下一个字母。每次生成器产生 2 时，从 P2 中取出下一个字母。解密甚至更容易，因为 Riva 不需要知道每个部分的大小。每次她得到 0 时，将下一个字母放进 P0 中。每次得到 1 时，将下一个字母放进 P1 中。每次得到 2 时，将下一个字母放进 P2 中。然后拼接这 3 部分，或者她忽略换行符直接读取消息。

只有 2 个部分时，用此方法重构消息对 Emily 来说很容易。安全评级为 1 级。如果分成 3 部分，稍微困难一些，评级为 2 级。当分成 20 个或更多部分时，评级为 5 级。

7.7　密钥置换

有时，以块为单元进行置换可能更可取。块置换的最佳选择是密钥置换（key transposition）。在消息的字符上方写下数值密钥，然后将每个字符移动到其密钥数字指示的位置。在这个例子中，块大小为 8，数值密钥为 41278563。第一个字母 R 的密钥数字是 4，所以将 R 移动到块中的第 4 个位置。第二个字母 U 的密钥数字是 1，所以将 U 移动到区块中的第 1 个位置，依此类推。

```
41278563 41278563 41278563 41278563 41278563 4127
RUSSIANT RADEDELE GATIONEX PECTEDTO ARRIVELO NDON
USTRANSI ADTRELED ATXRNEIO ECOPDTTE RROAELIV DONN
```

密钥置换可用于明文、密文或两者。密钥置换本身安全性不高。根据块大小，密钥置换的评级为 1 到 3 级。

*让我们深入研究一下置换。在数学中,置换被称为排列(permutation)。这里有一个例子。我使用十六进制数字 A、B、C 来表示数字 10、11、12。在密码中,这些数字将代表被排列的比特、字母或其他单元。

```
123456789ABC    原始序
4A1729C5B683    排列序
```

最上面一行是标准,表示排列之前的原始顺序。第二行是排列后的顺序。在本节后续部分,将使用第二行来描述排列。

在此排列中,位置 1 的数字被移动到位置 4,位置 4 的数字被移动到位置 7,位置 7 的数字被移动到位置 12,位置 12 的数字被移动到位置 3,位置 3 的数字被移动到位置 1,完成了循环 1→4→7→C→3→1。该循环可以表示为(1,4,7,12,3)。

不在此循环中的第一个数字是 2。从位置 2 开始,我们发现循环 2→A→6→9→B→8→5→2,可以表示为(2,10,6,9,11,8,5)。整个排列则表示为(1,4,7,12,3)(2,10,6,9,11,8,5)。

这两个循环的周期长度分别为 5 和 7,所以此排列的周期长度为 35。也就是说,如果你将其应用于一个由 12 个字母组成的块,会产生 35 种不同的字母排列,第 36 种排列与原始明文相同。

假设你想要生成一种高强度的块置换密码,即每个块都具有不同的置换。对每个区块采用不同次数的上述置换是不够的,因为它每 35 个周期就会重复一次。要解决这个问题,可以使用两种不同的排列方式,交替进行。

设这两种置换分别为 A 和 B。如果 A 和 B 选择适当,那么可以生成大量置换 A、B、AA、AB、BA、BB、AAA、AAB、ABA……,各不相同。

这时,了解排列的周期结构就变得非常重要。假设你选择了排列(1,4,7,12,3)(2,10,6,9,11,8,5)和(1,4,3,12,7)(2,10,9,6,5,11,8)。这两种排列以相同的方式划分 12 个单元的块,即[1,3,4,7,12]和[2,5,6,8,9,10,11]。当你反复交替使用这两种排列时,[1,3,4,7,12]会与[2,5,6,8,9,10,11]分开排列。也就是说,这两组数字之间不会相互影响。为了获得长周期,第二种排列的每次循环应尽可能地与第一种排列的每次循环重叠。以下一组适合的排列。

$$(1,4,7,12,3)(2,10,6,9,11,8,5)$$
$$(1,10,8)(4,6,5,12)(2,11,9,7,3)$$

这个置换密码的安全性评级为 3 级。只需尝试第一个块的所有 12! 种可能的排列组合,就能破解。也就是 4.79×10^8。对于第一个区块中产生合理文本的每一种排列,

Emily 可以为第二个块尝试 12! 种排列组合中的每一种。实际上，这比 $(12!)^2 = 2.29 \times 10^{17}$ 次尝试要少得多，因为只需查看块的前 3 个或 4 个字符就能排除很多不合理的组合。事实上，通过手工方法破解这个密码是可行的。随着块大小的增加，难度也会逐渐增加。

**

有几种方法可以增强密钥置换的安全性。一种方法是重叠块。例如，如果块大小为 16，不要将消息位置 1、17、33……作为块的起始处，而是选择位置 1、9、17、25、33……这样一来，每个块与前一个块重叠 8 个单元，与后一个块也重叠 8 个单元。消息的最后 8 个单元可以与前 8 个单元组合形成一个环绕块。此密码的安全性评级为 4 级。

重叠量不是固定的。如果当前块从位置 P 开始，块长度为 L，则下一个块可以从位置 P+1 到位置 P+L 之间的任意位置开始。此密码的安全性评级为 5 级。如果使用两种不同的置换并随机选择，评级可以提高到 7 级。

*增强块置换密码的第二种方法是组合排列。如果 T 和 U 是置换，那么 T 和 U 的组合，表示为 TU，是通过先执行置换 U，然后执行置换 T 得到的。最终的置换与使用 T 置换 U，然后再使用得到的结果置换文本是一样的。举个例子。假设 T 是 <u>419628573</u>，U 是 <u>385917462</u>。由于 U 是一个包含 10 个字符的块，你可以使用 T 来置换 U，就像你用 T 置换一个 10 字母的单词一样。在最上面一行写下 T 作为置换密钥，在第二行写下 U 作为要置换的文本。结果的第一个数字是密钥中数字 1 下面的数字，即 8（阴影部分）。结果的第二个数字是密钥中数字 2 下面的数字，即 1，依此类推。使用 T 对 U 进行排列，得到 <u>812349675</u>。

```
419628573    T
385917462    U
812349675    TU
```

以这种方式组合置换可以生成一系列的置换：U、TU、TTU、TTTU 等。这一系列的周期长度与 T 相同。如果块大小为 12，当循环的长度为 3、4、5 时，会出现最长的周期，即 $3 \times 4 \times 5 = 60$。如果消息超过 60 个块，可能需要更长的周期。为此，可以使用 U 或 T 以某种重复或随机的模式（比如 U、TU、TTU、UTTU、UTTU……）进行置换。如前所述，只要 T 和 U 都有较长的周期且 T 的循环与 U 的循环重叠，就能够生成庞大的不同置换集合。

你可以使用吸积测试（accretion test）来测试循环是否足够重叠。从 T 或 U 的任一循环开始。这形成了只包含一个循环的集合。将具有与之有共同元素的 T 或 U 的其他循环添加到此集合中。然后，在这个更大的集合中加入 T 或 U 的任何其他循环，这些循环与你已经选择的循环有共同元素。以此类推,直到没有更多共同元素为止。如果循环集合现在包含了 T 和 U 的所有循环,则说明重叠良好。如果你决定使用两个以上的置换,比如 T、U、V,则 T 和 U 应该重叠,T 和 V 应该重叠,而且 U 和 V 也应该重叠。

下面的示例使用了本节先前的一些置换,T=(1,4,7,12,3)(2,10,6,9,11,8,5),U=(1,10,8)(4,6,5,12)(2,11,9,7,3)。从循环(1,4,7,12,3)开始。

$$(1,4,7,12,3)$$

这与循环(1,10,8)有共同元素 1,所以将该循环添加到集合中。

$$(1,4,7,12,3)(1,10,8)$$

这与循环(4,6,5,12)有共同元素 4,所以将该循环添加到集合中。

$$(1,4,7,12,3)(1,10,8)(4,6,5,12)$$

依此类推。由于集合包括了 T 和 U 的所有循环,所以两者具有良好的重叠,并且在组合时将生成非常庞大的置换系列。**

7.8 半分置换

半分置换(halving transposition)是我自己发明的一项计算机技术,它使用二进制密钥来交换单元,这些单元可以是比特、字节或十六进制数字。IBM 在公司的发明公开公告中发布了这项技术,并且曾被考虑纳入数据加密标准(Data Encryption Standard, DES)。半分置换的操作对象是大小为 2 的某次幂的块,通常是 32 或 64 个单元。对于含有 n 个单元的块,密钥将有 $n-1$ 位。

让我们以大小为 16 个字符的块为例。明文为 GEORGE WASHINGTON。置换密钥为 15 位,其中第 1 位决定了是否交换块的左半部分和右半部分(每个部分 8 个单元)。0 表示不交换,1 表示交换。接下来的 2 位决定了这两部分各自的一半是否交换。如果密钥的第 2 位为 1,则第一个 1/4 块将与第二个 1/4 块交换。如果密钥的第 3 位为 1,则第三个 1/4 块将与第四个 1/4 块交换。接下来的 4 位决定了这些 1/4 部分各自的一半是否交换。例如,如果密钥的第 4 位为 1,则第一个 1/8 块与第二个 1/8 块交换。最后的 8 位控制着块的 1/16 是否交换。例如,如果密钥的最后一位为 1,则块的最后 2 个单元(第 15 个和第 16 个单位,即字母 O 和 N)将被交换。

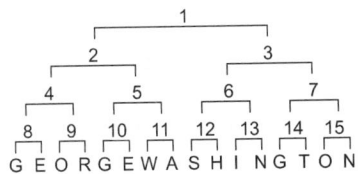

要破解此置换,必须按照相反步骤顺序进行。也就是说,应该先交换各个单元,然后是 2 个单元一组、4 个单元一组,依此类推。

7.9 多重变位

解决置换密码的一种通用技术是多重变位(multiple anagramming),适用于诸多类型的置换密码,即使类型未知也可以使用。要使用这项技术,你需要截获一些长度相同的消息。如果这些消息使用相同的密钥进行了置换,那么每个消息的第一个字母会在所有密文中的相同位置结束,第二个字母也会在所有密文中的同一位置结束,依此类推。

我们可以利用这一点。制作纸带 1,其中包含所有密文中的第一个字母。制作纸带 2,其中包含所有密文中的第二个字母,依此类推。纸带数量与密文长度相同。这些纸带可以像我们破解列置换时那样进行匹配。可用的消息越多,纸带就越长,成功的机会就越大。一般来说,至少需要 3 个消息。

让我们看一个例子。假设有以下 3 个密文消息:

```
                    1  2  3  4  5  6  7  8  9 10 11 12
(1) TTWACNAATKAD    T  T  W  A  C  N  A  A  T  K  A  D
(2) NEMSMORMEODA    N  E  M  S  M  O  R  M  E  O  D  A
(3) ETCMMEANEETO    E  T  C  M  M  E  A  N  E  E  T  O
```

消息长度为 12。右侧显示了 12 张纸带。

消息(1)包含一个 K。可能在 K 之前的字母是 C 和 N。两者在消息(1)中均有出现。消息(2)包含一个 D。在 D 之前可能的字母是 N。消息(2)中有一个 N。来检查一下这些选择是否合理。我们有:

```
5 10    6 10    1 11
C  K    N  K    T  A
M  O    O  O    N  D
M  E    E  E    E  T
```

在消息(2)中,最有可能在 ND 之前出现的字母是 A 或 E。这给出了 3 种可能:

```
2 1 11    9 1 11    12 1 11
T T A     T T A     D  T A
E N D     E N D     A  N D
T E T     E E T     O  E T
```

将这 3 个选择分别与剩下的 9 张纸带进行匹配,最佳匹配是与纸带 4。

```
4  9  1  11
A  T  T  A
S  E  N  D
M  E  E  T
```

这与我们之前已经组合好的第 5 列和第 10 列匹配得很好。

```
4  9  1  11
A  T  T  A
S  E  N  D
M  E  E  T
```

这 3 个消息现在很容易就搞定了,(1) ATTACK AT DAWN,(2) SEND MORE AMMO,(3) MEET ME AT ONCE。

8

Jefferson 转轮密码机

> **本章内容包括：**
> - Thomas Jefferson 的转轮密码机
> - 使用已知单词破解转轮密码机
> - 在单词未知的情况下破解转轮密码机

Thomas Jefferson 在 1790 年至 1793 年间发明了 Jefferson 转轮密码机，在此期间他担任 George Washington 的国务卿。该装置由一根直径 1/8 英寸至 1/4 英寸、长 6 英寸至 8 英寸的铁棒或转轴和 36 个直径约 2 英寸、厚 1/6 英寸的木盘组成。每个木盘的中心都钻有一个与铁棒大小相同的孔，这样所有的木盘都可以紧贴在铁棒上，形成一个木制圆柱体。圆盘的平面相互接触，外面的圆边清晰可见。铁棒的一端有一个头，就像钉头一样。另一端有螺纹，可以将螺母拧到铁棒上，牢牢固定住圆盘。

圆盘的平面上的编号为 1 到 36。圆形外缘分为 26 等份。字母表的 26 个字母以某种打乱的顺序书写或雕刻在这 26 个部分，在每个圆盘中的顺序各不相同。圆盘在转轴上的顺序就是密码的密钥，如今被称为复用密码（multiplex cipher）。

这是位于马里兰州菲特梅德堡的美国国家密码学博物馆展示的一台配备有 26 个圆盘的 Jefferson 转轮密码机的复制品（照片由 Daderot 提供并获得 Creative Commons CC0 1.0 许可）。

使用此设备对消息进行加密，首先按照密钥指定的顺序将圆盘放置在转轴上。松开螺母，方便转动各个圆盘。消息的第一个字母出现在第一个圆盘上，然后转动第二个圆

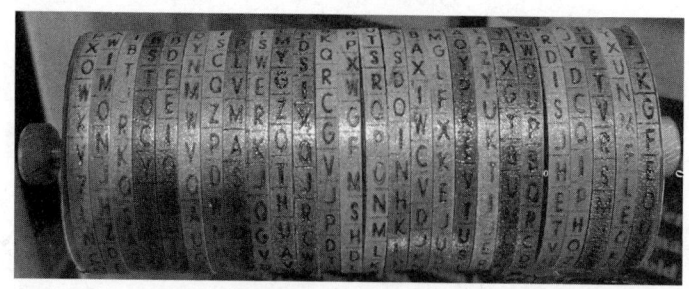

图 8-1　Jefferson 转轮密码机

盘，使得消息的第二个字母紧邻第一个字母。接着转动第三个圆盘，使得消息的第三个字母紧邻第二个字母，依此类推，直到消息的前 36 个字母排成一行。然后旋紧螺母，固定它们的位置。

转动圆筒，另外 25 行都是无意义的杂乱字母。Sandra 可以选择其中任何一行作为密文。Riva 重复先前的过程，将密文设置在圆筒的某一行上。其他 25 行中哪一行才是想要传递的信息就很明显了。

Jefferson 显然从未使用过这个密码机。这个概念直到 19 世纪 90 年代早期被 Étienne Bazeries 重新实现，并于 1901 年被法国采用。Bazeries 的版本有两处改进：密码机配备了支架或托座，使得该设备可以放在桌子上双手操作，另外还提供了辅助，帮助用户对齐字母并选择行以读取密文。1914 年，Parker Hitt 上校发明了这种使用 25 个铝盘的密码机，1922 年被美国陆军采用，命名为 M-94，1926 年被美国海军采用，命名为 CSP-488。Hitt 的版本只有 4.25 英寸长，小到可以放在口袋里，圆盘的平面上有凹槽和尖刺，使其在对齐后不会滑动。

以下是美国国家密码学博物馆中 CSP-488 的照片。

图 8-2　CSP-488

Hitt 于 1916 年发明了该密码机的扁平版本，1935 年被美国陆军采用，命名为 M-

138。这个版本是一块铝制的平板，上面有 25 个通道，可容纳纸带来回滑动，以模拟圆盘的转动。每张纸带上都有两份打乱顺序的字母表。这种设备更加安全，因为纸带很容易更换，必要时甚至可以在战场上手写。这种设备很快被 M138A（美国海军称其为 CSP-845）取代，它配有 30 个纸带槽，随附 100 张纸带，以两位数字编号，任何信息都可以使用 100 张纸带中的 30 张。共计有 $100!/70! = 7.79 \times 10^{57}$ 种可能的密钥。

M-138A 中间有一个铰链，可以折叠起来，更便于携带。每一半都配有独立的导轨，用于对齐纸带和读取密码的 15 个字母。这些改进极大地增强了密码的安全性。

美国陆军在 1942 年到 1943 年前后放弃了这种带有纸带的密码机，但美国海军仍然将其作为备用方案，以防止电力故障使他们无法使用任何电子或电机式密码设备。

如果 Emily 没有设备的副本并且不知道字母表，破解多重密码是不可能的。如果 Emily 得到了设备，而且知道一些可能的单词，那么破解就相对容易了。在这种情况下，Jefferson 转轮密码机的安全性评级为 4 到 5 级。单词未知的话，评级为 6 到 7 级。Emily 拿到的密文越多，评级就越低。相反，如果设备配有大量额外的盘片，评级就会提高。例如，如果用户从配备的 100 个盘片中选择 30 个，评级可以达到 8 级。对于非常短的消息（少于盘片数量的两倍），除非 Emily 截获使用相同密钥的多个消息，否则无解。这种例外可能会在发送者每天只更改一次盘片的顺序时出现。

8.1 单词已知的解密方法

只要你有足够的文本，并至少知道部分消息，就可以解密使用 Jefferson 转轮密码机加密的消息。通常，只需要一个已知的单词就足够了。假设你知道 Sandra 正在使用 M-94 设备，该设备有 25 个盘片，而你截获的消息如下：

```
CLPOXFDQBOMTUCESZITNCVGWX
ESIWVILLSCQYRNPFJCNSRWXGK
GAFOEMZTGHJWQZTYMSAXTBILF
UICSBHWHPMBZQRCDH
```

假设你还知道明文消息以 URGENT 开头。这已经被转换成了密文 CLPOXF。由于 URGENT 在一行上，而 CLPOXF 在另一行上，因此对应字母之间的距离必然相同。我们将包含 URGENT 的那行称为行 1，假设包含 CLPOXF 的那行是行 8。明文的第一个字母 U 和密文的第一个字母 C 分别来自第一个盘片的行 1 和行 8。因此，在第一个盘片上，U 到 C 的距离一定是 7。在第二个盘片上，R 到 L 的距离一定是 7。在第三个盘片上，G 到 P 的距离一定是 7，E 到 O、N 到 X 以及 T 到 F 的距离也一定是 7。

最简单的搜索方法是依次尝试 1 到 25 之间每个可能的距离。从距离 1 开始。找出 U 到 C 距离为 1 的所有盘片。换句话说，U 后面的下一个字母是 C。如果没有这样的盘片，那么你就知道距离不是 1。然后找出 R 到 L 距离为 1 的所有盘片。同样，如果没有找到，说明距离也不是 1。

假设你发现了 12 组所有字母对偶之间距离均为 1 的盘片。现在需要测试这 12 组盘片，看看其中是否有正确的。假设第一组盘片是 18—4—21—9—13—11。从密文的第二个块开始测试，也就是第 26 到第 50 个字母。这个块以 ESIWVI 开头。将盘片 18 设为字母 E，盘片 4 设为字母 S，盘片 21 设为字母 I，依此类推。现在来看另外 25 行。如果它们全都是类似于 HNSAEI 或 TFPGUW 这样无意义的组合，你就知道 18—4—21—9—13—11 并非正确的盘片序列。另一方面，如果你看到一些似乎说得过去的文本，比如 NCONDI，这可能是单词 UNCONDITIONAL 的一部分，那么 18—4—21—9—13—11 也许是正确的盘片序列。再使用以 GAFOEM 开头的第三块密文进行测试。如果第三块和第四块都生成了合理的文本片段，那么 18—4—21—9—13—11 可能是正确的……但是别停下来，继续搜索，因为你也许会找到更好的盘片序列。

如果你没有看到任何可能的文本片段，那就尝试其他 11 种盘片序列。如果这些都不奏效，尝试距离 2，然后距离 3，一直到距离 25。可能会有几百种盘序和距离的组合需要测试。这很乏味，但依然可以靠手工完成。如果都没用，回头寻找 3 次测试中有 2 次能给出合理文本的盘片序列。

一旦你确定了前 6 个盘片最有可能的顺序和对应的距离，然后尝试扩展到第 7 个盘片。对于每种盘片选择，你已经知道从明文到密文的距离，因此扩展过程会相当快。

*8.2 仅有密文的解密方法

在没有已知单词的情况下，解密多重密码也是可能的。这被称为仅有密文的解密方法。我是第一个找到这种解密方法的人［*Computer Methods for Decrypting Multiplex Ciphers. Cryptologia 2*（Apr. 1978），pp. 152-160］。在 1978 年最初的论文中，我使用了双字母组频率并逐步增加到三字母组频率。如今的计算机速度更快，存储容量更大，因此我们可以跳过双字母组步骤。该方法假设你有一张表格，其中列出了英语中每个可能的三字母组的概率。你可以自己编制这样的表格，或者从互联网上下载三字母组频率表。以下是此方法的要点。

假设 Emily 使用具有 25 个密码字母表的 M-94 设备，并且我们截获了至少 3 块或 75 个字母的消息。我们只知道该消息用的是英语。例如，截获了以下内容：

```
CLPOXFDQBOMTUCESZITNCVGWX
ESIWVILLSCQYRNPFJCNSRWXGK
GAFOEMZTGHJWQZTYMSAXTBILF
```

首先尝试前 3 个盘片的所有可能选择：共计 $25 \times 24 \times 23 = 13\ 800$ 种。对于每种选择，将盘片设置为每个密文块的前 3 个字母，即 CLP、ESI、GAF。对于这些三字母组中的每一个，查看其他 25 行。这些行包含与密文三字母组对应的可能的明文三字母组。由于所截获的这 3 行中的每一行都有 25 种选择，因此可能性总数为 $13\ 800 \times 25^3 = 215\ 625\ 000$。台式机甚至笔记本电脑都能够轻松处理。

对于 3 个盘片和这 3 行的每种组合，其概率是那 3 个明文三字母组概率的乘积。等价地，其概率的对数是 3 个三字母组概率的对数之和。思路是只保留最有可能的组合，丢弃其余组合。例如，你可以仅保留前 1% 的组合，或者保留一定数量的优秀组合，比如 1 000 000 个最好的。让我们假设你选择保留前 2 000 000 个。

一种方法是生成所有 215 625 000 种组合，然后按概率排序，丢弃居后的 99%。这需要大量存储空间。还有更好的解决方法。首先分配一个表，比所需组合数（假设为 2 500 000 种）大 10% 到 25%。然后开始生成组合并将其放入表中。当表变满时，需要将其缩小约 20%。

这可以通过对表排序并删除底部的 20% 来实现。也就是说，对概率进行降序排序，然后将表的项数设置为 2 000 000 个。2 500 000 个表项的排序速度要远快于 215 625 000 个表项的排序，但还有更快的方法。从表中随机选择 10 个表项（如果不知道如何随机选择，那就选择 1/11、2/11……10/11 的表项）。将这 10 个表项从最不可能到最可能进行排序。排序过的表项称为 a、b、c、d、e、f、g、h、i、j。设 P 为 b 项的概率。删除表中概率小于 P 的所有表项。

继续生成组合，但不要将概率小于或等于 P 的条目添加到表中。每次表填满后，重复抽样、排序样本并重置截断概率 P 的过程。

所有这些操作结束后，你将得到由 3 个盘片和 3 行截获消息组成的大约 2 000 000 种组合。下一步是将其扩展到 4 个盘片。尝试第 4 个盘片的所有 22 种可能的选择。这会得到大约 44 000 000 种组合。现在看看由第 2、3、4 个盘片形成的三字母组。对于每种组合，将第 1、2、3 个盘片上的三字母组的概率与第 2、3、4 个盘片上的三字母组的概率相乘，获得所有 4 个盘片上四字母组的近似概率。将与密文三字母组 CLPO、ESIW、GAFO 对应的明文四字母组的概率相乘。

这将给出由 4 个盘片和 3 行截获消息组成的 44 000 000 种组合的概率。同样，你可以保留最好的 1%，得到 440 000 个四字母组。使用与三字母组相同的方法进行操作。

继续这个过程，获取五字母组、六字母组、七字母组等等。每增加一个盘片，能够保留的组合数量都会比上一次少。当数量减少不足 100 时，可以通过肉眼选择正确的组合，手动完成解密。

有个问题可能会导致此过程失败：即使在正常文本中，也可能出现概率为 0 的三字母组。如果 Emily 用了无用字符，这种情况可能相当频繁。这会导致合法明文被拒绝。

一种解决办法是调整三字母组的概率，使得概率为 0 的情况不会发生。设 $P(x)$ 表示字符串 x 的概率。如果一个三字母组 XYZ 的概率为 0，你可以使用 $P(X)P(YZ)$ 和 $P(XY)P(Z)$ 中的较大者。我建议将其除以 3，因为在你的三字母组计数中从未出现过 XYZ。如果 XYZ 的概率仍然为 0，那么使用单个字母的概率。例如，将 $P(XYZ)$ 设置为 $P(X)P(Y)P(Z)/10$。

另一种解决办法是不要将概率相乘，而是使用其他函数来组合它们。例如，你可以将概率的平方和相加。这将强化常见的三字母组，同时很大程度上忽略罕见的三字母组。

如果所有这些方法都失败了，那么只需更换密文起始点，再次尝试该过程。例如，从第 5 个盘片开始尝试。∗∗

9 分割

本章内容包括：
- Polybius 方阵
- 将字母分割成更小的部分（如比特或十六进制数字）
- 混合和重新组合这些部分

密码学的前两种基本工具是替换和置换，这是第 5 章到第 8 章的内容。第三种基本工具则是分割。这意味着将语言、字母、音节、单词的正常语言单元分解为更小的单元，并对其进行操作。这些较小的单元通常是比特、十进制数字、十六进制数字或其他进制中的数字。本章介绍了使用以 2、3、5、6、16 为基数的数字进行分割，以及其他一些分割形式。

9.1 Polybius 方阵

将字母表示为更小单元的最古老方法可能是 Polybius 方阵，我们在 4.4 节中介绍过。其中，每个字母由 2 个五进制（base-5）数字表示，共有 25 种可能的两位数字组合。（希腊人没有表示 0 的方式，因此他们的数字从 1 开始。）

以下是取自 4.4 节的 Polybius 方阵。每个字母都由其在方阵中的坐标表示，即行号和列号。例如，字母 P 位于第 2 行第 5 列，因此表示为 25。为了清晰起见，也可以写作 2,5。

	1	2	3	4	5
1	U	V	W	X	Y
2	Z	S	A	M	P
3	L	E	B	C	D
4	F	G	H	I J	K
5	N	O	Q	R	T

使用密钥单词SAMPLE
的混合Polybius方阵

Polybius 方阵本身能产生多种不同的密码。例如,将每个消息字母替换为其在方阵中右侧的字母(U 变为 V)、下方的字母(U 变为 Z)、右下方的字母(U 变为 S)或左侧的字母(U 变为 P)等产生简单替换密码。这个思路可以通过改变方向(如右、左、下、右、左、下等)来扩展为多字母替换密码。你也可以相隔 2 个字母或使用国际象棋中的骑士(马)走法。

Polybius 方阵还可以用于生成 Polybius Ripple 密码。首先,将消息的每个字母替换为其坐标,简单地写作一行。从该行中的第 2 个数字开始,将前一个数字与当前数字相加。如果和大于 5,则减去 5,保持数字在 1 到 5 的范围内。然后再次使用 Polybius 方阵将这些数字转换回字母。

S E N D H E L P	明文
2232513543323125	坐标
2424453325353411	经过 ripple 操作之后
M M J B P D C U	密文

Polybius Ripple 密码的安全性评级为 3 级。可以通过使用不同的 Polybius 方阵将坐标转换回字母来增强密码的安全性。

我们将在 9.2 节至 9.5 节讲解一些 19 世纪基于 Polybius 方阵的手工密码学方法。我会在 9.8 节至 9.11 节介绍另外一些手工方法,然后在本章的余下部分讨论几种计算机方法。

9.2　Playfair

Playfair 密码是由 Charles Wheatstone(读作 WHIT-stun)于 1854 年发明的。Wheatstone 以发明 Wheatstone 电桥(用于测量电阻)而在电气工程师中闻名。Wheatstone 和 William Cooke 在 Samuel Morse 发明键式电报(key telegraph)的几年前发明了指针式电报(needle telegraph)。Cooke 在英国实现了指针式电报的商业化,而 Morse 在美国成立了电报公司。

Playfair 密码得名于 Wheatstone 的好友 Lyon Playfair 男爵(两人长相酷似,都是红发,身高约 1.57 米),他提倡使用这种密码,并说服英国外交部将其用于外交通信。

历史背景

由于此密码并没有叫作 Wheatstone 密码,所以 Wheatstone 的名字可用于由其本人在 1860 年左右发明并于 1867 年在巴黎世界博览会上展出的第二代密码:Wheatstone 密码机。其外形像一个大号怀表,由两个用硬纸板制成的固定同心环和两个可移动的钟表指针组成,通过一个简单的发条装置连接在一起。内环是可擦除的,每次发送新消息时都可以更换。内环上有乱序排列的 26 个字母,而外环上则是标准的 26 个字母外加一个空格,共 27 个位置。你可以将长指针指向外环上的明文字母,而短指针则指向内环上的密文字母。当长指针绕外环一周,短指针也会绕内环转动 27 个位置,即完成了一次完整的循环加上 1 个额外的字母位置。所以,每次循环时短指针起始位置都会不同。1817 年,军械长 Decius Wadsworth 上校依据 Thomas Jefferson 在 1790 年定下的计划制造了一种具有可移动环且无指针的等效装置,但 Wheatstone 的名字永远与这一概念联系在一起。

照片由 Ralph Simpson 提供。铭文上写着:

"The Cryptograph. C. Wheatstone Inv^r"

图 9-1　Wheatstone 密码机

Playfair 密码基于 Polybius 方阵,每次加密两个字母,即成对加密。方阵可以通过使用 5.2 节中的任何方法混合字母表来制备。为了使字母表适合 5×5 的方阵,会省略一个低频字母,比如 J、Q 或 Z(在法语中,J、Q、Z 则很常见,所以省略 W。在德语中,省略 Q、X 或 Y)。当消息中出现被省略的字母时,选择其他字母来替代。在这里,每个 J 都被替换为 I。

下一步是将消息划分成双字母组,例如 ME ET ME TO MO RR OW。如果两个字母相同,应该将其拆开,通常是在中间插入一个 X(这也是为什么不在方阵中省略 X 的原因)。如果消息包含奇数个字母,就在末尾添加一个 X,于是消息变为 ME ET ME TO MO RX RO WX。现在我们准备好加密了。

Playfair 有三条规则:(1) 如果两个字母在同一行,每个字母都被其右边的字母替换;(2) 如果字母在同一列,每个字母都被其下面的字母替换;(3) 对于所有其他字母,每个字母都被双字母组中另一个字母所在列中的字母替换。需要注意的是,方阵会产生回绕,因此在 9.1 节的方阵中,Y 右边的字母是 U,Q 下方的字母是 W。

这些规则可以用坐标来重新表述。假设我们要加密的双字母组是 r_1c_1 r_2c_2,即第一个字母在 r_1 行的 c_1 列,第二个字母在 r_2 行的 c_2 列。现在这三条规则变成:

1. 如果 $r_1=r_2$,替换为 r_1,c_1+1 r_2,c_2+1。

2. 如果 $c_1=c_2$,替换为 r_1+1,c_1 r_2+1,c_2。

3. 否则,替换为 r_1,c_2 r_2,c_1。

让我们对样本消息 ME ET ME TO MO RX RO WX 进行加密,看看这些规则是如何运用的。第一个双字母组是 ME。M 和 E 不在同一行也不在同一列,因此适用规则 3。M 在 2 行 4 列,E 在 3 行 2 列。因此,M 被同一行(即第 2 行)中与字母 E 相同列(即第 2 列)的字母所替换。2 行 2 列的字母是 S,因此 M 被 S 替换。与此类似,E 被 3 行 4 列的字母 C 所替换。

同样,ET 被替换为 DO,而第二个 ME 被替换为 SC。字母 T 和 O 位于同一行,因此适用规则 1。两者被其右边的字母所替换。T 被替换为 N,O 被替换为 Q。所以 TO 被替换为 NQ。

MO 适用规则 3。它被替换为 SR。R 和 X 位于同一列,因此适用规则 2。RX 被替换为 XM。RO 和 WX 均适用规则 1,分别被替换为 TQ 和 XY。因此整个消息变为 SC DO SC NQ SR XM TQ XY,重新分组后则为 SCDOS CNQSR XMTQX Y。

以下的一些图表有助于你理解双字母组 LY、TO、RX 的加密过程。

	1	2	3	4	5
1	U	V	W	X	Y
2	Z	S	A	M	P
3	L	E	B	C	D
4	F	G	H	IJ	K
5	N	O	Q	R	T

LY → DU

	1	2	3	4	5
1	U	V	W	X	Y
2	Z	S	A	M	P
3	L	E	B	C	D
4	F	G	H	IJ	K
5	N	O	Q	R	T

TO → NQ

	1	2	3	4	5
1	U	V	W	X	Y
2	Z	S	A	M	P
3	L	E	B	C	D
4	F	G	H	IJ	K
5	N	O	Q	R	T

RX → XM

Playfair 密码一直在军事和外交中使用，至少持续到 1960 年。接下来，让我们简要了解一下如何破解 Playfair 密码。

9.2.1 破解 Playfair 密码

注意，每个字母只能被 5 个可能的替换字母加密，也就是该字母所在行的其他 4 个字母及其正下方的字母。对于每个字母，在网格中有 24 个其他字母。只有所在列的 4 个字母会导致该字母被替换为其下方的字母。因此，字母被替换为其下方字母的概率是 4/24，即 1/6。它被所在行的另一个字母替换的概率则是 5/6。

由于方阵中有 5 行以及 9 个频率超过 5% 的英文字母，必然有几行包含至少 2 个高频字母。如果这样的行少于 4 行，那么至少会有一行包含 3 个高频字母。这些行中的其他字母在密文中出现的频率会比任何其他字母更高。如果你有足够的密文，那么密文中频率最高的 3 个到 5 个字母很有可能会出现在方阵的同一行中。

如果我们去除所有包含这些字母的双字母组，则剩余双字母组中出现频率最高的 3 个到 5 个字母很可能位于方阵的同一行。知道了 5 行中 2 行的高频字母已足以着手重建方阵了。下一步是尝试放置一些可能的单词。

Playfair 密码的安全性评级为 3 级。有几种方法能够增强 Playfair 密码的强度。下面简要介绍其中一些。

9.2.2 增强 Playfair 密码

来看一些更强的 Playfair 密码变体。

（1）Nullfair 或 Nofair

可以以重复的间隔将无用字符添加到密文中，如下所示：

```
    2   3   2   3   2   3      无用密钥为23
    BR  CNT FG  IUS MH  RAO L  Playfair密文
    BRECNTPFGRIUSUMHMRAOAL     包含无用字符的密文
```

Nullfair 的安全性评级为 5。

（2）Playfair＋1

这种超级简单的增强方法是向 Playfair 密码中添加一个重复的二进制密钥。每当出现 1 时，就使用字母表中的下一个字母。如果二进制密钥的长度是奇数，Playfair＋1 就会更加强大。

```
0101101011010110     二进制密钥为01011
BRCNTFGIUSMHRAOL     Playfair密文
BSCOUFHIVTMIRBPL     密文+1
```

Playfair+1 的安全性评级为 5 级。Playfair+1 也可以使用三进制数来实现。加和密钥(additive key)中的数字很小,加法可以在头脑中完成,不需要表格。

(3) 双重 Playfair

Playfair 密码可以通过应用两次来加强。在第二轮加密中,新的双字母组应该跨越(straddle)[①]第一轮生成的双字母组的分界。① 使用 Playfair 密码加密消息。② 要么将第一个字母移到末尾,将最后一个字母移到开头,要在首尾两端都加入一个无用字符。③ 再次应用一轮 Playfair 密码。如果这轮使用了不同的混合字母表,则增强效果最好。双重 Playfair 的安全性评级为 6 级。

(4) Playfair ripple

这是双重 Playfair 密码的变体,只对消息进行一次加密,并且仅需要一个 Polybius 方阵。设明文为 $P_1P_2P_3P_4\cdots\cdots$ 从左边开始,使用 Playfair 对明文双字母组 P_1P_2 进行加密,得到密文双字母组 C_1C_2。然后将 C_2P_3 作为第二个双字母组进行加密,得到 D_2C_3。注意,D_2 这时已经被加密了两次。接下来,对 C_3P_4 进行加密,得到 D_3C_4,依此类推,每次移动一个字符到右边。Playfair ripple 的安全性评级为 6 级。

由于密文的第一个字母 C_1 和最后一个字母 C_n 只被加密了一次,你可能希望将两者作为一个双字母组进行加密,以完成循环。

$$
\begin{array}{ll}
P_1\ P_2\ P_3\ P_4\ P_5\ P_6 & \text{明文} \\
\ /\ \ /\ \ /\ \ /\ \ / & \\
C_1\ C_2\ C_3\ C_4\ C_5\ C_6 & \text{中间文本} \\
C_1\ D_2\ D_3\ D_4\ D_5\ D_6 & \text{密文}
\end{array}
$$

(5) PolyPlayfair

PolyPlayfair 使用两个不同的 Polybius 方阵,通过对密钥进行重复在两者之间交替。例如,密钥为 11212 意味着在 5 个双字母组的每个周期中,第 1、第 2 和第 4 个双字母组使用方阵 1 进行加密,而第 3 和第 5 个双字母组使用方阵 2 进行加密。这可以扩展到三个或更多的方阵,设置时间也会相应地更长。使用两个方阵和 10 位数以下的密钥,PolyPlayfair 的安全性评级为 5 级。如果密钥是由 链式数字(Chained Digit)算法生成的,当数字为 0 到 4 时使用第一个方阵,当数字为 5 到 9 时使用第二个方阵,其评级将提升到 6 级。(注意:使用链式数字序列的奇偶性具有更短的周期,因此安全性要弱得多)

---

① 意为第二轮加密应该与第一轮加密结果有所交错或重叠。

(6) 置换

在使用 Playfair 密码加密明文后,可以对生成的密文进行置换。置换可以像 7.2 节中的列置换那样复杂,也可以像 4.6.1 节中的 Bazeries 4 型密码那样简单地分段翻转。使用列置换的 Playfair 密码的安全性评级为 7 级。使用分段翻转的 Playfair 密码的安全性评级为 5 级。

9.3 双方阵

双方阵密码(Two Square cipher),有时也被称为双重 Playfair 密码(Double Playfair),是 Playfair 密码的改进版本。该密码是由法国业余密码学家 Félix-Marie Delastelle 发明的,并在其 1902 年的著作 *Traité Élémentaire de Cryptographie* 一书中进行了描述。顾名思义,双方阵密码使用了两个 Polybius 方阵,因此有两个混合字母表。这两个方阵可以水平并排放置,也可以自下而上垂直排列。这里展示的是水平方式。在这个例子中,两个方阵使用关键词 FIRST 和 SECOND 混合,为了适应 5×5 的网格,省略了字母 Q。

```
F I R S T    M P R T U
A B C D E    V W X Y Z
G H J K L    S E C O N
M N O P U    D A B F G
V W X Y Z    H I J K L
```

和 Playfair 一样,消息以 2 个字母为一组进行加密。也就是说,双方阵加密的是双字母组。为了加密双字母组 SO,我们在左方阵中找到 S,右方阵中找到 O。S 的替换字母是右方阵中与 S 同行且与 O 同列的字母,即 T。O 的替换字母是左方阵中与 O 同行且与 S 同列的字母,即 K。因此,双字母组 SO 变成了 TK。

与 Playfair 不同的是,没有必要分开重复的字母。这两个字母可以位于两个方阵的不同行。例如,SS 变成 MK。在大多数情况下,密文中的重复字母不会对应于明文中的重复字母。

整个替换的可视化过程如下所示。

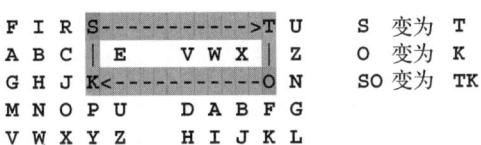

双方阵密码有一个致命的弱点:当双字母组的两个字母位于网格的同一行时,替换

结果就是这两个字母互换位置。例如，ST 会变成 TS。这种弱点被称为"透明现象（transparency）"，有时会导致整个单词被泄露出来。例如，SU ND AY 会变成 US DN YA。

为了防止这种情况发生，我提出了"同行规则（Same Row Rule）"：当两个字母位于同一行时，用其正下方一行的字母作替代，必要时绕回到顶行。例如，ST 现在会变成 DY，VI 会变成 FP。

使用"同行规则"后，双方阵密码的安全性评级为 4 级。这种变体称为双方阵 B（Two Square B）。

德国人是从字面上理解双方阵的。他们使用双方阵密码加密每个双字母组，然后使用相同的两个方阵再次加密双字母组。结果得到的只是一般的双字母组替换（参见 6.5 节）。

加强 Playfair 所使用的方法也可用于双方阵密码，例如 TwoSquare＋1 和 Two Square Ripple，两者的安全性评级相同。除此之外，还有另外一种变体。

Playfair 双方阵

双方阵密码使用了两个 Polybius 方阵。其中任何一个方阵都可用于 Playfair 密码。这意味着可以采用一种混合方法，将 Playfair 和双方阵结合起来。同样，我们使用数值密钥来控制如何加密每个连续的双字母组。数字 1 表示在左方阵中使用 Playfair 加密双字母组，数字 2 表示在右方阵中使用 Playfair 加密双字母组，数字 3 表示使用双方阵或双方阵 B 加密双字母组。最好是数值密钥中至少包含每个数字一次。由于双方阵强于 Playfair，密钥中数字 3 的出现频率应该比 1 或 2 更高。大约 50% 的比例是合适的。Playfair 双方阵的安全性评级为 6 级。

9.4 三方阵

三方阵（Three Square）是我的独创之想。除此之外，它并没有特别的优点。我之所以在这里提及，仅仅是因为我在为本书的编写做研究时读到的一本书上说，无法将双方阵扩展到超过两个方阵。我喜欢挑战。

顾名思义，三方阵使用了三个 Polybius 方阵。这些方阵应该使用独立密钥充分混合。三方阵一次加密 3 个字母，即加密三字母组。这使其比双方阵更强大。

```
FIRST    UVWXY    LMNOP
ABCDE    ZSECO    SUVWX
GHJKL    NDABF    YZTHI
MNORU    GHIJK    RDABC
VWXYZ    LMPRT    EFGJK
```

基本思路是将每个字母替换为方阵中在其右边的字母。替换字母处在同一行，但位于三字母组的下一个字母所在的列。

假设我们希望加密三字母组 THE。第一个字母是 T，第二个字母是 H，第三个字母是 E。我们使用第一个方格中的 T，第二个方格中的 H 和第三个方格中的 E 进行加密，如下所示：

```
F I R S T    U V W X Y    L M N O P
A B C D E    Z S E C O    S U V W X
G H J K L    N D A B F    Y Z T H I
M N O R U    G H I J K    R D A B C
V W X Y Z    L M P R T    E F G J K
```

T 的替换字母与 T 位于相同行，与第二个方阵中的 H 位于相同列，因此 T 被替代为 V。H 的替代字母与 H 位于相同行，与第三个方阵中的 E 位于相同列，因此 H 被替代为 R。E 的替换字母与 E 位于相同行，与第一个方阵中的 T 位于相同列，因此 E 被替代为 Z。因此，THE 变成了 VRZ。

这可以形象地表示如下：

```
F I R S T---->V W X Y    L M N O P     加密
A B C D E    Z S E C O    S U V W X    T 变为 V
G H J K L    N D A B F    Y Z T H I    H 变为 R
M N O R U    G H-------->R D A B C    E 变为 Z
-------->Z    L M P R T    E -------->  THE 变为 VRZ
```

解密是反向进行的。由于密文三字母组 VRZ 的第一个字母来自第二个方阵，我们从第二个方阵开始解密，如下所示：

```
F I R S T<----V W X Y    L M N O P     解密
A B C D E    Z S E C O    S U V W X    V 变为 T
G H J K L    N D A B F    Y Z T H I    R 变为 H
M N O R U    G H<--------R D A B C    Z 变为 E
<--------Z    L M P R T    E <--------  VRZ 变为 THE
```

三方阵比双方阵更容易出现字母位于同一行的问题。在 XYZ 这样的三字母组中，可能出现 X 和 Y 位于同一行，Y 和 Z 位于同一行，或者 Z 和 X 位于同一行的情况。这需要两个额外的规则，以防止出现字母代表自己的透明现象。

规则 1：如果三字母组中的两个连续字母位于同一行，那么这两个字母中的第一个字母将被加密为第二个字母右边的字母，如果需要的话，可以回绕到左列。例如，在三字母组 SUB 中，S 位于第一个方阵的顶行，U 位于第二个方阵的顶行。因此，S 被替换为 V 而不是 U。类似地，在三字母组 LET 中，T 位于第三个方阵的第三行，L 位于第一个方阵的第三行。所以 T 被替换为 G 而不是 L。

下图演示了规则 1。如果没有规则 1，在三字母组 SUB 中，S 将被 U 替换。而实际上，它被中间方阵中 U 右边的字母 V 替换。如果没有规则 1，在三字母组 LET 中，T 将被 L 替换。而实际上，它被左方阵中 L 右边的字母替换。这从第 5 列回绕到第 1 列，其中有字母 G。

```
F I R S----> U V W X Y    L M N O P        在三字母组SUB中，
A B C D E    Z S E C O    S U V W X        S变为V，而非U
G H J K L    N D A B F    Y Z T---->
M N O R U    G H I J K    R D A B C        在三字母组LET中，
V W X Y Z    L M P R T    E F G J K        T变为G，而非L
```

规则 2：如果三字母组中的所有字母位于同一行，每个字母将被其正下方的字母替换，如果需要的话，可从底行回绕到顶行。因此，FUN 会被替换为 AZV，WRE 会被替换为 IXL。

根据这些规则，三方阵的安全性评级为 5 级。

Playfair 三方阵

三方阵密码使用了三个 Polybius 方阵。这些方阵中的任何一个都可以用于 Playfair 密码。这就提出了一种将 Playfair 和三方阵密码相结合的混合方法。你可以使用 1、4、1、3、4、2、4 这样的数值密钥来控制如何加密每个连续的双字母组或三字母组。1 表示在第一个方阵中使用 Playfair 将接下来的两个字母作为双字母组加密。2 表示在第二个方阵中使用 Playfair 将接下来的两个字母作为双字母组加密。3 表示在第三个方阵中使用 Playfair 将接下来的两个字母作为双字母组加密。4 表示使用三方阵将接下来的三个字母作为三字母组加密。最好是数值密钥中至少包含每个数字一次。由于三方阵要比 Playfair 强大得多，数值密钥中的 4 应该比 1、2 或 3 出现得更频繁。大约 50% 的频率是合适的。也就是说，4 应该与 1、2、3 的总出现次数相当。同样地，随机生成 1 到 6 之间的数字，并使用 4、5 或 6 进行三方阵加密。

由于 Playfair 三方阵混合了双字母组和三字母组，大约 1/2 的双字母组和 2/3 的三字母组不会落在偶数边界上。这意味着其强度的增加比 Playfair 双方阵更大。Playfair 三方阵的安全性评级为 7 级。

有可能将 Playfair、双方阵、三方阵结合成一种更复杂的密码，毫无疑问会具有更好的强度，但 Playfair 三方阵已经在挑战人类密码员的工作极限了。速度和准确性都会受到影响。

还有一种相反的方法，我称之为跨三方阵（Straddling Three Square）。将明文划分为多行，每行包含 4 个块，每块长度为 3 个字符。使用三方阵密码对每个块进行加密。现在，取第 1 块的最后一个字母和第 2 块的第一个字母，使用 Playfair 密码和第一个 Polybius 方阵对此双字母组进行加密。取第 2 块的最后一个字母和第 3 块的第一个字母，使用Playfair密码和第二个Polybius方阵对此双字母组进行加密。取第3块的最后一个字母和第4块的第一个字母，使用Playfair密码和第三个Polybius方阵对该双字母组进行加密。这样可以在不增加太多复杂性或时间的情况下，提高三方阵密码的强度。同行规则应用于整个过程中。

9.5 四方阵

四方阵密码（Four Square cipher）是由Félix-Marie Delastelle于1890年左右发明的，在他于1902年去世后3个月出版的 *Traité Élémentaire de Cryptographie* 一书中对其作了详细描述。Delastelle在四方阵密码之后发明了双方阵密码（Two Square cipher），这是一种简化且稍微不太安全的版本。然而，通过第9.3节中描述的同行规则，可以认为这两种密码的强度相当。

顾名思义，四方阵密码使用了四个Polybius方阵。其中两个方阵包含标准字母表，另外两个方阵包含使用独立密钥混合的字母表。消息以两个字母为一组进行加密，也就是说，四方阵加密的是双字母组。

下面是一个排列示例。

```
a b c d e    M O N K E     密钥单词: MONKEY
f g h i j    Y A B C D
k l m n o    F G H I J
p r s t u    L P R S T
v w x y z    U V W X Z

U V W X Y    a b c d e     密钥单词: CHIMPANZEE
C H I M P    f g h i j
A N Z E B    k l m n o
D F G J K    p r s t u
L O R S T    v w x y z
```

加密使用的是熟悉的矩形方案。找到标准字母表中的两个明文字母，用矩形的对角线上的字母替换它们，如下所示：

```
a b c d e    M O N K E
f g h i j    Y A B C D
k l m n o    F G H I J
p r s t-------->R S T     明文 TH 被替换
v w x y z    U V W X Z    为密文 RM

U V W X Y    a b c d e
C H I M<--------h i j
A N Z E B    k l m n o
D F G J K    p r s t u
L O R S T    v w x y z
```

由于两个明文字母永远不可能出现在 10×10 网格的同一行或同一列中,因此不需要特殊规则或分隔重复字母。唯一需要无用空字符的情况是为了补全最后双字母组。四方阵的安全性评级为 5 级。

（1）循环方法

为了增加点强度,你可以使用类似于 4.6.1 节中分段翻转的简单置换。这种置换使用重复的数值密钥,比如 1、3、1、4、2、6。将密文分成长度为 7 个字符的块,或者是任何其他奇数长度。在每个块上方写下连续的密钥数字。然后,每个块根据密钥数字所指示的位置数循环左移。例如,如果密钥数字是 4,则将最左边的 4 个字母移动到块的最右边。示例如下：

```
1        3        1        4        2        6        1        3
BSMTPSZ  LDNTPRB  EXYFHWM  IXRCNIO  OKLPRSC  UBEACZV  NEULHDF  PLECNGU
SMTPSZB  TPRBLDN  XYFHWME  NIOIXRC  LPRSCOK  VUBEACZ  EULHDFN  CNGUPLE
```

使用循环方法的四方阵的安全性评级为 6 级。

（2）半分法

强化四方阵的另一种方法是提前对消息进行置换。假设消息是 AMBASSADOR WILKINS ASSASSINATED KABUL TODAY。这个消息有 39 个字母。将 39 除以 2 并四舍五入得到 20。消息分成两行,每行 20 个字母,垂直读取双字母组。使用四方阵加密这些双字母。

```
AMBASSADORWILKINSASS
ASSINATEDKABULTODAYX
AA MS BS AI SN SA AT DE OD RK WA IB LU KL IT NO SD AA SY SX
```

这些双字母组不再具有正常的双字母组频率或正常的接触频率。使用半分法的四方阵的安全性评级为 7 级。

9.6 Bifid

让我们再来看一种历史上基于 5×5 Polybius 方阵的手工密码。这就是 Bifid 密码,也是由 Félix-Marie Delastelle 在 19 世纪 90 年代发明的。Bifid 密码分为三步,其中(1)将字母转换为对应的 Polybius 坐标,(2)重新排列这些坐标,(3)然后再将这些坐标转换回字母。最初,Delastelle 在书写整个消息时,在每个字母下面标注其坐标,然后将横向读取的坐标对偶合并,先从顶行读取,然后一直跨到底行。

现代方法是将消息分成固定大小的块。块的大小应该是奇数,比如 5、7 或 9。如果块大小是偶数,则 Emily 可以将块划分成双字母组。

第一步是将字母转换为其在 Polybius 方阵中的坐标。假设块长度为 5。这 5 个明文字母可以表示为 X1、X2、X3、X4、X5。它们的行列坐标可以表示为 R1C1、R2C2、R3C3、R4C4、R5C5。每个 R 和 C 符号都是从 1 到 5 的数字,行坐标在先,列坐标在后。这些坐标对偶被垂直地写在块内的每个字母的下面,就像这样:

```
X1 X2 X3 X4 X5
R1 R2 R3 R4 R5
C1 C2 C3 C4 C5
```

然后它们按照 R1R2、R3R4、R5C1、C2C3、C4C5 的顺序跨行横向读取。下面是一个例子。通过使用密钥单词 SAMPLE 混合的 Polybius 方阵对单词 MAJOR 进行加密。

```
   1 2 3 4 5    M A J O R      明文
1  S A M P L    1 1 3 4 4      垂直书写坐标
2  E B C D F    3 2 4 2 3      13,12,34,42,43
3  G H I J K
4  N O R T U    11 34 43 24 23 水平读取坐标
5  V W X Y Z    S  J  R  D  C  密文
```

注意,密文中的第三组字母坐标 R5C1 是一个"行/列"对偶。这意味着第 3 个密文字母将来自 Polybius 方阵中与第 5 个明文字母相同的 R5 行,与第 1 个明文字母相同的 C1 列。行坐标和列坐标的这种一致性被称为"自然性(natural)"。

由于方阵中每行有 5 个字母,每列也有 5 个字母,第 3 个密文字母与第 5 个明文字母相同的概率是 1/5,第 3 个密文字母与第 1 个明文字母相同的概率也是 1/5。也就是说,R5C1 与 R5C5 相同的概率是 20%,R5C1 与 R1C1 相同的概率也是 20%。在这个例子中,情况确实如此。第 5 个明文字母是 R,第 3 个密文字母也是 R。

现在看看第一个密文字母 R1R2。这是一个"行/行"对偶,而不是"行/列"对偶。只有第一个坐标 R1 在"行/列"对偶的正确位置。另一个坐标 R2 是列位置上的行坐标。这样的单一放置称为"半自然性(half-natural)"。意味着第 1 个密文字母来自 Polybius 方阵中与第 1 个明文字母相同的行。因此,第 1 个密文字母与第 1 个明文字母相同的概率是 20%。

第 2、第 4 和第 5 个密文字母也是如此。它们中的每一个都位于与其中一个明文字母相同的行或列。因此,各自都有 20% 的概率与那个明文字母相同。这个例子便是如此:第 2 个密文字母 J 与第 3 个明文字母相同。

这是 Bifid 密码的一个严重弱点,使得 Emily 很容易猜测和放置可能的单词。另一方面,如果明文和密文字母不同,那么你知道它们在同一行或同一列。在这个例子中,第一个明文字母 R1C1 是 M,而第一个密文字母 R1R2 是 S。这意味着 M 和 S 必然位于

Polybius 方阵的同一行中。当 Emily 推断或猜测某个单词时,就会提供几个这样的对等词。反过来,这也会使放置更多单词变得更容易。当积累了足够多的字母对偶后,Emily 就能重新构建方阵了。

因为这些弱点,Bifid 密码的安全性评级为 3 级。

共轭矩阵 Bifid

这些问题可以通过使用不同的 Polybius 方阵将坐标转换回字母来消除。例如,方阵 2 产生的密文为 VBJEF。

```
   方阵 1           明文              方阵 2           密文
  1 2 3 4 5       M A J O R         1 2 3 4 5      11 34 43 24 23
1 S A M P L      1 1 3 4 4        1 V W X Y Z      V  B  J  E  F
2 E B C D F      3 2 4 2 3        2 D I F E R
3 G H I J K                       3 N T A B C
4 N O R T U                       4 G H J K L
5 V W X Y Z                       5 M O P S U
```

具有两个独立的 Polybius 方阵的 Bifid 有一个听起来高深莫测的名字:共轭矩阵 Bifid(Conjugated Matrix Bifid)。在此语境中,矩阵无非就是字母或字符的矩形阵列。共轭矩阵 Bifid 密码的安全性评级为 5 级。

有几种方法可以提高 Bifid 密码的强度。其中一种方法是使用重复的数值密钥来改变块长度,比如 5、11、7。块长度是该密钥的循环重复,即 5、11、7、5、11、7、5……如果你愿意的话,可以使用链式数字生成器并将生成的数字转换为奇数块长度。一种可能的方式是:

```
数字    0  1  2  3  4  5  6  7  8  9
长度    5  7  9  11 13 5  7  9  11 13
```

所以,如果生成器产生数字 3、6、2、7……那么块长度将是 11、7、9、9……

使用短的重复密钥和共轭矩阵,该密码的安全性评级为 6 级。使用长的重复密钥或者使用随机数生成器来生成块长度,安全性评级为 7 级。

类似的思路是从每个块中的不同点开始读取坐标。你可以使用一个数值密钥来指定起始点的顺序。如果块长度为 L,该密钥中的每个数字可以是 1 到 $2L$ 之间的任意数字。1 到 L 之间的数字表示坐标顶行的起始位置,而 $L+1$ 到 $2L$ 之间的数字表示坐标底行的起始位置,就像这样:

```
1 2 3  4  5  6  7      坐标的起始
8 9 10 11 12 13 14     读取位置
```

坐标可以从左到右成对读取。使用数值密钥 4、9 时的坐标读取顺序如下，起始位置 4 和 9 以阴影标记。

```
                    4                 9                  数值密钥
    12 13 14  1  2  3  4   7  8  9 10 11 12 13           块1的位置4
     5  6  7  8  9 10 11  14  1  2  3  4  5  6           块2的位置9
```

这种方法可以将密码的评级提升到 6 级。

增强 Bifid 密码的另一种方法是使用更有力的置换来混合坐标。块长度为 L 的标准 Bifid 将 $2L$ 个坐标写入一个 $2 \times L$ 的块中。坐标被垂直写入，然后水平读出。我们认为这是一种非常简单的路径置换（参见 7.1 节）。在第 7 章中还讲过几种更强大的置换，尤其是列置换。这种密码的一个例子是由情报官 Fritz Nebel 中尉发明并在第一次世界大战期间被德国人使用的 ADFGVX 密码。在 ADFGVX 密码中，由字母 A、D、F、G、V、X 表示的坐标使用列置换进行混合，然后作为这些字母的字符串传输。该密码的安全性评级为 5 级。

如果你使用更长的块，比如 20 个字符，那就会得到 40 个坐标。（使用这种方法，块长度可以是偶数也可以是奇数。）这足够使用列置换有效地混合坐标。或者，你可以回到 Delastelle 的原始概念，将整个消息的坐标作为一个单独的块。无论哪种方式，使用共轭矩阵的该密码的安全性评级为 8 级。使用双列置换的该密码的安全性评级为 10 级。假设有 4 个独立的长密钥和经过密钥充分混合的字母表，依靠纸笔是无法破解的。我们称之为双列置换 Bifid(Double Columnar Bifid)。

9.7 对角线 Bifid

Bifid 密码的一种变体是照常将 Polybius 坐标垂直地写在每个字母下面，但是以对角线的方式，从左下到右上（或者从西南到东北）读取。这被称为左对角线或者反对角线。（在徽章上，它被称作"bar sinister"，表示非婚生子女。）对于最后一个字母，回绕到第一列（有阴影的数字 1）。这种方法的优点是没有自然数或半自然数（half-naturals）[①] 可以帮助 Emily 猜测单词。下面是一个示例。

[①] "half-naturals" 是一个密码学术语，用于描述在密码分析中出现的数字序列。在一些密码系统中，特定的数字序列可能被称为"half-naturals"，这表示这些数字序列在某种程度上类似于自然数序列的特性，但并非完全符合自然数的定义。

```
      1 2 3 4 5        M A J O R        明文
  1   S A M P L        1 1 3 4 4 1      垂直书写的坐标
  2   E B C D F        / / / / /        13,12,34,42,43
  3   G H I J K        3 2 4 2 3
  4   N O R T U
  5   V W X Y Z        31 23 44 24 31   按对角线读取坐标
                        G  C  T  D  C   密文
```

对角线 Bifid 的安全性评级为 4 级。使用共轭矩阵时为 5 级。使用共轭矩阵和定期变化的块大小时为 6 级。与经典的 Bifid 不同，对角线 Bifid 可以使用奇数和偶数大小的块。

9.8　6×6 方阵

如果你的消息中包含大量数字，使用 6×6 的 Polybius 方阵代替 5×5 方阵可能是个不错的选择。6×6 方阵允许你使用完整的字母表（26 个字母）以及从 0 到 9 的数字。不用省略字母表中的 J 或 Q。如果是手动加密，要额外注意区分字母 O、I、Z、S、G 与数字 0、1、2、5、6。一些人采用特殊的约定，比如给所有数字加下划线。我觉得这样做很麻烦且容易出错。我通常只是夸大这些字符的特征，比如用超宽的衬线书写字母 I。

前面 5 节介绍的所有方法，即 Playfair 密码、双方阵密码、三方阵密码、四方阵密码、Bifid 密码，都可以使用 6×6 方阵及其所有变体。

9.9　Trifid

如果你喜欢方阵，那么立方体怎么样？另一种分割法，同样是由 Félix-Marie Delastelle 在 19 世纪 90 年代发明的，就是 Trifid 密码。与用 2 个五进制数字（基数为 5）表示字母表中的每个字母不同，Trifid 密码用 3 个三进制数字（基数为 3）表示每个字母。这样可以得到 3×3×3，即 3^3 个不同的 3 位数字组合。这足够表示字母表中所有 26 个字母外加一个额外字符。Delastelle 用加号＋表示第 27 个字符。

额外字符＋可用作标点符号，或者代表一个信号，表示接下来的明文字母应该被解释为数字。可以使用对应关系＋A=1,＋B=2,…,＋J=0。字母表的其余部分也可以用作特殊字符。例如，＋K 可以表示句点，＋L 可以表示逗号，依此类推。

就像 2 位数字组合可以显示为一个 5×5 的字母方阵，3 位数字组合可以显示为一个 3×3×3 的字母立方体。每个三位数中的 3 个数字可以被解释为该字母所在的立方体中的坐标。这些坐标通常被称为层、行、列。

下面是按顺序排列的 27 个三进制数组合及其对应的字母，后者使用关键词 EXAM-

PLE 和交替列进行了弱混合。例如,字母 N 由三位数 102 表示,因此其位于 3×3×3 的字母立方体的第 1 层、第 0 行、第 2 列。

```
E 000    Q 100    + 200     Trifid替换
X 001    O 101    R 201     表示例
A 002    N 102    S 202
M 010    K 110    T 210
P 011    J 111    U 211
L 012    I 112    V 212
B 020    H 120    W 220
C 021    G 121    Y 221
D 022    F 122    Z 222
```

Trifid 密码的工作方式与密码类似。明文是以某种固定大小的块书写。块的大小只要不是 3 的倍数即可。每个字母的下方垂直写上 3 个数字,以 3 个为一组水平读取。然后使用相同的对应关系将其转换回字母。在下面的例子中,明文为 SEND HELP,块大小为 4。

```
S E N D    H E L P    201 000 022 022     密文 REDDQ BKC
2 0 1 0    1 0 0 0    R E D D
0 0 0 2    2 0 1 1    100 020 110 021
2 0 2 2    0 0 2 1    Q B K C
```

对 Trifid 密码可以应用与 Bifid 密码一样相同的分析和技巧,两者的安全性评级也相同。可以使用两个独立的替换表来完成字母和数字之间的转换。块的大小不是固定的。你可以从每个块的不同位置开始读取数字。还可以使用强置换混合三进制数字。

有一个问题自然产生了:是否存在类似于对角 Bifid 的对角 Trifid? 对角 Bifid 相对于原始 Bifid 的优势在于对角版本不会产生削弱原始版本的半自然数。在类似的对角 Trifid 中,每个组的中间数字如果是一个三分自然数(third-natural),这种优势就会消失。然而,如果你使用两个不同的混合字母表,一个用于写入数字,另一个用于读取数字,那么自然数的问题就不存在了。带有两个字母表的对角 Trifid 的安全性评级为 5 级。

9.10 三立方体

我在键盘上敲入前面一段关于 Trifid 密码的话时,我意识到 3×3×3 的立方体排列方式适合用来构建一个三维版本的双方阵密码(参见 9.3 节)。可视化二维空间中双方阵密码并不难,但是可视化三维空间中的立方体就颇有难度了,因此我打算仅通过坐标来描述这种新密码。我们称其为三立方体(Three Cube)。

双方阵每次使用两个替换表对两个字母进行加密,三立方体则每次使用三个替换表对三个字母进行加密。下面是一组使用关键词 COLUMBIA、STANFORD、HOPKINS

充分混合的替换表，分别记作 S、T、U。这里 S 代表 Substitution，T 代表 Table，U 代表字母表中的下一个字母。

这些替换表如下，显示了 26 个字母和字符＋与 27 个三进制数之间的对应关系。

	替换表S				替换表T				替换表U	
A 000	Y 100	H 200	A 000	U 100	W 200	H 000	D 100	L 200
N 001	I 101	T 201	E 001	N 101	S 201	A 001	Q 101	W 201
X 002	K 102	O 202	P 002	G 102	B 202	J 002	Y 102	P 202
B 010	W 110	E 210	＋ 010	Q 110	L 210	V 010	N 110	C 210
J 011	L 111	Q 211	D 011	O 111	Y 211	I 011	F 111	M 211
V 012	F 112	Z 212	K 012	I 112	T 212	E 012	T 112	X 212
C 020	R 120	U 220	X 020	V 120	C 220	R 020	＋ 120	S 220
D 021	＋ 121	G 221	F 021	R 121	M 221	Z 021	O 121	G 221
P 022	M 122	S 222	H 022	J 122	Z 222	K 022	B 122	U 222

与 Trifid 类似，三立方体也是先将 3 位数字垂直写在每个字母的下面。第一个字母的 3 位数字取自替换表 S，第二个字母的 3 位数字取自替换表 T，第三个字母的 3 位数字取自替换表 U。以三字母组 FLY 为例，模式如下所示。

```
              F L Y      书写3位数字
   S1 T1 U1   1 2 1      S1S2S3 T1T2T3 U1U2U3
   S2 T2 U2   1 1 0      明文为FLY
   S3 T3 U3   2 0 2
```

然后从左到右读出这些数字，将这些水平方向的 3 位数字转换回字母。自然的做法似乎是使用表 S 转换顶行，使用表 T 转换中间行，使用表 U 转换底行。然而，这会导致顶行与左列相同的概率为 1/9，因此第一个明文字母会被替换为自身。也就是说，S1S2S3 与 S1T1U1 相同的概率为 1/9。中间行和底行也是如此。我们称其中一个数字相同的情况为"部分自然性（part natural）"。

为此，表 S 用于第二行，表 T 用于第三行，表 U 用于顶行。这就消除了自然性。模式如下所示。

```
              F L Y      读出3位数字
     U U U    1 2 1      121 110 202
     S S S    1 1 0      O  W  B
     T T T    2 0 2      密文 OWB
```

由于手动加密时很难保持清晰，我建议在每组数字的上方写下所选的替换表。这类似于使用 Belaso 密码（第 5.5 节）时在每个明文字母上方写下密钥字母。下面是使用明文消息 FLY TO ROME 的三立方体示例。

```
STU STU STU    U   S   T   U   S   T   U   S   T
FLY TOR OME   121 110 202 210 012 110 220 021 212
121 210 220    O   W   B   C   V   Q   S   D   T
110 012 021
202 110 212   密文 OWBCV QSDT
```

三立方体密码的安全性评级为 7 级。

有一种简单的方法可以加强三立方体密码的安全性。我们不再像刚才那样使用三个严格轮换的替换表将 3 位数字转换回字母，而是改用密钥来设置读表顺序。该密钥将由乱序形式的字母 S、T、U 组成，例如 SUTUTTUUSTS。密钥长度不应是 3 的倍数。我将这种变体称为三立方体强化版（Three Cube Plus）。下面演示了使用该读出密钥对 FLY TO ROME 进行加密的过程。

```
STU STU STU    S   U   T   U   T   T   U   S   T   S
FLY TOR OME   121 110 202 210 012 110 220 021 212
121 210 220    +   N   B   C   K   Q   S   Z   Z
110 012 021
202 110 212   密文 +NBCK QSZZ
```

使用三立方体强化版时，大约有 1/3 的字母会呈现部分自然性。也就是说，3 个写入数字中的一个将与读出数字中的一个相同。但是，Emily 不会知道哪些字母存在这种缺陷，也无法利用它。

三立方体强化版的安全性评级为 9 级。

因此，你可能会问，是否可能在不使密码过于复杂的情况下将评级提升到 10 级？谢谢你的提问。首先，将替换表的数量从 3 个增加到 6 个，分别称其为 S、T、U、V、W、X。我们不再使用严格轮换的 STU、STU、STU……来写入 3 位数字，而是改用由这 6 个字母的乱序形式组成的密钥。写入密钥可以是 TWXUSTTVWV，读出密钥可以是 VWTXXSUSVTU。理想情况下，这些密钥的长度应该是互质的，且两者的长度都不能被 3 整除。本例中的长度分别为 10 和 11。我们称该密码为三立方体超级版（Three Cube Super）。下面演示了使用明文 FLY TO NEW YORK 的三立方体超级版。

```
TWX UST TVW VTW    V   W   T   X   X   S   U   S   V   T   U   V
FLY TON EWY ORK   021 202 121 121 100 221 001 021 111 210 020 012
021 121 001 210    S   P   R   C   V   G   A   D   +   L   R   M
202 100 021 020
121 221 111 012   密文 SPRCV GAD+L RM
```

三立方体超级版的安全性评级为 10 级。这是另一种牢不可破的手工密码。

9.11 矩形网格

到目前为止，我们只讨论了字母的方形和立方体阵列。在密码学中，并没有限制字母网格的所有维度都必须相同。英语字母表有 26 个字母，与 5×5 非常接近，这其实是一个历史偶然。如果使用 33 个字母的俄语字母表，我们可能会选择一个 4×8 或 5×7 的矩形。

如果我们想要拥有完整的 26 个字母表，则 3×9 或 4×7 的矩形可能更可取。这样除了可以包含全部 26 个字母，还能额外增加一两个字符。我们之前已经讨论过使用这些额外字符的方法，例如用于字母和数字之间的切换。基于 Polybius 方阵的大多数密码，在所有矩形方向相同的情况下，使用 3×9 或 4×7 的矩形和使用 5×5 的方阵一样有效。这些密码包括 Playfair、双方阵、三方阵、四方阵、对角线 Bifid 密码。

事实上，当与这些矩形一起使用时，这五种密码可能更加强大，因为每个字母都有更多可能的替换字母。缺点在于，当使用 Playfair 或双方阵时，两个字母在同一行的概率较高，因此会被其下方或右侧的字母替代。

下面是使用 3×9 矩阵的 Playfair 密码示例：

```
  1 2 3 4 5 6 7 8 9      ME ET AT MA IN CA MP US    明文
1 A J S B K T C L U      VN NK JC XS HO JL VG AB    密文
2 X D M V E N W F O
3 R + G P Y H Q Z I
```

9.12 十六进制分割

本章到目前为止仅关注手工方法。这意味着小阵列只使用大写字母。如果使用计算机，通常希望使用完整的字母表，包括大写和小写字母、数字、标点符号、特殊符号、变音符号，也许还包括多个字母表。简而言之，你可能需要计算机的全部文本功能。最简单的方法是选择一种标准计算机编码（比如 UTF-8 或 UTF-16），使用 8 位字节表示每个字符。

分割 8 位字节的一种自然方法是将其分成两个 4 位十六进制数。所有基于 Polybius 方阵的分割方法也适用于 16×16 方阵，即 Playfair、双方阵、三方阵、四方阵、Bifid。如果 16×16 方阵经过一个大密钥充分混合，这些方法比使用 5×5 方阵的时候更加强大。原因在于 256 个字符的排列方式(8.58×10^{506} 种)远远多于 25 个字符(1.55×10^{25} 种)。

使用十六进制分割的一种简单方法是：(1) 使用一个经过密钥充分混合的替换表将

消息的字符转换为十六进制数字,(2) 使用某种置换密码打乱这些数字,然后 (3) 使用另一个经过密钥充分混合的替换表将十六进制数字对偶转换回字节。

最简单的置换方法只是将第 1 个十六进制数字移到末尾,所以 12 34 56 78 就会变成 23 45 67 81。这可以称为 Cycle Hex。它本质上是将对角线 Bifid(参见第 9.7 节)由五进制改为十六进制。Cycle Hex 的安全性评级为 5 级。你还可以使用 4.6.1 节中描述的分段翻转置换来打乱字母顺序。这可以称为 Piecewise Hex,其评级也为 5 级。更强大的方法是使用列置换密码来打乱十六进制数字。这可以称为 Columnar Hex,其评级为 7 级。使用双列置换,评级则提升到 10 级。

这些方法可以用于加密任何计算机文件。然而,如果是纯文本文件,则方法还能进一步增强。对于 256 个可能的字节值,纯文本使用的一般不足 100 个。剩余的字符编码可用于无用字符、双字母组、三字母组以及 6.4 节中描述的其他目的。如果做得好,这能将 Cycle Hex 的评级提升到 6 级、Piecewise Hex 提升到 6 级,Columnar Hex 提升到 8 级。

9.13 按位分割

分割也可以用表示消息字符的单个位来进行分割。$8N$ 个位可以表示包含 N 个字符的块。这些位可以以多种方式组成一个矩形,例如 $2 \times 4N$、$4 \times 2N$、$8 \times N$、$N \times 8$。例如,一个由 5 个字母组成的块可以由 40 个位表示,写作 2 行(每行 20 位)、4 行(每行 10 为)、8 行(每行 5 位)或 5 行(每行 8 位)。这对于手动操作来说很麻烦,但很容易通过计算机实现。

下面的例子演示了如何将 5 个字符水平地写作 5×8 的块,然后垂直读出。该示例使用标准的 UTF-8 字符编码。例如,大写字母 A 表示为 01000001。明文为单词 DELTA。

```
    写入          读出          密文
D 01000100    01000100    00000111  (BELL)
E 01000101    01000101    11000000  Ã
L 01001100    01001100    00100010  "
T 01010100    01010100    01111000  x
A 01000001    01000001    00001001  (HTAB)
```

位按列从上到下读取。由于每列只包含 5 位,所以密文的每个字节必然跨越两列或更多列。第一个密文字节的 8 位在列 1 和 2 中较浅的突出显示部分。第一列包含 00000,第二列的前 3 位是 111,因此第一个密文字节是 00000111,或者十六进制 07。这是控制字符 BELL,可以追溯到电传时代,当时用于发出回车提示音。由于其不再具有图形表示,我使用音符♪来代表 BELL 字符。

第二个密文字节来自跨越列 2、3、4 的较暗的突出显示部分。第二列的后 2 位是 11,第三列包含 00000,第四列的第 1 位是 0。将这些组合起来,第二个密文字节是 11000000。这代表 À 字符,即带重音符号的大写字母 A。

密文的第三和第四个字节是 " 和 x,即双引号和小写字母 x。第五个字节来自列 7 和列 8,即 000 和 01001。字节 00001001 表示 HTAB 或水平制表符,属于不可见字符。我使用箭头▶来代表该字符。因此,密文是♪À " x▶。

这看起来挺神秘,但该方法其实并不强,因为它在将明文转换为位以及将位转换回字符时使用的都是标准字母表。其安全性评级为 1 级。如果这些步骤使用两个经过密钥充分混合的独立字母表,那么该密码只不过就是共轭矩阵 Bifid(参见 9.6.1 节)的二进制版本。这种方法可以称为 Hex Rectangle,与共轭矩阵 Bifid 密码具有相同的安全性评级,即 5 级。

8 个 8 位字节组成一个 8×8 位方阵是很自然的。使用混合字母表将每个字符的 8 位垂直地写入方阵中,并使用不同的混合字母表水平地将其读出。这只是 Hex Rectangle 的 8×8 方阵版本,安全性评级为 6 级。

循环 8×N

提高这种密码的强度很容易。对于任何 N 个字符的块,将每个字符的 8 位表示按垂直方向写作一个 8×N 的矩形。每一行循环向左移动 0 到 N-1 个位置。例如,将 abcdefg 循环左移(或轮换)2 位,得到 cdefghab。然后垂直读出每列的 8 位数据。下面是使用一个 8×8 位方阵的示例。每一行按照其左侧指示的位移量循环左移。

```
  AMBUSHED  Shifted         明文 AMBUSHED
2 10101110  10111010
3 11100100  00100111
0 01011110  01011110
5 00001011  01100001
1 11000010  10000101
7 00100001  10010000
2 11011110  01111011
4 00011101  11010000
          8%þYdǏ¡        密文 8%þYdǏ¡
```

这种密码已经达到了手工操作的极限。它需要三个密钥:两个密钥用于混合两个字母表,另一个 8 位数值密钥用于指定位移量。可以称其为循环 8×N(Cyclic 8×N)。当 N 大于等于 6 时,评级为 7 级。随着块大小 N 的增加,密码的强度也会随之增加。

当矩形为正方形时,你可以同时旋转行和列,得到双旋 8×8(Bicyclic 8×8)密码。在这种情况下,需要交替使用不同的方向。按水平方向写入位,按垂直方向循环位,再按水平方向循环位,按垂直方向读取字符。双旋 8×8 的安全性评级为 8 级。

循环 8×N 密码可以重复使用,从而得到双重循环 8×N 密码(Double Cyclic 8×N)。这需要五个密钥,其中三个密钥用于混合三个字母表,两个 8 位数值密钥用于控制两轮位移操作。共计有 5 个步骤:(1) 使用第一个字母表进行简单替换。将结果得到的 N 个字节按垂直方向写入 8×N 位矩形中。(2) 使用第一个位移密钥对行进行循环移动。(3) 使用第二个字母表对 N 列进行简单替换。(4) 使用第二个位移密钥对行进行循环移动。(5) 使用第三个字母表对垂直列进行最后一次简单替换。注意,所有的移位都是横向的,而所有的替换都是纵向的。双重循环 8×N 密码的安全性评级为 9 级。

如果需要的话,可以继续进行三重、四重甚至更多次的重复。所有这些变化都可以通过周期性地或使用随机数生成器改变块大小来进一步增强。

9.14 其他分割方法

在 9.12 节和 9.13 节中,我们讨论了将一个字节分成 2 个十六进制数字或 8 个单独的位。划分 8 位字节还有很多,比如 3、2、3。如果将每个字符的 3、2、3 位表示垂直写出,然后将 3 行循环左移若干位置,那么每一列的位分布仍然会保持 3、2、3,因此可以这 8 位重新再转换为字节。下面是一个例子。每一行按左边显示的次数分别向左循环移动 1 个位置、3 个位置、2 个位置。

```
    R   E   T   R   E   A   T
1  001 101 110 001 101 010 110      101 110 001 101 010 110 001
3   11  10  10  11  10  00  10       11  10  00  10  11  10  10
2  111 101 010 111 101 011 010      010 111 101 011 010 111 101
                                     @   w   «   θ   K   _   ⌡
```

在这里,明文 RETREAT 被变换成了密文 @w«θK_⌡。我们称之为"位循环替换(BitCycle Substitution)"。该方法的安全性评级为 5 级。与 9.13.1 节中的循环 8×N 密码类似,同样可以对其进行双重、三重甚至更多次加密,块大小也可以变化。

这一基本思路可通过以下两种强有力的方式得到强化。

首先,字节有多种不同的划分方式,比如 1、3、2、2 或 2、4、2。例如,你可以先使用 3、2、3 的分割对块进行加密,然后使用 1、3、2、2 的分割进行二次加密,最后使用 2、4、2 的分割再次加密。这需要 7 个密钥和 7 个步骤。(1) 使用第一次替换产生消息的 3、2、3 位表示。(2) 使用第一个位移密钥移动 3 行。(3) 使用第二次替换产生字节的 1、3、2、2 位表示。(4) 使用第二个位移密钥移动 4 行。(5) 使用第三次替换产生字节的 2、4、2 位表示。(6) 使用第三个位移密钥移动 3 行。(7) 使用第四次替换产生最终的密文字节。

其次,消息块同样有多种不同的划分方式。假设你使用了较长的明文块,比如 32 个字符。对于先前方法中的第 2 步,你可以将 32 个字节分成 6、14、12 个字节的组。对于第 4 步,你可以将 32 个字节分成 11、8、13 个字节的组。对于第 6 步,你可以将 32 个字节分成 8、17、7 个字节的组。每组都将独立被移位。这种划分对于每个消息都可以是不同的。

或者,你也可以采取一种更具包容性的方法。对于第 2 步,将整个消息分成大小为 X 的块。对于第 4 步,将消息分成大小为 Y 的块。对于第 6 步,将消息分成大小为 Z 的块。X、Y、Z 可以是从 6 个字节到整个消息长度的任意值。

我不打算对位循环替换的所有变体逐一评级。只需要知道这些评级从 5 级到 10 级不等就够了。在第 12 章中,我将描述如何验证某种分块密码是否为货真价实的 10 级。

9.15 增强明文块

本章涵盖的几种密码操作的都是明文块。你还可以对明文块再进行一些处理,给 Emily 再提高一点难度。以下是一些简要的思路:

- 周期性地或者伪随机地改变块的长度。
- 周期性地或者伪随机地翻转每个块的前几个字母。
- 周期性地或者伪随机地翻转每个块的最后几个字母。
- 周期性地或者伪随机地将每个块向左或向右循环移动。
- 将每个块的最后 N 个字母与下一个块的前 N 个字母进行交换。

但需要注意的是:如果你手工进行加密和解密操作,要谨慎使用这些方法。要是你让自己密码复杂到无法准确地加密和解密,那就没什么意义了。

10

可变长度分割

本章内容包括：
- 基于摩斯码的密码
- 混合字母和双字母组
- 可变长度二进制编码单词
- 基于文本压缩的密码

本章涵盖了多种分割密码,其中明文分组和/或密文分组的长度都是可变的。这包括 Monom-Binom(10.2 节)、Huffman 替换(10.4 节)和 Post 标记系统(10.5 节)。

在 4.4 节中,我通过描述 M. E. Ohaver 的分割摩斯密码(Fractionated Morse cipher)的两个版本来阐明分割的概念。分割摩斯密码是可变长度分割的一个例子,因为它使用了 1、3、4 个符号的摩斯组。接下来,我将从另一种形式的摩斯分割(Morse fractionation)开始对可变长度分割展开更广泛的讨论,它类似于 9.9 节中描述的 Trifid 密码。我们称之为 Morse3。

10.1 Morse3

Morse3 是一种采用四个步骤的密码。(1)用摩斯码组替换消息中的字母。你可以使用标准摩斯码,或者使用像 4.4 节中的混合摩斯字母表。(2)使用符号/分隔摩斯组。使用//分隔单词并标记消息的结束。(3)将符号分成 3 个一组。如果需要补足最后一组的 3 个符号,则追加额外的·或··。接收方忽略紧跟在结尾的//之后的这些额外点。

（4）使用第二个混合字母表为每组 3 个符号替换一个字母。

作为说明，我将使用 4.4 节中的混合摩斯字母表（在左边显示）来形成摩斯组。这里只使用了由 1 个、3 个、4 个符号组成的组，但也可以使用由 2 个符号组成的组，比如作为无用字符或同音词。从摩斯符号到字母的替换使用了一个类似于 Trifid 密码的混合字母表，但是使用摩斯符号 · −/代替了数字 012。注意，永远不会出现///，因此无需为其提供替换字母。因此，只需要 26 种替换。

字母到摩斯码			摩斯码到字母		
M ·	B − · · ·	Q − − · −	E · · ·	Q · · −	R /· ·
I · −	T −	R · − ·	X · · −	O · · /	S /· −
X − · · −	C − · − ·	S · · ·	A · /	N − · /	T /· /
E · ·	F · · − ·	U · · −	M · · ·	K − · ·	U /− ·
D − · ·	G − − ·	V · · · −	P · − ·	J · − −	V /− /
A · −	J · − − −	W · − −	L · − · ·	I · − − /	W //·
L · − · ·	K − · −	Y − · − −	B · / ·	H · / −	Y //−
P · − − ·	N − ·	Z − − · ·	C · /−	G − /−	Z // /
H · · · ·	O − − −		D · //	F − //	

对样本消息 SEND AMMO 进行加密。

```
S    E   N    D    A   M    M    O         明文
···/·/−·/−··/·−/−−//−−/−−−//        转换为摩斯码
··· ·/· −·/ −·· ·−/ −− /−−/ −−− // 3字母组
O    B   L    P    B   L    S    H    T    P    F
```

密文 **OBLPB LSHTP F**

如果在两个替换步骤中都使用了经过密钥充分混合的字母表，该密码的安全性评级为 5 级。Morse3 的一个缺点是密文比明文更长。在这个例子中，8 个字母的明文变成了 11 个字母的密文。

10.2　Monom-Binom

在 Monom-Binom（或 Monome-Binome）这类密码中，每个字母都被替换为单个数字或一对数字。其中最著名的就是由苏联间谍在大约 1920 年到 1960 年期间使用的 VIC 密码。这个名字来源于 FBI 给 KGB 间谍 Reino Häyhänen 指定的代号 VICTOR。在 Häyhänen 于 1957 年叛逃到美国并泄露细节之前，VIC 密码一直未能被破解。

VIC 密码分为两部分：monom-binom 替换和随机数字序列的模 10 加法（modulo-10 addition）。首先从 monom-binom 替换开始。字母表中的每个字母都被替换为 1 个或 2 个十进制数字。为了使预定接收方 Riva 能够阅读消息，选择两个数字作为所有两位数对偶（2-digit pairs）的第一个数字。假设发送方 Sandra 选择了 2 和 5，所有的两位数替换则均以 2 或 5 开头，而其他所有数字将被替换为一位数。每当消息中的下一个数字是 2 或 5 时，读者就知道这是两位数替换的起始，否则就是一位数替换。这些替换可以用一个称为"跨式棋盘(straddling checkerboard)"的 3 行图表示。这个名字其实不太合适，因为图不是正方形，既不是 8×8，也没有黑白相间的格子交错排列。哦，更不是用来玩跳棋的。除此之外，名字堪称完美。示例如下：

```
  0 1 2 3 4 5 6 7 8 9
- N E   A S   I T R O
2 F K C J U V * B P Q
5 Z G X W Y L H # D M
```

8 个一位数替换位于顶行，以 2 和 5 开头的 20 个两位数替换位于第二行和第三行。数字 2 和 5 不能用作一位数替换，所以这些空位在顶行被标记为黑色。例如，S 的替换是 4，U 的替换是 24，Y 的替换是 54。

由于有 28 个格子，而英文字母表只有 26 个字母，我选择 * 和 ♯ 表示额外的两个字符。常见做法是使用 * 作为通用标点符号，后者可以是 . ? "或其他任何使消息更容易阅读的符号。♯ 用于在字母和数字之间进行切换。例如，消息 600 TANKS ARRIVE 1800 TODAY 会作为 ♯600♯TANKSARRIVE♯1800♯TODAY 发送，被加密为 57600 57730 21438 86251 57180 05779 58354。

这种类型的替换有一个明显的弱点：超过 1/3 的替换(实际上 10/28，或 35.7%)以 2 开头，以 5 开头比例也是一样，因此选定的那 2 个数字的频率要比其他 8 个数字的频率高得多，就像参加华尔兹比赛的大象一样醒目。为了帮助缓解这个问题，频率最高的 8 个字母被放置在顶行，即 ETAONIRS。可以通过 SERATION 帮助记忆，它是去掉重复的 R 之后的 SERRATION。或者，你也可以使用我最爱的 RAT NOISE。使用一位数替换频率最高的字母还有助于减少密文的长度。

单独使用的话，跨式棋盘加密的安全性评级为 3 级。

然而，VIC 密码添加了第二个步骤(在其最复杂的形式中还会对数字进行置换)。monom-binom 替换的结果被视为中间密文。对于中间文本中的每个数，都会以模 10 的方式加上一个数值密钥，也就是无进位相加。存在两种变体。你可以简单地加上一个重复的数值密钥，比如 2793。这样做的效果如下：

```
27932 79327 93279 32793 27932 79327 93279   重复密钥 2793
57600 57730 21438 86251 57180 05779 58354   中间密文
74532 26057 14607 18944 74012 74096 41523   最终，密钥+中间密文
```

这种形式的 VIC 密码被评为 5 级。

* VIC 密码的一种更强形式是使用由随机数生成器产生的非重复数值密钥。为此，苏联人使用了所谓的滞后 Fibonacci 生成器(lagged Fibonacci generator)。你对 Fibonacci 序列可能并不陌生，这是一种整数序列，其中每个项都是前两个项的和。该序列以 $x_0=0$ 和 $x_1=1$ 开始，其他项根据以下数学公式得到：

$$x_n = x_{n-1} + x_{n-2} \quad \text{for } n=2,3,4,\cdots$$

也就是说，第 n 项是第 $n-1$ 项和第 $n-2$ 项之和。对于 VIC 密码，只有低位数字是相关的。这可以写作：

$$x_n = (x_{n-1} + x_{n-2}) \bmod 10$$

滞后 Fibonacci 生成器可以通过三种不同方式进行泛化。

第一，添加除最后两项之外的其他项，比如

$$x_n = (x_{n-j} + x_{n-k}) \bmod 10$$

注意，4.5.1 节中描述的链接数字生成器具有这种形式，其中 $j=1, k=7$。

第二，数值可以使用不同的模数生成。最常见的模数是某个质数 p 的某次幂 p^e：

$$x_n = (x_{u-j} + x_{n-k}) \bmod p^e$$

第三，可以使用除加法之外的双目运算符将两个项组合起来。常见选择包括减法、乘法、异或。这可以写作

$$x_n = (x_{n-j} \bullet x_{n-k}) \bmod p^e$$

其中，$\bullet$ 可以表示 $+-\times\oplus$ 或其他双目运算符。（也可以使用除法。它等同于乘以第二个操作数的乘法倒数。参见 3.6 节。）在实践中，最常用的是加法，因为加法生成器能产生最长周期。

使用这种形式的伪随机数字生成器，Monom-Binom 的安全性评级为 7 级。

10.3 周期性长度

实现可变长度加密的一种简单方法是使用多个替换表，每个表对应所需的块长度。如果是字母块，替换表很快会变得非常庞大。因此我们改用位(bits)，将消息表示为位串。消息被划分为短的位块，并使用该长度的替换表替换相同长度的块。块的长度可以呈现周期性(使用重复的数值密钥)，或者由随机数生成器产生。

让我用一个小例子来演示。有三个用于 2、3、4 位块的替换表。在实际密码中，我会使用 3、4、5、6 位的块，但是你可以使用长达 16 位的块，如果有足够的存储空间，甚至还可以更长。

对于这个简单的演示，我使用了一个标准的字母表，通过从键盘的第一行从左到右取符号来填充够 32 个字符。

```
A 00000    I 01000    Q 10000    Y 11000
B 00001    J 01001    R 10001    Z 11001
C 00010    K 01010    S 10010    @ 11010
D 00011    L 01011    T 10011    # 11011
E 00100    M 01100    U 10100    $ 11100
F 00101    N 01101    V 10101    % 11101
G 00110    O 01110    W 10110    & 11110
H 00111    P 01111    X 10111    * 11111
```

三个替换表如下：

2位	3位	4位			
00 11	000 101	0000 1110	1000 1111		
01 00	001 010	0001 0100	1001 1001		
10 10	010 111	0010 1101	1010 0010		
11 01	011 000	0011 0101	1011 1010		
	100 011	0100 0000	1100 0001		
	101 100	0101 0110	1101 1011		
	110 001	0110 0111	1110 0011		
	111 110	0111 1000	1111 1100		

下面是使用重复密钥 3、2、2、4、2 进行加密的示例：

```
M     O     S     C     O     W        明文
01100 01110 10010 00010 01110 10110    二进制形式的明文

3    2  2  4    2  3    2  2  4    2  3          密钥
011  00 01 1101 00 100  00 10 0111 01 011 0      按照密钥划分的二进制
000  11 00 1011 11 011  11 10 1000 00 000 0      替换之后

00011 00101 11101 11110 10000 00000   5位块
  D     F     %     &     Q     A     密文 DF%&QA
```

我称这个版本为 BitBlock SA（Standard Alphabet），强度适中。每个替换表使用一个密钥进行混合，另外一个密钥用作指定块大小的序列。当只有少量替换表时，块都较小，并且块大小的序列也不长，BitBlock SA 的安全性评级 3 级。其他情况下为 4 级。

加强这种密码的一种方法是使用经过密钥充分混合的字母表将字母转换为位，然后再将生成的位重新转换为字母。我们将这种混合字母表版本称为 BitBlock MA（mixed-alphabet），评级为 7 级。

10.4 Huffman 替换

4.2 节描述了如何使用 Huffman 编码压缩文本。Huffman 替换是一种通过 Huffman 编码进行加密的方法。Huffman 替换采用两组编码。第二组的编码替换第一组的编码。这些编码可能是相同的,但顺序不同。

消息通过诸如 UTF-8 或 Unicode 之类的编码标准表示为位串。这个位串被拆分成由第一组 Huffman 编码生成的编码串,然后这些编码被第二组的编码替换。Huffman 替换并不压缩消息,尽管消息的长度(以比特为单位)可能会因为第一组编码和第二组替换编码的长度不一致而发生变化。

回想一下,一组 Huffman 编码必须具有前缀属性。也就是说,一组中的任何 Huffman 编码都不能以该组中的另一个 Huffman 编码开头。例如,1101 和 <u>11011</u> 不能同时存在,因为如果你要解码的字符串以 11011 开头,你无法知道第一个编码是 4 位还是 5 位。有了前缀属性,就不需要像摩斯码组那样在编码之间添加分隔符。

让我们来看看如何构造一组具有前缀属性的 Huffman 编码。首先列出单个位,顺序不重要,无论是 0、1 还是 1、0 都可以。例如:

  1
  0

对于列表中的每一项,要么将其作为一个完整的编码接受,要么通过向一个副本追加 0,向另一个副本追加 1(顺序任意),使其成为两个更长的编码。例如,我们可以将 1 作为完整的编码接受,然后再扩展编码 0,生成两个编码 00 和 01,如下所示:

  1
  00
  01

这个过程可以根据需要重复进行。例如,我们可以将 01 作为完整的编码接受,然后再扩展 00,生成编码 000 和 001。

  1
  001
  000
  01

继续重复此过程,直至达到所需的编码数量或编码长度范围。但对于这个例子来说,4 个编码就足够了。我们将 000 和 001 作为完整的编码接受,从而得到一个完整的 4 编码组。

  *我们可以估计使用这些编码对位串进行加密时,平均编码长度会有多长。该串以 1 开头的概率为 1/2,因此编码长度为 1 位的概率为 1/2。该串以 000 开头的概率为 1/8,以 001 开头的概率为 1/8。无论哪种情况,编码长度都将为 3 位。以 01 开头的概率为 1/4,编

码长度为2位。这是一个完整的编码组,没有其他可能性了。将其组合起来,得到预期的编码长度为 1/2+3/8+3/8+2/4=14/8=1.75 位。

第一个编码被替换之后,下一个编码的概率相同,因此所有编码的预期长度为 1.75 位。这比编码的平均长度 2.25 位要短。**

来看一个 Huffman 替换的例子。有两组 Huffman 编码。左列中的编码将被右列中的编码所替换。两组编码都具有前缀属性。明文是 LIBERTY,使用标准的 5 比特编码表示:A=00000,B=00001,C=00010,…,Z=11001。

```
Set1   Set2
000    011
001    0100
01     00
100    0101
101    11
11     10
```

```
L     I     B     E     R     T     Y              明文
01011 01000 00001 00100 10001 10011 11000          位串
01 01 101 000 000 01 001  001  000 11 001  11 100  01    Huffman编码
00 00 11  011 011 00 0100 0100 011 10 0100 10 0101 00    替换结果
00001 10110 11000 10001 00011 10010 01001 0100          5位组
B     W     Y     R     D     S     J     I              密文
```

5 位组的第一行是以标准方式编码的单词 LIBERTY:A=00000,B=00001,依此类推。第二行是一模一样的位串,但是按照 Set1 中的 Huffman 编码进行划分。下划线标记的数字 1 是填充位,用于填充最后一个 Huffman 编码。第三行的位串将每个来自 Set1 的编码替换为 Set2 中对应的编码,也就是说,第三行是替换步骤的结果。第四行的位串与第三行相同,但被分成了 5 位组。注意,第四行比第一行多了 4 位。最后一行是密文,使用与字母表相同的标准 5 位表示法。密文的最后一个字母可以是 I 或者 J,因为最后的二进制组只有 4 位。

*如果用计算机来做,就没有必要依次将位串的前端与每个 Huffman 编码进行比较。假设最长的编码有 6 位。你可以将所有 64 种可能的 6 位组合编成一张表格。表格中的每个条目都将显示编码的长度(以位为单位),并给出它的替换项。每次进行替换时,你可以使用位串的前 6 位直接查找表格。

例如,假设第一个 Huffman 编码是 00000,其替换项是 0110。以该编码开头的位串的前 6 位可能的取值是 000000 和 000001。因此,表格中的条目 000000 和 000001 都会给出编码长度为 5,以及该编码的替换项 0110。为了进行替换,你要删除位串的前 5 位,

然后将 0110 附加到位串的末尾。**

10.5 Post 标记系统

数学家 Emil Leon Post 于 1920 年在纽约大学科朗研究所（Courant Institute of New York University）发明了 Post 标记系统（Post Tag Systems）。该系统的基本思想非常简单：先从一个位串开始，从串的头部取出若干位，将其替换为另一组位，然后放在该串的末尾。这个过程不断重复。如此一来，会发生三种情况中的一种：要么串收缩到无法再执行替换，要么陷入无限循环，要么串会一直增长。

> **历史背景**
>
> Post 发明 Post 标记并非为了用于密码学。他证明了判断位串是增长、收缩还是重复的问题在标准数学范围内无法回答，然后利用这一事实提供了 Kurt Gödel 著名的不完备定理（Incompleteness Theorems）的证明。我认为该证明比 Alan Turing 通过写在无限长纸带上的符号作出的证明更为简单优雅，尽管 Post 的位串与 Turing 的纸带之间高度相似。

这种 Post 替换类似于 Huffman 替换，不同之处在于将替换结果放到了位串的末尾。该系统的优势在于，替换完整个位串之后，你还可以继续进行替换。也就是说，你可以对位串进行多次处理。这就消除了 Huffman 编码之间的分隔。

从位串头部取出的部分称为标记（tags）。必须选择标记组，使得每一步最多只能取一个标记。也就是说，替代过程是确定性的。这就要求标记组具有前缀属性。从而允许你使用标记组加密表示为位串的消息。前缀属性在 4.2.1 节中与 Huffman 编码一起讨论过。简言之，没有标记能以其他任何标记开头。例如，你不能同时有 1101 和 11011，因为如果位串以 11011 开头，你就不知道到底是该取前 4 位还是前 5 位。有了前缀属性，就不需要像摩斯码组那样，在标记之间添加分隔符。Huffman 编码和 Post 标记具有相同的形式，但两者的用法不同。首先，Huffman 编码用于缩短位串，而 Post 标记不是。

10.4 节中描述过一种构造 Huffman 编码组的方法。

在使用 Post 标记加密时，要用另一个标记替代每个标记，并将新标记移至位串的末尾。由于 Riva 需要从右边解密消息，所以替代标记需要具有后缀属性（suffix property），即前缀属性的逆属性。没有后缀标记能以另一个后缀标记结尾。例如，如果 1011 是其中一个后缀标记，那么 0 1011 和 1 1011 都不能是后缀标记。

构造后缀标记组的方法和构造前缀标记组一样，只不过是在左边扩展每个标记，而不是在右边。如果这令人困惑，你可以只构造第二个前缀标记组，然后颠倒该组中的位顺序来获得后缀标记。后缀标记至少要和前缀标记一样多，也可以更多。额外的标记可用作同音词。例如，前缀标记 0111 可能被替换成后缀标记 110 或 10101。

当预期的后缀长度小于前缀长度时，位串可能会收缩。也就是说，一些初始串可能会变短。相反地，如果后缀比前缀长，那么一些初始串可能会变长。当使用同音词时，通常是这种情况。预期长度之间的差异越大，初始串收缩或增长的可能性就越大。然而，"可能"并不是保证。可以构造出具有相反行为的前缀/后缀组。

要使用 Post 标记进行加密，首先要将消息表示为位串，然后进行若干次标记替换。如果你是手工加密，还得将这些位转换成字符。如果你是通过计算机加密，最后这一步不是必需的；你只用传输结果位串即可。

10.5.1 同长标记

在前一节中描述的密码中存在一个问题：Riva 不知道如何将接收到的消息分成块。你可能需要为每个块设置单独的长度字段，或者将整个消息视为单个块。当消息很长时，这可能会不方便。解决此问题的一种方法是用相同长度的后缀标签替换每个前缀标签。这样，在整个过程中，块的长度保持不变，并且不存在确定块的结束位置的问题。块大小通常为 32 位或 64 位。

我建议为每个块进行固定次数的替换。你可以根据标记的最短长度和预期长度确定适当的替换次数。假设块大小为 32 位，最短标记为 3 位，预期标记长度为 4.3 位。使用最短长度，如果进行至少 $32/3 = 10.67$ 次替换，则可以确保每个位在块中至少被替换一次。将其向上取整为 11 次。根据预期长度，平均需要 $32/4.3 = 7.44$ 次替换才能使每个位都被替换。

安全余量较好的做法是平均对每个位替换两次。取 7.44 的倍数并向上取整，得到 15 次替换。这比 11 大，因此可以保证每个位至少被替换一次。平均每个位被替换两次。大约有一半的时间，一些位被替换 3 次。最重要的是，Emily 不知道特定位被替换了多少次。

你可能已经注意到，我一直在说"每个位被替换"而不是"每个标记被替换"。这可能会引起困惑。第一次处理块时，每个标记都会被替换为具有相同长度的新标记。因此，在第一轮中，被替换的是标记。但是当第二轮替换开始时，可能不会从偶数标记的边界开始。也就是说，下一个标记可能跨越第一轮中的两个或多个标记。

以下是一个迷你示例,用一个 12 位的块说明这一点。块的第 1 位用阴影表示,前缀标签标有下划线标记。

```
Set1   Set2
00     01     101101110100        最初的12位块,标记为10
010    110    110111010011      使用11替换10,下一个标记为110
011    000    1110100111010      使用110替换010,下一个标记为111
10     11     010011010100       使用111替换100,下一个标记为010
110    010    011010100110      使用010替换110,下一个标记为011
111    100                       第二轮开始
```

经过四次替换后,第 1 位现在位于第二个位置,也就是下一个前缀标记 011 的中心位置。

对于手动操作,我建议将字母表中的字母编码为 5 位或 6 位组,使用 20 至 30 对长度为 3~6 位的标记、32 位块以及 16 个替换步骤(大约对块进行两遍处理)。使用 4 位组将结果位串转换回字符,以某种混合顺序表示字母 A 到 P。这样的密码被评为 6 级。

对于计算机操作,建议对消息中的字母、数字和特殊字符使用标准的 8 位表示,比如 UTF-8。使用 40 至 80 对长度为 4~8 位的标记、64 位块以及 32 个替换步骤(足以对块进行三遍处理)。在执行 Post 标记替换之前,先对字符进行密钥混合替换,在完成 Post 标记替换之后再对生成的字节进行第二次独立的密钥混合替换。这种密码被称为 Post64,安全性评级为 10 级。它使用 4 个单独的密钥来混合初始替换、最终替换、Post 标记及其替换结果。

使用 Post 标记替换的另一种方法是通过短重叠块(short overlapping blocks)。从消息的前 4 个字节开始,进行 2 次 Post 替换。假设每个标记为 4~8 位,这足以确保首个字节中的所有位都被替换。然后向右移动 1 个字节。下一个 4 字节块是消息的 2、3、4、5 字节。再次对该块执行 2 次 Post 替换。按照此方式,一直处理到消息的最后一个 4 字节块。最后 3 个块将回绕到消息的开头。这种方法称为 PostOv,安全性评级为 6 级。

10.5.2 不同长度的标记

当每个标记的替换结果长度不同时,就会出现各种复杂情况,每个块的长度会改变,这些块可能无法对齐到字节边界。例如,一个 32 位的块可能会变成一个 35 位的块。这意味着 Riva 需要一种方法来分隔这些块。最简单的方法就是传输每个块的长度。

对块执行 Post 标记替换,直至其长度再次成为 8 位的倍数,这可能看起来似乎可行。遗憾的是,这可能需要数千甚至数百万次的替换步骤——甚至可能永远都无法完成。

最简单的解决方案是将整个消息作为单个块进行加密。Riva 根据消息的长度就知道块有多少字节。Sandra 只需添加一个 3 位字段来告诉 Riva 最后一个字节中有多少位,范围从 1 到 8 位。这可以放在消息的开头,或者作为消息最后一个字节的最后 3 位。长度字段可能需要额外的一个字节。

以下是不同长度的 Post 标记加密的示例。每个前缀标记及其结果后缀标记都有匹配的下划线。

```
Prefix  Suffix
00      101       10110100001000111001      明文的各个位
010     100        010000100011100111
011     1010         0001000111100111100
1000    000           01000110011110010 1
1001    001             001110011110010 1100
1010    110              111001111001 01100101
1011    11                1001111001 011001010010
11      0010                 1110 01011001010010001
```

*看起来好像每次从前面移除标记时,都需要移动整个消息。通过保持指向消息的第 1 位和最后 1 位的指针,可以消除这些移动。每个指针只是一个整数,指定了两端的位置。指针的低 3 位给出位在字节内的位置,高位给出字节的位置。分配大小为消息长度 4 倍的空间。将消息放在这个空间的起始处,其余部分清零。

要想从位串的开头删除一个标记,只需将前端指针(front pointer)增加前缀标记的长度。要想将一个标记附加到末尾,只需将标记移位到所需的位置,并与字符串的最后 2 个字节进行 OR 运算,然后增加末端指针(end pointer)。持续此过程,直至到达空间的末尾。这意味着 Post 替换步骤的数量取决于消息本身。

这样,只需在最后执行一次移位,就能使位串处于偶数字节边界。但是,也可以通过告诉对方起始位和结束位在消息的第一个和最后一个字节中的位置来消除这种长移位。这只需要 6 位,可以打包到单个字节中并放在消息的开头。我建议使用简单替换加密该字节,避免 Emily 知道起止位置。此外,请确保使用随机位填充消息的第一个字节和最后一个字节中未使用的部分。

还有一个问题:由于 Riva 不知道消息的原始长度,因此也不知道加密空间的原始大小,那么她怎么知道何时停止解密呢?Riva 不知道有多少个替换步骤,她也不能简单地分配一个大小为接收到的消息长度 4 倍的空间,因为那可能与发送的消息的长度不同。

答案是这样的。Riva 知道三件事:明文消息始于字节边界,消息止于字节边界,加密空间是原始消息长度的 4 倍。Riva 一开始可以将收到的消息置于大小为密文消息长度 5 倍的空间末尾。这个大小应该足够了。Riva 从加密空间的末尾逆向操作,直到满足上述三个条件,特别是直到部分解密消息的起始位置到解密空间末尾的距离正好是消息长度的 4 倍。这只会出现一次。**

我建议你使用 50～80 对标记,每个标记的长度为 4～8 位。原始标记的预期长度应该接近于替代标记的预期长度。约 1/3 的替换标记应该更短,1/3 的应该与原始标记相同,还有 1/3 应该更长。不必非得让每个标记与其替代标记保持不同长度。消息字符应该以混合字母表中的 8 位字节表示。如果标记的预期长度为 T 位,消息的长度为 L 位,那么至少需要进行 3L/T 次替换步骤。也就是说,你需要对整个消息处理三次或更多次。最终的位串(包括长度指示器在内)应该通过第二次独立的带密钥的简单替换转换回字符。如果遵循所有这些建议,那么该密码称为 PostDL,安全评级为 10 级。

等你读到 12.6 节时,会发现 PostDL 密码其实并不能满足牢不可破密码的所有标准。之所以评级为 10 级,原因在于 Emily 不知道任何给定明文位会在密文的什么地方结束。不同的块有不同的结束位置。因此,Emily 无法建立明文位和密文位之间的对应关系,也就无法建立密文位与明文和密钥位之间的关系式。

10.5.3 多字母

你可以采取几个措施来加强 Post 标记密码或 Huffman 替换密码。我们已经讲过多轮替换。另一个技巧是使用多种字母表。每个字母表包含具有前缀属性的一组标记和相应的一组替代标记(必须具有后缀属性)。你可以简单地轮流使用多个字母表,或者使用密钥单词在其中选择。如果是手动操作,你应该不希望这样的字母表超过 2 个,或者说最多 3 个,因此我建议使用数值密钥,比如 01101011。

这些密码称为 PolyPost 和 PolyHuff,根据轮数、字母表数量、密钥长度的不同,安全性评级为 4 到 8 级。

10.5.4 短移动和长移动

到目前为止,我们假设 Post 标记有 B 位时,这些位会被移动到块的末尾。然而,移动位数也可以少于 B 位或多于 B 位。例如,你可以移动 B−1 位,留 1 位作为下一个标签的一部分再次被替换。这使得标记产生了重叠。优点是隐藏了标记之间的边界。缺点是每轮需要更多的替换步骤,降低了密码速度。

相反,当 Post 标记有 B 位时,你可以将 B+1 位移到块的末尾。这就留下了一个位不变,该位始终作为块中的最后一位。如果密码有多轮,这不是一个严重的问题,未更改的位可能会在其他轮中被替换。某些位仍有可能完好无损地通过此密码。如果 Emily 无法确定哪些位是不变的,算不上是一个严重的弱点。位是匿名的。没有任何关于任何位的说明,比如"这个位来自明文中第 5 字节的第 2 个位置。"

最后，移动的位数可以独立于标记的长度。你可以做一个表格，告知要移动的位数。少于、多于或与标记的长度相同皆可。这样的表格可以有多个。

当移动的位数与标记的长度不同时，后缀属性不再适用于替换标记组。相反，实际移动的位串组必须具有后缀属性。例如，如果标记 0110 被替换为 1101，但移动了 5 位，则后缀字符串组必须包括 11010 和 11011。

10.6 其他进制的分割

这一章迄今为止讨论了 5 进制的 Monom-Binom，以及二进制的 Huffman 和 Post 替换。可变长度替换也可以在其他进制中完成。对于手工加密而言，在 3 进制或 4 进制中进行 Huffman 和 Post 替换比在二进制中更容易。然而，可变长度替换适用于任何进制，甚至是像 11 进制或 13 进制这样的古怪进制。这就给了你额外的替换项，可以用于同音词或编码双字母组。

当你使用 13 进制时，你可以选择 16 个十六进制数字中的任意 13 个进行替换，剩下的 3 个数字设为空位（nulls）。如果做得好，所有 16 个数字都具有大致相等的频率和分布，Emily 将无法区分有效数字和空位。

10.7 文本压缩

4.2.1 节讨论了使用 Huffman 编码来压缩文本。可以基于文本压缩构建多种强加密方案。本节介绍了几种更高级的文本压缩方案和一些基于 Huffman 编码的加密方案。第 10 章的其余部分是可选的。如果数学内容过于困难，可以直接跳到下一章。

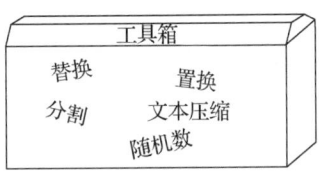

图 10-1　密码学家的工具箱

10.7.1 Lempel-Ziv

Lempel-Ziv 文本压缩方案由以色列计算机科学家 Abraham Lempel 和 Jacob Ziv 于 1977 年开发，称为 LZ77，在 1978 年进行了改进，改名为 LZ78。它的基本概念与 Huffman 编码相同，即字母和字母组合由二进制编码表示（位组）。然而，Lempel-Ziv 采取了与之相反的方法。Huffman 使用较短的编码以节省空间。Lempel-Ziv 则使用长度大致相同的编码,但为了节省空间,有些编码代表更长的字母组合。

　　Huffman 和 Lempel-Ziv 在另一种意义上也是相反的。Huffman 编码的长度基于固定的字母频率预设表。Lempel-Ziv 在编码文本时动态确定最常见的字母组合。这称为自适应编码(adaptive coding)。Huffman 编码只适用于单一语言的文本。不同的语言具有不同的字母频率。甚至从大写字母转换为大小写混合文本都需要不同的 Huffman 编码组。相比之下,Lempel-Ziv 可用于任何类型的计算机文件、任何语言或混合语言的文本、计算机代码、图像、遥测、音乐视频等。

　　Lempel-Ziv 有多个版本。我在这里介绍的版本称为 Lempel-Ziv-Welch,或者 LZW,是由 Sperry Research 的 Terry Welch 于 1984 年开发的。LZW 有固定宽度和可变宽度两个版本。我打算介绍易适应于加密用途的可变宽度版本。

　　所有 Lempel-Ziv 版本都使用称为字典的字母和字母组合列表。字典在算法处理文件的过程中动态生成。在 LZ77 和 LZ78 版本中,字典开始为空。字母组合在字典中的位置就是其编码。

　　LZW 首先为文件中的所有单个字符分配编码。LZW 的所有编码具有相同的位数。例如,如果文件是英语消息,全部都是大写且没有标点符号或单词分隔,则需要 26 个编码,因此可以使用 5 位编码。更常见做法的是从 256 个代码开始,每个编码对应 8 位字节的 256 个可能值之一。

　　算法在处理文件的过程中会寻找尚未出现在字典中的字母组合。当找到时,会将该组合添加到字典中。例如,假设算法已在文件中找到了 THE,并且 THE 已经在字典中。假设文件中的下一个字母是 M,而字典中没有 THEM。它输出 THE 的编码以及 M 的编码,并将 THEM 加入字典。THEM 的编码是字典中的下一个可用位置,比如 248。

　　由于 THE 已经在字典中,算法不会查看以 HE 或 E 开头的组合。它将从 M 开始寻找另一个不在字典中的组合。如果组合是 MOR,则 MOR 被放入字典条目 249,并具有编码 249。下次算法在文件中找到 THEM 时,它将被编码为 248,下一个出现的 MOR 将被编码为 249。

　　当算法填满了 8 位编码的所有 256 个字典条目时,下一个分配的编码则需要 9 位。此时,算法将从 8 位编码切换到 9 位编码。THEM 仍然具有编码 248,但为 9 位编码 011111000,而非 8 位编码 11111000。当算法填满 9 位编码的所有 512 个的字典条目时,THEM 的编码变为 10 位编码 0011111000,仍然是 248。注意这些操作的顺序。当前字母组合的编码先以旧大小输出,然后将新组合添加到字典中并增加编码长度。Sandra 和 Riva 必须使用相同的顺序,否则消息将无法正确解压缩。一般来说,编码长度扩展到 12

位就可以停止了。编码长度从 12 位增加到 13 位通常不会改善压缩效果,甚至有可能使其恶化。

来看一个例子。使用该算法来编码单词 TETE-A-TETE。假设字典使用 2 位编码,从单个字母 A、E、T 开始。让我们跟随字典的构建过程。在每个阶段,左侧的位串显示已编码的单词,右侧的字母显示单词剩余部分。

编码	词典		剩余部分	
	00	A		
	01	E		
	10	T	TETEATETE	原始文本
10	11	TE	ETEATETE	将 TE 加入词典
10 01	100	ET	TEATETE	切换到 3 位编码
10 01 011	101	TEA	ATETE	将 TEA 加入词典
10 01 011 000	110	AT	TETE	将 AT 加入词典
10 01 011 000 011	111	TET	TE	将 TET 加入词典
10 01 011 000 011 011	---	---		结束,不再加入词典

当 Riva 解压缩消息时,字典必须按照完全相同的方式构建。注意,位串 10 01 011 000 011 011 本身不足以让 Riva 解压缩消息。她还需要知道编码 00、01、10 分别表示字符 A、E、T。

好了。这就是 Lempel-Ziv 压缩。毕竟这是一本关于密码学的书,Lempel-Ziv 压缩该如何用于加密呢?

在构建字典时,Lempel-Ziv 按顺序分配编码。第 43 个字母或字母组合将获得编码 42(不是 43,因为编码从 0 开始)。为了将此方案用于加密,要在字典中加入第二列。第一列包含字母组合,第二列包含相应的编码。不再使用字典中的位置作为字母组合的编码,而是使用字典第二列中的数值。

假设字典从 256 个单字节字符开始。第一列包含字符。在第二列中,以乱序放置从 0 到 255 的数值。可以通过 5.2 节中描述的任何方法进行混合。Sandra 和 Riva 必须使用相同的顺序,后者可以由密钥单词或随机数生成器的种子来确定。当需要第一个 9 位编码时,下一批 256 个字典条目将以乱序获得从 256 到 511 的编码。同样,当你从 9 位代码转向 10 位代码时,下一批 512 个编码会一次性分配。批量分配编码比逐个分配更有效。

批量分配编码的替代方法是使用密钥单词或随机数序列仅分配前 256 个编码。之后,每个新编码的计算方法是将 256 与以前已分配的 256 个编码相加。即 $X(N) = X(N-256)+256$。

这种我称之为 Lempel-Ziv 替换的密码的安全性评级为 3 级。该评级很低,因为消息的前几个字符基本上是用简单替换加密的。每个编码表示单个字符,直到出现第一个重复的双字母组为止。这可能得等到编码了三四十个或更多个字符后才会发生。即便如此，大多数 9 位编码仍表示单个字母。这些编码很容易区分，因为它们是仅有的以 0 开头的 9 位代码。Emily 有足够的机会通过字母频率和接触频率来破解消息。

为了使 Lempel-Ziv 替换更强，你可以加入第二个替换步骤。此替换不应在字节边界处进行。我建议使用 7 位组。在编码达到 14 位之前，这些组不会与编码组重合。这种情况可能永远不会发生，因为编码通常被限制在 12 位。后随 7 位替换的 Lempel-Ziv 替换，评级为 6 级。两次替换都可以在从左到右的单次中完成。

10.7.2 算术编码

算术编码（Arithmetic Coding，发音为"a-rith-MET-ic"）是一种文本压缩方法，是我在 20 世纪 70 年代发明的[*Arithmetic Stream Coding Using Fixed Precision Registers*, *IEEE Trans. on Info. Theory vol. 25* (Nov. 1979), pp. 672-675]。该方法基于麻省理工学院 Peter Elias 的奇思妙想。

Elias 的想法是将每个字符串编码为一个分数。想象一下从 .0~.999… 之间所有可能的分数。省略号…表示这个分数以无限个 9 结束。现在根据字符串的第一个字符划分这个区间。简单起见，假设字母表中有 25 个字符，就像 Polybius 方阵字母表一样。每个字母占整个区间的 1/25。以 A 开头的字符串落在第一个 1/25（或 4%）的区间，即 .0~.04。以 B 开头的字符串落在接下来的 1/25 区间，即 .04~.08。以 Z 开头的字符串落在最后的 1/25 区间，即 .96~.999…。（为了便于阅读，我在这个例子中使用十进制记法。在计算机中则使用二进制分数。）

对于第二个字符，再次划分这个区间。以 AA 开头的字符串落在 .0~.001 6 区间。以 AB 开头的字符串落在 .001 6~.003 2 区间。以 BA 开头的字符串落在 .040 0~.041 6 区间。以此类推。以 ZZ 开头的字符串落在 .998 4~.999 9…区间。

为了直观地描述这一点，让我们使用一个包含 5 个字母的迷你字母表，其中 A 落在 .0~.2，B 落在 .2~.4，C 落在 .4~.6，D 落在 .6~.8，E 落在 .8~.999…使用这个字母表对单词 BED 进行编码。

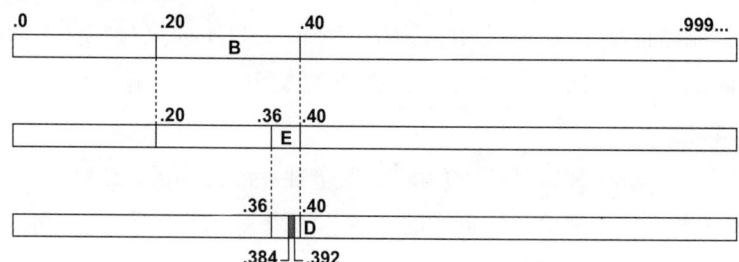

BED 可以被编码为任何满足 .384≤f＜.392 的分数 f。随着加入更多的字符，这个区间将继续收缩。

整个思路就是这样。然而，将字符串编码为分数并不会带来任何压缩效果。需要再想一个办法来实现压缩。不要给字母表中的每个字母相同的区间比例，而是根据字母的频率按比例分配。A 获得 8.12%，B 获得 1.49%，一直到 Z(获得 .07%)。A 的区间是 .0～.081 2。B 的区间是 .081 2～.096 1。Z 的区间是 .999 3～.999 9…。

理论上，可以根据各个字母的频率得到最佳的压缩效果。遗憾的是，存在一个现实问题。这种方法产生的分数可能需要成千上万甚至百万位数字。这样的分数该如何在计算机中表示？你该如何对其执行算术运算？

所以，这个方法在理论上很棒，但在实践中不太可行。它似乎需要无限精度的分数。对长分数(无论是十进制还是二进制)执行加法和乘法运算所需的时间与其长度成正比，因此即使有好的方法来表示这些分数，处理速度也会慢得不现实。

我找到的解决方案是使用一个移动窗口完成所有的算术运算。这样就可以使用普通的 32 位(32-bit)整数。不再需要浮点运算。为了将整数保持在 32 位的范围内，字母频率被近似为 15 位整数，即 $N/2^{15}$ (或 N/32 768)形式的分数。例如，字母 A 的频率为 8.12%。这可以表示为 2 660/32 768(或 665/8 192)。这种近似对压缩效果没有明显影响。

下面是一个十进制的例子，展示了一个字母如何被编码以及移动窗口的工作原理。假设前几个字符已经被编码，现在的区间是.784 627～.784 632。区间起始和结束的前 4 位数字是相同的，都是.784 6。输出这 4 位数字，并将窗口向右移动 4 位，显示的区间是.270 0～.320 0。

这个区间的宽度为 .050 0。假设消息中下一个字符的频率为 .030 0，其区间是 .405 0～.435 0。选择当前区间 .270 0～.320 0 中的一小部分对该字符进行编码。其宽度为 .050 0×.030 0，即 .001 5。具体是从 .270 0＋.050 0×.405 0 到 .270 0＋.050 0×.435 0，即 .290 25～.291 75。注意，该区间的宽度为 .001 5，和预期的一样。

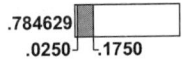

由于此区间的起始和结束都以数字 .29 开头，因此可以输出这些数字。已输出的数字现在是 784 629。窗口现在可以向右移动 2 个数字，使得当前区间为 .025 0～.175 0。

算术编码非常适合加密，因为每个字母或字母组合不再有离散的编码。位流(bit

stream)没有边界，不会被分割成单独的编码。相反，每个字母的编码会影响所有后续字母的表示方式。

现在我们知道了算术编码方法的工作原理，下一步是如何将其用于加密。我们不想改变分配给每个字符的区间百分比，因为那样会失去压缩效果。相反，我们可以改变字符的顺序，使得每个字符的区间落在整个区间的不可预测之处。也就是说，对于 Emily 来说是无法预测的。例如，只使用字母 A、B、C、D、E 时，区间可能如下：

	标准序			混合序
A 8.12%	.0000 - .0812	D 4.32%	.0000 - .0432
B 1.49%	.0812 - .0961	A 8.12%	.0432 - .1244
C 2.71%	.0961 - .1232	B 1.49%	.1244 - .1393
D 4.32%	.1232 - .1664	E 12.02%	.1393 - .2595
E 12.02%	.1664 - .2866	C 2.71%	.2595 - .2866

这些间隔可用于对消息的字母进行编码。我们称该方法为算术加密（Arithmetic Encipherment）。由于 Emily 不知道任何区间的起始点或结束点，因此没有攻击的机会。诚然，Emily 知道第一个区间始于 0 开始，最后一个区间止于 .999…，但她不知道这些区间代表哪些字符。

算术编码还有一个尚未讨论的难点。使用普通的字母表，Riva 不知道消息在何处结束。表示 ROTUND 的相同编码也可以表示 ROTUNDA、ROTUNDAA、ROTUNDAAA 等，假设 A 的区间从 0 开始。使用传统的算术编码，可以通过使用各种方式对消息长度进行编码，并将此长度编码附加到密文中，或者通过向字母表添加特殊的消息结束字符来解决此问题。之前没有讨论这个问题，是因为算术加密不需要。

对于算术加密，你只需要将一个罕见的字符或任何很少出现在消息末尾的字符指定给第一个区间，即从 .000 0 开始的区间。然后当 Riva 看到 ROTUNDVVV… 或 ROTUND###…时，消息的结束位置就显而易见了。

这样的话，使用字母表（26 个字母）的算术加密的安全性评级为 5 级，使用 256 个字符的字母表则为 6 级。这里可以使用所有常规的技巧，比如无用字符、同音词、双字母组。使用无用字符会降低或破坏压缩效果，所以我不推荐这样做。使用同音词会将一个字母的区间分成两个或更多个独立的区间。这使得字母的区间更加均匀，相当于平滑了字母频率。这在提高安全性的同时又不影响压缩效果。使用双字母组，甚至三字母组，有时能够提高压缩级别并改善安全性。使用同音词和双字母组的算术加密被评为 8 级。

由于算术加密本身非常强大，只需要略加补充就可以将其安全性提升到 10 级。我建议使用周期长度为 4 的通用多字母替换密码，即使用 4 个独立的混合字母表轮番进行替换。算术加密后接周期为 4 或更长的通用多字母替换加密被评为 10 级。对手无处下手，既不知道字母频率，也不知道接触频率，更无法利用可能的单词。

10.7.3 自适应算术编码

Lempel-Ziv 对于任何类型的文件都有不错的压缩效果，因为它是自适应的。Huffman 编码和算术编码可以提供更好的压缩效果，但仅适用于字符频率与底层频率表相匹配的文件。有几种方法能够使 Huffman 编码和算术编码具备自适应性，同时增强相应的加密方法。所有这些方法都涉及在对文件进行编码时统计文件中的字符。

字符计数与文件中的字符频率越接近，获得的压缩效果就越好。你可能认为可以统计文件中的所有字符，然后使用实际的数量。问题在于 Riva 无法统计文件中的字符。Riva 必须使用与 Sandra 相同的频率，否则就无法解密文件。解决这个困境的方法是 Sandra 在加密时统计字符计数，而 Riva 在解密时也就能统计字符计数，于是两者在所有阶段都拥有相同的计数。

所有字符计数都从 1 开始。如果你事先知道字符频率，即使只是粗略的估算，也可以增加更加常见字符的计数。例如，如果你使用的是 256 个字符的组，预计消息将包含约 1% 的大写 E 和约 10% 的小写 e，那么可以将 E 的字符计数增加 2，e 的字符计数增加 25，也就是约为 256 的 10%。每个字符的初始区间与其初始计数成比例。例如，如果 256 个字符的总计数为 500，小写 e 的初始计数为 25，则 e 将获得 25/500（或 .05）的区间。

调整编码的基本方法有两种：字符模式和批处理模式。字符模式仅适用于算术编码。在字符模式中，每当在文件中找到一个字符时，调整其区间以及两个相邻区间。（当字符落在第一个或最后一个区间时，只有一个相邻区间。对于 26 个字母的标准字母表，这意味着 A 或 Z。）

来看一个例子。假设已经遇到字母 T，并且相邻区间属于字母 S 和 U。（在算术加密中应该不会出现这种情况。混合字母表不大可能会按顺序连续包含 S、T、U。）假设 S、T、U 的字符计数分别为 15、20、5，因此总计为 40。假设 S、T、U 的区间分别为 .062、.074、.024，因此总计为 .160。这个组合区间按比例 15：20：5 重新分配。S 获得 .160×15/40，即 .060。T 获得 .160×20/40，即 .080。U 获得 .160×5/40，即 .020。随着时间的推移，字符的区间将收敛到正确的宽度。

字符模式在 26 个字母的字母表中效果良好，但在 256 个字符的字母表中表现很差。256 个字符中的大多数都没有与任何高频字符相邻，所以它们的频率将保持不变。对于标准 ASCII 表示尤其如此，其中所有字母都聚集在一起。

批处理模式适用于算术编码和 Huffman 编码。在该模式中,整个区间集在编码过程的特定时刻进行调整。例如,在编码 64 个字符/128 个字符/256 个字符之后调整区间,以此类推。在每个这样的时刻,整个区间将根据当前字符计数重新分配。这比字符模式更快地收敛,但在重新分配之间,你使用的是未经调整的旧频率。

在批处理模式中,可以计算双字母组,甚至是三字母组的频率。出现多次的双字母组或三字母组会获得自己的 Huffman 编码或算术编码区间。通过这种改进,算术编码几乎总是能够提供比 Lempel-Ziv 更好的压缩效果。

关于计算双字母组和三字母组的频率,存在一个问题:存储空间。在 256 个字符的字母表中,有 65 536 个不同的双字母组和 16 777 216 个不同的三字母组。如果存储空间充足,这可能不是什么问题。但如果存储空间有限,一种解决方法是仅统计包含最常见字母的双字母组和三字母组。例如,如果将双字母组和三字母组限制为最常见的 20 个字符,那么只需计算 400 个双字母组和 8 000 个三字母组。为了确定最常见的字符,可以延迟计算双字母组和三字母组的频率,直到编码过固定数量的单个字符,比如 256 个或 1 024 个字符。

实现这种有限计数的一种方法是,在第一批中,仅统计单个字符,以确定最常见的字符。在第二批中,使用那些高频字符来统计双字母组。在第三批中,只使用高频双字母组加上高频字符来统计三字母组。一旦选定了高频双字母组和三字母组,它们将获得自己的 Huffman 编码或算术区间。换句话说,可以将其视为单个字符处理。

对于算术编码,字符模式和批处理模式并不是互斥的。你可以在遇到每个单独字符时立即平衡其区间,并在每个批次结束时平衡字符扩展组以及双字母组和三字母组。

在进行 Huffman 加密或算术加密时,每个批次结束后,应重新排列字母表,然后替换编码或重新平衡区间。在添加了或删除掉双字母组或三字母组时,这一点尤为重要。意味着 Emily 在编码更改之前只能攻击有限的部分。对于加密,使用不规则长度的批次可能更好,例如在 217 个字符之后,然后是 503 个字符之后,以此类推,这样 Emily 就不知道编码何时更改。

自适应编码的另一处改进是在重新平衡区间后将所有计数除以 2。这样可以让编码适应字符频率发生变化的情况。旧频率对区间的影响较小,新频率对区间的影响更大。例如,假设文本是由不同作者撰写的故事书。每位作者词汇量、主题可能都不一样,甚至使用不同的语言来写作。

当然,Sandra 和 Riva 必须事先就所有这些达成一致,以便 Riva 能够正确解密和解压缩消息。

11

分块密码

本章内容包括：
- DES 和 AES 加密标准
- 基于矩阵乘法的密码
- 加密和解密过程相同的对合密码
- Ripple 密码
- 区块链

我们已经看过了几种对划分成字符块的文本进行操作的密码。有些操作是在仅包含 2 个或 3 个字符的小块上进行的，比如 Playfair、双方阵、三方阵、四方阵。有些操作在更大的块上进行，但每次只改变 2 个或 3 个字符，比如 Bifid、Trifid 或 FR-Actionated Morse。这些密码属于局部操作，只处理每个块的一部分。明文中一个字符的变化通常最多只会改变密文中的 2 个或 3 个字符。

这一章讨论更强类型的分块密码。在此类密码中，即使只是改动了明文或密钥的一个比特，大约一半的密文比特以及几乎所有的密文字节都会发生变化。这表明该密码是高度非线性的（参见 12.3 节）。这种密码只适用于计算机，后者通常配备了专用硬件以提高加密速度。

本书余下的大部分内容都涉及计算机密码及方法。如果你对计算机方法不感兴趣，可以直接跳过这些部分。

11.1 替换-排列网络

很多分块密码采用替换-排列网络(substitution-permutation network, SPN)的形式。这个想法最早由 IBM 的 Horst Feistel 于 1971 年提出。加密由多轮组成,每轮可以包含一个或多个替换步骤和/或一个或多个排列步骤。通常由一个主密钥来控制整个操作。

替换步骤最常见的选择包括:(1) 简单替换,(2) 对块的一部分和密钥的一部分执行异或操作,或者(3) 在密钥的控制下进行多字母替换。密钥可以由主密钥的某些位和/或尚未被替换过的块的某些位组成。例如,块中的奇数字节可以用作加密偶数字节的密钥,反之亦然。稍微复杂一点的替换形式是从密钥中取出若干位,对其和块中同等数量的位执行异或操作,然后将结果作为多表字母表密钥来替换块的不同部分。

替换字母表被称为 S-box,通常事先选择并且不会改变。可以是简单替换,也可以是多字母替换,因此 S-box 是表格的计算机等效物。它们通常使用 4~8 个密钥位来选择表格的行,使用块的 4 或 8 位作为输入,以及同样数量的位作为输出。在构建替换字母表的过程中往往会涉及一些复杂的数学方法。特别是,这些字母表被设计为非线性的,详见第 12.3 节。

每轮排列通常也是预先确定并且不变的。排列可以作用于单个位、4 位组或 8 位字节。在大多数分块密码中,排列没有密钥;它们被硬编码入软件或硬连接到加密芯片中。

现代分块密码中最早的是 IBM 的 Horst Feistel 设计的 Lucifer。在最终敲定 Lucifer 这个名称之前,曾经多次改名,因为 Feistel 希望能体现出设计的魔鬼本质。Feistel 还多次修改了 Lucifer 的设计,从最初用于 128 位块的 48 位密钥发展到用于 128 位块的 128 位密钥。你可以在 https://derekbruff.org/blogs/fywscrypto/tag/lucifer 了解有关 Lucifer 的更多信息(访问日期 2022 年 5 月)。

下面是一个迷你版的替换-排列网络密码的示意图。该密码接受 16 位明文并生成 16 位密文。它包括 4 轮替换和 3 轮置换。替换和置换是固定的,被内置于硬件中。4 种不同的替换分别为 S_1、S_2、S_3、S_4。每种替换需要 4 个输入位加上一个密钥(K_{11} 到 K_{44}),通常为 4、6 或 8 位,因此如果所有的密钥都是独立的,密码可能具有 64、96 或 128 个密钥位。置换对于每轮来说都是不同的。

这个迷你网络密码的安全性评级为 3 级,因为它相当于一个双字母组替换,但是可以使用 6 轮替换,从 16 位扩展到 64 位(评级为 8 级);或者使用 8 轮替换,扩展到 128 位(评级为 10 级)。

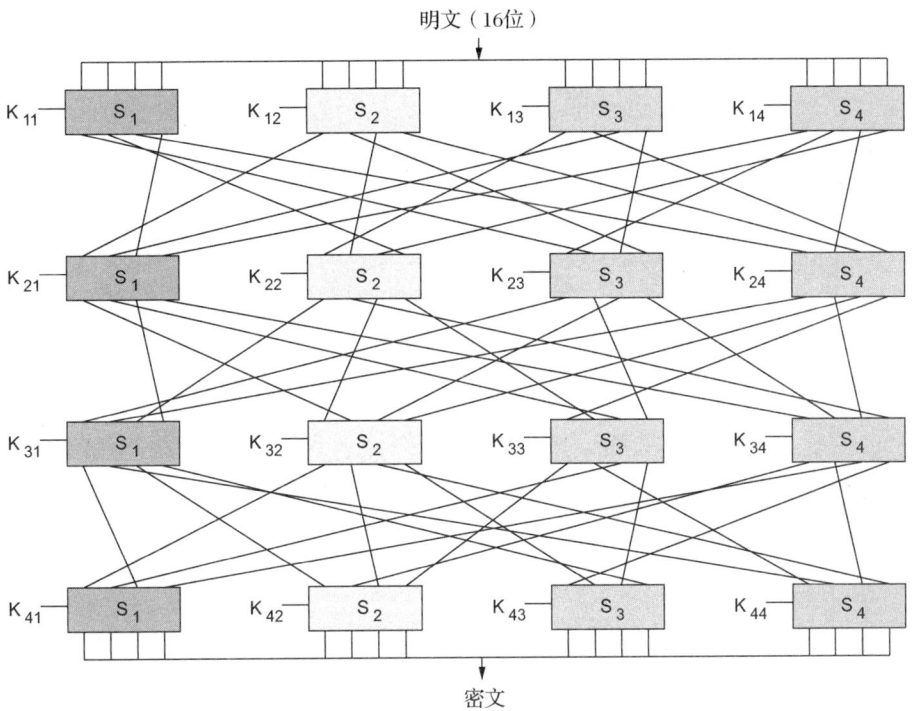

图 11-1 迷你版的替换-排列网络密码

Lucifer 的最终版本设计直接催生了数据加密标准（Data Encryption Standard，DES），该标准在 1977 年被美国国家标准局（National Bureau of Standards，NBS）正式采纳。因此，让我们直接跳转到 DES。

11.2 数据加密标准(DES)

IBM 在 1976 年通过对当时的 Lucifer 版本进行精简，开发出了 DES。原版本使用 128 位密钥，处理 128 位消息块。块大小后来被减小到 64 位，这是合理的，因为降低了硬件成本。IBM 希望使用 64 位密钥，但 NSA 坚持将密钥进一步减少到 56 位，理由是多余的 8 位可以用作校验和。普遍认为实际原因是 NSA 能够破解 56 位 DES，但无法破解 64 位 DES。

IBM 最初计划将 DES 设计为 6 轮密码（6-round cipher）。当 NSA 告诉 IBM 可以破解 6 轮版本时，IBM 直接跳到了 16 轮，与 Feistel 在其最终版本的 Lucifer 中使用的轮数相同。

DES 的一个新特性是在第一个替换步骤之前和最后一个替换步骤之后进行 1 位置

换，这是任何版本的 Lucifer 都没有的。这些是 8×8 列置换，其中列的顺序和行的顺序都会发生变化。对于初始置换，块的 64 位从左到右被写入网格中。列按相反的顺序读取，即 8、7、6、5、4、3、2、1。行按顺序 2、4、6、8、1、3、5、7 读取。最终的置换与此相反。

这些置换并没有增加 DES 的强度，没有密码学价值。之所以被添加，是因为 NSA 告诉 IBM，由硬件实现的加密，其速度快于软件模拟。这样做的目的是让 Emily 通过蛮力（即在软件中尝试所有可能的密钥）破解密码更加耗时。IBM 认为位排列会导致软件运行速度非常缓慢。于是，IBM 可能设想的流程是通过掩码逐位提取，然后将其移动到正确位置。

这一切被证明完全错误。第一，希望破解 DES 的敌方只需要通过代理购买加密芯片。第二，对于一些合法的应用程序，需要将 DES 嵌入到软件中，因此软件速度必须够快。第三，位置换可以快速完成，无需提取单个位或移位。我将在 11.2.3 节中展示如何做到这一点。

在初始置换和最终置换之间，DES 有 16 轮替换。64 位块被分成两半，各 32 位。在每轮中，右半部分用于加密左半部分。首先将右半部分从 32 位扩展到 48 位。32 位被视为 8 个 4 位组。通过附加取自相邻组的前一位和后一位，这些组中的每一组从 4 位扩展到 6 位。例如，第 3 组由 9~12 位组成。该 4 位组将位 8 和位 13 分别附加到自己的左侧和右侧，从 4 位扩展到 6 位。换句话说，6 位组由位 8、9、10、11、12、13 组成。8 个这样的 6 位组形成一个 48 位块。

将该 48 位块与从 56 位密钥中取出的 48 位执行异或运算。每轮使用哪 48 位由密钥编排(key schedule)决定的，它基本上是在每一轮后将全部 56 位密钥移位几个位置。接下来，将得到的 8 个 6 位组提供给 8 个固定的 S-box（即替换）。每个 S-box 都会给出一个 4 位结果，因此 8 个 4 位结果共同形成一个 32 位块。然后将此块与整个 64 位块的左半部分进行异或运算。

> **历史背景**
>
> IBM 设计的 DES 原本并没有密钥编排。最初的想法是在 16 轮中的每一轮之后将 64 位密钥循环移动 4 位。这使密钥保持在其原始位置，准备加密下一个块。当 NSA 要求 IBM 将密钥长度减少到 56 位时，IBM 被迫引入了密钥编排。4 位移动不再起作用。IBM 于是将密钥编排称为"特性"。

看待每个 S-box 的另一种方式是将其视为 4×16 表格。像 Belaso 或 Vigenère 表格一样,每行都是 4 位组的替换表。附加到 4 位组的那两个额外位用于选择使用表中的哪一行。

每个 S-box 都经过精心设计,使得 6 位输入与 4 位输出之间的相关性尽可能小。NSA 找到了一种设计 S-box 的绝密方法,能够得到最低的相关性。因为 DES 非常重要,NSA 决定与 IBM 的 DES 设计人员共享这个秘密。然而,在查阅了 IBM 的设计后,NSA 意识到 IBM 也发现了这种方法并已应用于其设计中。

每轮结束后(除了最后一轮),64 位块的左半部分和右半部分进行交换。

11.2.1 双重 DES

人们从一开始就明白,56 位密钥对于强安全性来说太短了。仅仅在 DES 被采纳后 4 个月,电子前沿基金会(Electronic Frontier Foundation)就打造了一台价值 25 万美元的专用计算机 Deep Crack,仅用 56 小时就破解了 DES 加密的消息。

针对这一明显缺陷,最初提出的解决方案是使用两个不同的密钥对信息进行两次 DES 加密。但是这个想法被否决了,因为理论上有可能发起中间人攻击来破解 DES。也就是说,从明文开始向前处理,从密文开始向后处理,然后在中间位置相遇。要做到这一点,你需要获取一个明文已知的密文块。使用所有 2^{56} 个可能的密钥加密明文,使用所有 2^{56} 个可能的密钥解密密文。比较结果,无论你在哪里找到匹配项,你都拥有一对可能的钥匙。

这种攻击只是理论上的。你需要存储 2 组 2^{56} 个解,即 2^{60} 字节,来进行所有比较。20 世纪 70 年代的计算机都不具备这种级别的存储能力。此外,预计会有约 2^{48} 个匹配项,全部都需要检查。这是一个艰巨的任务。但是 IBM 和 NSA 希望 DES 可以持续使用 20 到 30 年,在这个时间段内,该攻击很有可能成真。可以使用双重 DES,不过它从未被接受为标准。

11.2.2 三重 DES

三重 DES(Triple DES,或称 3DES)是另一种尝试弥补 DES 的 56 位密钥长度过短的方法。它由以下步骤组成:将 64 位块使用一个 DES 密钥进行加密,然后使用第二个 DES 密钥进行解密,最后使用第三个 DES 密钥进行加密。显然,其耗时为普通 DES 的 3 倍。由于速度过慢,三重 DES 并没有被广泛使用。

有一种快得多的方法可以增加 DES 的安全性。只需在 DES 步骤之前和之后分别使用不同的 64 位密钥对 64 位块执行异或运算。总共有三个独立密钥:两个 64 位异或密钥和一个 56 位 DES 密钥,共计 184 位。这种方法仅比单重 DES(single DES)加密稍微慢一点。

即使通过查看波形就可以确定第二个异或密钥，这仍然比单重 DES 要强得多。你可以通过在 DES 步骤之前和之后执行带密钥的简单替换来消除波形撤销异或运算的危险。

*11.2.3 快速位置换

DES 以位置换开始和结束。一种朴素的方法是逐位解包，将其移动到所需位置，并执行按位 OR 运算。大约在 1975 年，我和纽约约克镇 IBM 研究院（IBM Research）的 David Stevenson 分别独立发明了一种更快的方法。我将使用一个 32 位块的置换来演示这种技术。假设以比特形式表示的明文为：

$$\text{abcdefgh ijklmnop qrstuvwx yz}\alpha\beta\gamma\delta\epsilon\zeta$$

其中，每个拉丁字母或希腊字母代表一个比特的值，可以是 0 或 1。让我们看看该如何进行置换，使得 a 移动到第 3 个位置，b 移动到第 6 个位置，c 移动到第 9 个位置，依此类推。

置换可以通过 4 个特殊的表格完成，每个表有 256 个条目。每个条目都是一个 32 位块或计算机字（computer word）。第一个表显示了 32 位块的第 1 个字节中 8 个位的置换位置，如下所示：

$$\text{..a..b.. c..d..e. .f..g..h ....}$$

第二个表显示了 32 位块的第 2 个字节中 8 个位的位置：

$$\text{k..l..m. .n..o..p ....i..j..}$$

第三个表显示了 32 位块的第 3 个字节中 8 个位的位置：

$$\text{.v..w..x .... q..r..s. .t..u...}$$

第四个表显示了 32 位块的第 4 个字节中 8 个位的位置：

$$\text{........ ..y..z.. }\alpha..\beta..\gamma. .\delta..\epsilon..\zeta$$

圆点是为了方便你看到 32 位块的放置位置。它们代表计算机字中的 0。现在，只要在这些特殊表格中查找 4 个字节，并对得到的 4 个 32 位块执行 OR 运算，就可以完成置换，如下所示：

$$\begin{array}{l}\text{..a..b.. c..d..e. .f..g..h ....}\\ \text{k..l..m. .n..o..p ....i..j..}\\ \text{.v..w..x .... q..r..s. .t..u...}\\ \text{........ ..y..z.. }\alpha..\beta..\gamma. .\delta..\epsilon..\zeta\\ \text{kvalwbmx cnydozep }\alpha\text{fq}\beta\text{gr}\gamma\text{h s}\delta\text{it}\epsilon\text{ju}\zeta\end{array}$$

这不需要移位和掩码操作。整个 32 位置换仅使用 4 次查表和 3 次 OR 运算。该技术的应用之一是翻转一个 8×8 位块。这可以通过使用 256 个条目的 8 个表格来完成，或者只使用一个表格，将位移动到每个字节内的正确位置，如下所示：

无移位　　a.......b.......c.......d.......e.......f.......g.......h.......
移动 2 位　..a.......b.......c.......d.......e.......f.......g.......h.....
**

11.2.4　短块

DES 和其他分块密码算法经常会遇到一个问题，即如何处理短块（short blocks）。在 DES 中，所有块必须是 8 个字符。假设你的消息有 803 个字符，则为 100 个 8 字符块和 3 个额外字符。该如何处理最后那 3 个字符呢？

传统的解决方案是使用无用字符填充最后的块。对于纸笔加密，一些最受欢迎的技术是附加 XXXXX 或 NULLS 作为最后 5 个字符。不幸的是，这会给 Emily 留下 5 个已知的明文字母。对于手动密码，一些较好解决方案是使用 XX 或 JQ 等标记，然后将其余填充字符随机化，比如 XXESV，或者干脆使用任意低频字符组合进行填充，比如 ZPGWV。解密则取决于 Riva 识别真实信息在哪里结束以及填充在哪里开始的能力。

在计算机中，填充必须解决两个问题。首先，Riva 必须能够确定消息的结束位置，或者等效地说，有多少字节的填充。其次，Sandra 希望尽可能少地给 Emily 暴露已知明文。有些建议方案在这两方面都不合格。例如，一种方案是在消息尾部填充以下内容之一：

　　　　　　　　01
　　　　　　　　02 02
　　　　　　　　03 03 03
　　　　　　　　...

当块大小为 32 时，这可能会给 Emily 最多 31 个字节的已知明文。在一般文件中，最后一个块可能是以 01 结尾（或者甚至是 02 02）的完整块，这可能被误认为是填充。

更好的解决方案是在明文文件的某个位置放一个长度字段。这不必是文件中的字节数，长度字段可能需要 4 字节，它可以是最后一个块中的填充字节数。对于 DES，这是从 0 到 7 的数值，因此只需要 3 位。长度字段可以放在文件的任何位置。最常见的位置是第一个字节、最后一个字节和最后一个块的第一个字节。填充字节本身可以随机选择。

为了避免向 Emily 暴露哪怕一个字节的已知明文，可以将长度编码在长度指示器的低位或高位中，其余未使用的位可以是随机的。这使得长度指示器可以取 0 到 255 的任何值。

顺便说一句，并没有规定说必须在文件末尾进行填充。如果你想在文件前面填充、在最后一个块的开头或第 13 个块的中间填充，没问题。只要 Sandra 和 Riva 达成一致，他们可以做任何他们认为能最大限度地阻碍 Emily 的事情。一种可能性是将填充字节分散。例如，如果文件需要 4 个填充字节，则可以将它们放置在文件的第 2、第 4、第 6 和第 8 个块的末尾，只要 Riva 知道要添加多少填充字节即可。

重叠方法(overlap method)是填充的一种替代方法。假设块大小 B 为 8，消息有 803 个字符，并且前 800 个字符已作为 100 个 8 字符的块进行了加密。然后，将字符 796 到 803 作为第 101 个块加密。这样，消息的长度不会改变，但 Riva 必须先解密第 101 块，然后才能解密第 100 块。

11.3 矩阵乘法

我们将要介绍的下一种分块密码是高级加密标准（Advanced Encryption Standard，AES）。然而，AES 使用了被称作矩阵乘法的数学运算，本书目前还没有涉及。在引言中，我承诺会介绍每个所需的数学概念，因此在这里我将讲解矩阵乘法。这个概念在后续几章中都会用到。除非你已经很熟悉矩阵乘法，否则最好不要跳过这部分内容。

矩阵简单来说就是由称为标量(scalars)的元素构成的矩形阵列。一系列的标量形成一个向量(vector)，因此矩阵的每一行和每一列都是向量，分别称为行向量和列向量。具有 m 行 n 列的矩阵称为 $m \times n$ 矩阵。如果 $m = n$，则该矩阵称为方阵。下面是一个具有 3 行 5 列的矩阵 M 的示例，称为 3×5 矩阵。它由 15 个标量元素组成，这里用字母 a 到 o 表示。

$$\begin{pmatrix} a & b & c & d & e \\ f & g & h & i & j \\ k & l & m & n & o \end{pmatrix}$$

在这个矩阵中，3 个行向量分别是 $[a,b,c,d,e]$、$[f,g,h,i,j]$、$[k,l,m,n,o]$，5 个列向量分别是 $[a,f,k]$、$[b,g,l]$、$[c,h,m]$、$[d,i,n]$、$[e,j,o]$。矩阵的行自上而下编号，列从左到右编号。在 M 中，第 i 行第 j 列的元素用 M_{ij} 表示，所以 M_{11} 是 a，M_{15} 是 e，M_{31} 是 k。

标量的类型包括数值，比如整数、模 N 的整数、有理数、实数、复数以及其他稍后会介绍的类型。矩阵乘法对每种类型的数值都是一样的。

两个矩阵 X 和 Y 的乘积，表示为 XY，是通过将 X 的行与 Y 的列相乘得到的。让我们详细看一下工作细节。矩阵的行是向量，矩阵的列也是向量。两个长度相同的向量可以通过所谓的内积相乘,也叫做点积,因为向量乘法有时用·点来表示。该运算将一个向量的元素与第二个向量的相应元素成对相乘,然后取这些乘积之和。

假设第一个向量是$[a,b,c,d]$,第二个向量是$[e,f,g,h]$。两者具有相同的长度,即4个元素,因此可以进行乘法运算。两个向量的内积是:

$$[a, b, c, d] \cdot [e, f, g, h] = ae + bf + cg + dh$$

假设 X 和 Y 是 4×4 的矩阵,P 是它们的乘积,即 $P = XY$。如果$[a,b,c,d]$是 X 的第 i 行,$[e,f,g,h]$是 Y 的第 j 列。两者的乘积被表示为 P_{ij}。换句话说,第 i 行第 j 列的元素是 X 的第 i 行与 Y 的第 j 列的乘积。可以使用下标写作:

$$P_{ij} = [X_{i1}, X_{i2}, X_{i3}, X_{i4}] \cdot [Y_{1j}, Y_{2j}, Y_{3j}, Y_{4j}] = X_{i1}Y_{1j} + X_{i2}Y_{2j} + X_{i3}Y_{3j} + X_{i4}Y_{4j}$$

其他大小的矩阵乘法也可以使用类似的表达式。只要 $b=c$,就可以对大小为 $a \times b$ 和 $c \times d$ 的两个矩阵执行乘法运算。

11.4 矩阵乘法

不,这个重复的章节标题并没有弄错。数学中除了数值之外,还有许多其他对象可以参与加法和乘法运算。其中一些例子包括向量、矩阵、多项式、四元数,更宽泛地说,只要是环元素(elements of a ring)皆可。甚至可以有矩阵向量、多项式矩阵等等。关于环的更多内容可以在15.6到15.8节中找到。矩阵乘法可以基于这些类型的元素及其乘法和加法规则进行。过程是相同的。取 X 的第 i 行与 Y 的第 j 行的内积,得到乘积矩阵的第 i 行第 j 列的元素。

矩阵乘法不满足交换律,也就是说,当你用给定的矩阵 X 乘以左边或右边的第二个矩阵 A 时,通常会得到不同的结果。$AX \neq XA$。这就是 X 与 A 的左乘法和右乘法。

在 AES 中,关注的是多项式的乘法和加法。我们在高中代数中都学过如何相加和相乘多项式,毕业后继续从事科学和工程职业的人可能仍然记得如何完成这些操作。多项式也可以执行除法运算。这种除法可能会有余数,因此多项式也有与整数相同的模的概念。(如果你想回顾一下,可参见 3.6 节。)

AES 中使用的标量乘法不是整数乘法,而是对另一个多项式取模的多项式乘法。这可能是我们所能探讨的最深入的内容了,毕竟本书面向的是普通读者群体。

11.5 高级加密标准(AES)

高级加密标准(Advanced Encryption Standard,AES)是在 2001 年取代 DES 的一种新的分块密码算法。它早期被称为 Rijndael,以其发明者、比利时密码学家 Vincent

Rijmen 和 Joan Daemen 的名字命名。AES 最初以 128 位或 256 位块配合 128 位、192 位或 256 位密钥的五种组合形式出现。然而,美国国家标准与技术研究院(National Institute of Standards and Technology,NIST)将标准规定为 128 位的分块长度。轮数取决于密钥长度:对于 128 位密钥,有 10 轮;对于 192 位密钥,有 12 轮;对于 256 位密钥,有 14 轮。

每轮使用根据密钥编排从完整密钥中选择的 128 位轮密钥(round key)。在第一轮之前,执行预处理操作 AddRoundKey,即对分组与轮密钥展开异或运算。接下来的 9 轮、11 轮或 13 轮中的每一轮都包括 4 个操作:SubBytes、ShiftRows、MixColumns、AddRoundKey。最后一轮没有 MixColumns 步骤。

128 位的分块被视为一个 4×4 的字节矩阵,按照列优先顺序排列,这意味着字节按列而非按行放入矩阵中,如下所示:

$$\begin{pmatrix} b_1 & b_5 & b_9 & b_{13} \\ b_2 & b_6 & b_{10} & b_{14} \\ b_3 & b_7 & b_{11} & b_{15} \\ b_4 & b_8 & b_{12} & b_{16} \end{pmatrix}$$

每轮的第一步是 SubBytes。这是对每个字节进行的固定简单替换操作。该替换操作被设计为高度非线性。线性性质在 12.3.1 节中有详细讨论。

接下来是 ShiftRows 步骤。这是一种置换操作,将矩阵的行循环左移 0、1、2、3 个位置,如下所示:

$$\begin{pmatrix} b_1 & b_5 & b_9 & b_{13} \\ b_6 & b_{10} & b_{14} & b_2 \\ b_{11} & b_{15} & b_3 & b_7 \\ b_{16} & b_4 & b_8 & b_{12} \end{pmatrix}$$

每轮的第三步是 MixColumns,即矩阵乘法。这不是 11.3 节描述的普通的整数矩阵乘法。矩阵中的元素被视为多项式的系数。标量加法和乘法运算是对另一个多项式取模的多项式运算。所有这些都经过精心设计,以便可以在硬件上快速执行。最后一轮中省略了 MixColumns 步骤。

每轮的最后一步是 AddRoundKey。这只是将块与根据密钥编排确定的一部分密钥进行按位异或。

我认为最后的异或操作非常可疑。几位电气工程师告诉我，00 和 11 按位异或产生的波形与 01 和 10 按位异或产生的波形不同，因此窃听者可以推断出这两位的值。这可能会向窃听者泄露 128 位密钥。在进行高安全性加密时，我尽量避免使用异或操作。

当我被迫在加密过程的最后不得不使用异或时，例如在实现标准化算法时，我会确保对每个密文位进行偶数次反转。我保留两个随机位串 R1 和 R2，其大小与块相同，并对其执行异或运算得到 R3=R1⊕R2。然后，再将密文依次与 R1、R2、R3 执行异或运算。这将使位串恢复到其原始值，有望消除明显的波形。

或者，你可以使用替换代替异或来反转块中的所有位。这样做两次，用两个替换步骤代替三次异或。如果你正在使用 AES，我强烈推荐增加这个额外的最后一步。

11.6 固定替换和密钥替换

本书先前讲到的所有替换使用的都是混合了密钥单词或数值密钥的字母表。本章中的密码算法，包括 DES 和 AES，都使用了可以嵌入硬件 S-box 的固定替换。那么，哪种更好？哪种更强大？

当你使用固定替换时，可以通过复杂的数学方法设计出一种能够抵抗各种攻击的替换方法。例如，如果部分输出位与部分输入位存在强相关性，那么 Emily 可以对密码算法进行统计攻击，就像我在 8.2 节中对 Jefferson 转轮密码机使用的攻击一样。

遗憾的是，固定替换对 Emily 来说是一个活靶子。她可以花费几个月甚至几年的时间研究替换方法，有可能找出设计者忽略的缺陷。精心设计的替换方法往往具有数学上的规律性。替换方法被表示为特定的数学函数。这本身就是一个弱点，因为它为 Emily 提供了模拟密码的捷径。

我更倾向于使用由密钥（每个消息都可以更改）决定的替换方法。密钥替换的每个实例可能弱于固定替换，但 Emily 无法利用此缺陷，因为她没有替换表可供研究。如果 Emily 设法获取到明文，比如通过间谍活动，她也许能还原替换并掌握其弱点，但那时已经太晚了。了解弱点的唯一价值在于解密消息并获取明文。如果 Emily 已经有了明文，那么密钥就没什么价值了。这种弱点无助于她解密下一个消息，因为那个消息具有不同的密钥，弱点（如果存在）也不再相同。

如果使用同样的方法混合字母表，但密钥不同，那么其他替换实例未必存在相同的弱点。它们可能具有相同类型的弱点，比如块的某些位和/或密钥和输出的某些位之间存在相关性，但这些位对于每个实例来说是不同的。

使用固定 S-box 的一个理由是，它允许加密硬件的同步操作，其中一个消息紧随另一个消息,中间没有间隙。使用混合字母表可能需要暂停以混合字母表。使用混合字母表还需要设置。如果可以并行混合字母表,那么可以消除或者起码减少暂停。也就是说,在加密或解密当前消息时,可以同时混合下一个消息的字母表。或者,让用户自行混合字母表,并将混合后的字母表作为长密钥的一部分。

如果需要同步操作且无法并行混合字母表,那么备用技术是在 DES 或 AES 步骤之前和之后使用与块大小相同的密钥执行异或运算。我酌情将这种方法称为 XDESX 或 XAESX。这些异或运算速度极快,并显著提升了安全性。总密钥长度为 184 位,比 3DES 多 16 位。我建议将最终输出反转两次以掩盖波形。

11.7 对合密码

对合密码(involutory cipher)是一种花哨的说法,意思是"该密码是它自己的逆密码"。换句话说,加密和解密是一样的。如果使用对合密码连续两次加密(密钥相同),你又会得到原始明文。这也被称为自反(self-inverse)或自互倒(self-reciprocal)。我们已经看到过几种对合密码。将明文与二进制密钥执行异或运算就是一种对合密码(参见 3.3 节)。Bazeries 4 型密码(4.6.1 节)中的分段翻转置换也是对合的。将一个正方形矩阵翻转,即按从左到右、从上到下的顺序将字符写入一个方形网格,并按从上到下的顺序读取,也是对合的。以下是翻转一个 3×3 矩阵的例子:

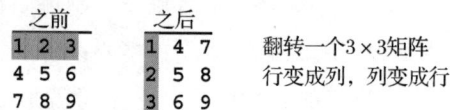

数学家称该操作为矩阵置换(transposing)。由于"置换"一词在密码学中有不同的含义,我将其称之为矩阵翻转(flipping)。11.2.3 节中介绍了一种快速矩阵翻转的方法。

如果你在硬件中构建密码系统,使用对合密码能够降低成本并简化操作。你的密码机就不需要有单独的加密和解密模式。

让我们来看看如何构建部分类型的对合密码。

11.7.1 对合替换

在对合替换中,如果一个字母 X 变成了 Y,那么 Y 必须变成 X。这意味着字母必须成对出现。为了构建对合替换,首先列出所有的字母或字符。选择任意一个字母,然后选择其配对字母,并将两者从列表中划掉。接着选择另一个字母及其配对字母,再次划掉。继续这个过程,直到大部分字母都被配对。剩余的字母都是其自身的逆元。可以使用数值密钥按照与 SkipMix 相同的方式选择连续的字母(参见 5.2 节)。

对合替换可以方便地用两行表示。上面一行的字母对应正下方一行的替代字母,下面一行的字母对应正上方一行的替代字母。来看使用关键字 WORDGAME 和 TULIP 构建的一个示例。在这个例子中,R 会变成 L,L 会变成 R。

```
WORDGAMEBCFHJ
TULIPKNQSVXYZ
```

换句话说,此对合替换的密钥就是这个 2 行阵列。

并不是每个字母都必须与不同的字母配对。一些字母可以保持不变。这些字母称为固定点或不变元。

同样的方法也可以用来构建对合双字母组替换。

11.7.2 对合多字母替换

要想构建对合多字母替换密码,只需要将表格的每一行作为一个对合替换。

11.7.3 对合置换

如果消息被分成固定大小的块,对合置换是最容易构建的。假设固定块的大小为 B。如果对于从位置 X 移动到位置 Y 的每个字母,位置 Y 中的字母也移动到位置 X,则该置换是对合的。换句话说,置换由字母之间的成对交换组成。

要构建对合置换,首先在列表中写下从 1 到 B 的数字。从列表中选择任意两个数,它们是第一对相互交换的位置。删除列表中的这两个数并从中选择另一对数字。这是第二对位置。将其从列表中删除。继续这样做,直到列表最多只剩下一个数字。如果你希望在置换中有一些固定点,提前停止配对即可。创建固定点的另一种方法是从列表中随机选择两个数。如果这二者相同,那就成为一个固定点。

表示一般置换密码的方法之一是列出块中的所有位置,并在下方显示它们的新位置。例如,

```
 1  2  3  4  5  6  7  8  9 10 11 12 13 14 15 16 17 18 19 20
13  7 17  8 20 15  2  4 11 18  9 16  1 19  6 12  3 10 14  5
```

这是计算机使用的最佳格式。当一个人进行置换时,将其折叠为半宽可能更方便,就像这样:

```
 1  2  3  4  5  6  7  8  9 10 12 14
13  7 17  8 20 15 11 18 16 19
```

这是同样的置换,只是空间减少了一半。二者都可以用作置换的密钥。在这两种情

况下,第一个位置的字母移动到第 13 个位置,而第 13 个位置的字母移动到第一个位置,第二个位置的字母移动到第 7 个位置,而第 7 个位置的字母移动到第二个位置,依此类推。

*11.7.4 对合分块密码

现在我们已经知道如何构造对合替换和置换,我们接下来准备将这些元素结合起来制作一种对合分块密码。

此时,引入一些更多的符号会有所帮助。设 M 为任意消息,明文或密文皆可。CM 表示将密码 C 应用于该消息(applying a cipher C to that Message)。如果 D 是另一种密码,则 DCM 表示将 D 应用于文本 CM(applying D to the text CM)。这个符号看起来有点奇怪,因为 DCM 表示先应用 C 然后再应用 D,不过没什么问题。你可以把 DCM 看作是 D(C(M)) 的简写。

DC 则是通过先使用 C 加密,然后再使用 D 加密形成的密码。这个新密码称为 D 和 C 的合成(composition)。合成是将两个密码组合成一个新密码的操作。(有些作者称其为密码 C 和 D 的乘积,用 C∘D 表示。)

例如,Bazeries 4 型密码(参见 4.6.1 节)就结合了替换和置换。合成具有一个对于形成对合密码很重要的数学属性:合成满足结合律。这意味着如果 A、B、C 是密码,那么 (AB)C=A(BC)。由于该属性,多密码的合成可以写成没有括号的形式,如 ABC,或者甚至是 ABCDEFGH。在这样的合成中插入括号不会改变结果。例如,ABCDEFGH 可以写作 A((BC)(DE))F(GH)。

设 I 表示恒等密码(identity cipher),即将每个明文转换为它本身的密码。也就是说,对于任何消息 M,都有 IM=M。设 C 是任意密码。C' 表示其逆密码。(C 必须有逆密码,否则无法读取消息。)那么 $CC'=C'C=I$。当 $C=C'$ 时,密码 C 是对合的。

假设 T 是对合密码,C 是任意密码。那么密码 CTC' 是对合密码。这是因为:

$$(CTC')(CTC')=CTC'CTC'=CT(C'C)TC'=CTTC'=C(TT)C'=CC'=I$$

同样,如果 A 和 B 是任意密码,那么 $BCTC'B'$ 和 $ABCTC'B'A'$ 皆是对合密码,依此类推。

11.7.5 例子 Poly Triple Flip

让我们来看一个称为 Poly Triple Flip 的对合分块密码的例子。该密码对 64 位块进行操作,其形式为 $ABCTC'B'A'$,其中 A 和 C 是一般的多字母替换密码,B 是对 64 位进行操作的列置换，T 是翻转 64 位正方形矩阵。

密码 A 和 C 是周期长度为 8 的多字母替换密码。也就是说，块的每行都有一个单独的字母表用于加密。密码表格有 8 行，按顺序使用。没有用于选择表格行的密钥。相反，8 个密钥用于混合 8 个字母表。A 和 C 总共需要 16 个不同的密钥，每个密钥可能是一个数字序列，用于 SkipMix 算法（参见 5.2 节）。建议这 16 个密钥每个包含 3 到 8 个数，每个数的取值范围为 0 到 255。

密码 B 是一个行置换，将 64 位块视为 4×16 网格，因此有 16! 种列的排列方式。64 位从左到右写入网格的各行，然后从上到下沿列读取。列的顺序由密钥单词或密钥短语或 16 个数字的等效序列确定。

Poly Triple Flip 的安全性评级为 10 级。**

11.8　可变长度替换

分块密码可以使用固定长度或可变长度替换来构建。VLA 和 VLB 就是两种使用可变长度替换的分块密码。VLA 和 VLB 分块密码均使用 128 位块，将其视为 4 行，每行 32 位。其思想是在行中使用可变长度替换，然后通过在列中执行 4 位替换来混合块。每种密码的密钥是用于混合标签组和 4 位替换的密钥。

VLA 和 VLB 使用相同长度的 Post 标记替换，如 10.5.1 节所述。因此，4 位标记被 4 位替换取代，5 位标记被 5 位替换取代，依此类推。这样一来，块中的每一行保持为恒定的 32 位长。在每次替换后，新的标记被移至其所在行的末尾，该行被左移以使其保持在 4 字节边界处。标记的平均长度应该至少为 6 位。

VLA 更为简单。在每一轮中，首先对行最左侧的位（高位）进行 4 位替换。然后对每一行执行一次 Post 标记替换并进行移位。该操作重复 32 轮。整个加密过程使用了 128 次可变长度替换和 32 次固定长度的 4 位替换。此密码的安全性评级为 8 级。

当平均标记长度为 6 位时，我建议 VLB 应该有 4 轮，每轮在第 1 行进行 6 次替换，在第 2 行进行 7 次替换，在第 3 行进行 8 次替换，在第 4 行进行 9 次替换。

在第 1、2、3 轮之后应该对列垂直替换。为了提高速度，不必在每一轮中对每一列进行列替换。一个合理的选择是每 3 列替换一次，例如在第 1 轮后的第 1、4、7、……、31 列替换，在第 2 轮后的 2、5、8、……、32 列替换，在第 3 轮后的 3、6、9、……、30 列替换。

VLB 的安全性评级为 10 级，并且可能是此评级中速度最快的密码。它需要 120 次可变长度替换（带移位）和 32 次垂直 4 位替换，因此略快于 VLA。

11.9 Ripple 密码

Ripple 密码，又称环绕（wraparound）密码或端回（end-around）密码，这种分块密码的原理与本章先前讲过的密码完全不同。基本思想是将块中的每个 8 位字符用作加密其右侧下一个字符的密钥。然后再用这个字符来加密下一个字符，依此类推，沿着块的长度扩散（rippling）并在末尾环绕。也就是说，块中的最后一个字符被用作加密第一个字符的密钥。由于很难实现并行操作，Ripple 密码最适合通过软件实现。

有各种各样的 Ripple 密码。其块长度可以从 2 开始，还能周期性地或随机变化。我建议最小的块长度为 5 个字符，不过你可能更喜欢从 8 开始。例如，你可以使用链式数字生成器来选择块长度。当生成器产生数字 D 时，你可以使下一个块的长度为 $D+5$，或者也可以是 $D+8$，甚至是 $20-D$。

块可以重叠。例如，你可以使用长度为 8 的固定块，块从位置 1、6、11、16……开始（每隔 5 个字符），以此类推。最后一个块可以环绕到消息的开头。当消息长度为 20 时，最后一个块可以由字符 16、17、18、19、20、1、2、3 组成。

Ripple 密码纯粹就是替换密码，完全不涉及置换。Ripple 密码的最简单形式是对每个连续字符执行异或运算，所以 x_n 被 $x_{n-1} \oplus x_n$ 取代。然后 x_{n+1} 被 $x_n \oplus x_{n+1}$ 替代，依此类推，扩散到整个块。

利用前一个字符加密下一个字符有许多方法。下面给出了部分清单。其中 A、B、C 是简单的替换密码，P 是通用多字母替换密码。$A(x)$、$B(x)$、$C(x)$ 分别表示使用 A、B、C 加密的字符 x，$P(k,x)$ 表示使用密钥 k 选择表格中的行，通过 P 对 x 进行加密。

xor	异或	x_n 被 $x_{n-1} \oplus x_n$ 替代。
sxor	替换和异或	有三种变体，x_n 可以被 $A(x_{n-1}) \oplus x_n$ 或 $x_{n-1} \oplus B(x_n)$ 或 $A(x_{n-1}) \oplus B(x_n)$ 替代。
xors	异或和替换	x_n 被 $A(x_{n-1} \oplus x_n)$ 替代。
add	相加	x_n 被 $x_{n-1} + x_n$ 替代。和往常一样，加法以 256 为模。
madd	相乘和相加，也称为线性替代	x_n 被 $px_{n-1} + x_n$ 或 $x_{n-1} + qx_n$ 或 $px_{n-1} + qx_n$ 替代，其中 p 可以是任意整数，q 可以是任意奇整数。（如果你使用的字母表大小不是 256，q 必须与字母表大小互质。）
sadd	替换和相加	x_n 被 $A(x_{n-1}) + x_n$ 或 $x_{n-1} + B(x_n)$ 或 $A(x_{n-1}) + B(x_n)$ 替代。
adds	相加和替换	x_n 被 $A(x_{n-1} + x_n)$ 替代。
poly	通用多字母替换	x_n 被 $P(x_{n-1}, x_n)$ 替代。

由于 xor 或 sxor 可能会泄漏操作数的信息,我建议使用 xors,这样就可以在执行异或运算后进行简单替换以掩盖波形,即 $A(x_{n-1} \oplus x_n)$。

注意,madd 只是 sadd 的特例。也就是说,px_{n-1} 不过是 $A(x_{n-1})$ 的一个特殊选择。madd 的优势在于它不需要初步设置阶段来混合替换字母表。同样,注意 $P(A(x_{n-1}), B(x_n))$ 只是重新排列了表的行和列,因此它等同于 $P(x_{n-1}, x_n)$,只是使用了不同的表格。

这些方法中最强大的是 poly,其中前一个字符 x_{n-1} 被用作密钥,选择表中用于加密 x_n 的行。我称该方法为 Key Ripple。这将需要一个 256×256 字节的表格。如果这个值太大,可以在将 x_{n-1} 用作密钥之前,对其应用化简替换(reduction substitution),将 x_{n-1} 化简到一个较小的范围。例如,x 可以被化简为 x 模 16,或者 $(13x+5)$ 模 32。合适的化简范围是 $0 \sim 15$、$0 \sim 31$、$0 \sim 63$。如果 R 是化简替换,P 是多字母替换,那么 x_n 将被 $Q(R(x_{n-1}), x_n)$ 替代,其中 Q 是多字母替换,化简表由 P 的表格中顶部的 16、32 或 64 行组成。

如果因为化简后的表格仍然占用太多空间,或者设置时间太长,导致你无法使用多字母密码,那么下一个最佳选择就是使用 3 次简单替换。将 x_n 替代为 $A(B(x_{n-1}) + C(x_n))$ 或 $A(B(x_{n-1}) \oplus C(x_n))$。这被称为时空权衡(space-time tradeoff)。这 3 次简单替换可能比单一的多字母替换需要更长一点的时间,但它们将所需的空间从 65 536 字节减少到 768 字节,降幅达 98.8%。

Ripple 密码不限于仅使用前一个字符来加密当前字符。如果愿意,也可以回退多个字符,例如用 $A(x_{n-i} \oplus x_n)$ 替代 x_n,其中 i 可以是小于块大小的任何值。还可以使用多个前置字符,例如 $x_{n-2} + x_{n-1} + x_n$,或者更一般的 $x_{n-j} + x_{n-k} + x_n$。使用通用多字母替换,x_n 可以被 $P(x_{n-4} \oplus x_{n-2}, x_n)$ 或 $P(x_{n-5}, P(x_{n-1}, x_n))$ 或其他无限的组合替代。

正如我所提到的,块大小没有限制。替换可以从块中的任意字符处开始,在块中的任意字符处结束,只要每个字符至少被替换一次即可。如果愿意,你可以多次环绕块,需要时从最后一个字符绕到第一个字符。甚至还可以重叠超过 2 个块,或者让一个块完全处于另一个块或一组块内。块大小、块内的起始位置、要替换的字符数以及与之前和/或之后的块的重叠可以是固定的,也可以周期性地变化或者随机生成。

Ripple 密码还能更上一层楼。可以使用多轮 Ripple 密码对消息进行加密。在每一轮中,消息被分成不同大小的块,使得块边界很少或根本不对齐,加密可以在块中的不同点开始和结束。这就产生了马赛克甚至万花筒般的效果。

Ripple 密码的变体实在是太多,这里就不一一列举了。这些密码的安全性评级从 4

级到 10 级不等。来看几个例子,简单的 xor Ripple 密码使用固定大小的块,从块的第一个字节开始到最后一个字节进行两轮替换,只使用前一个字节作为替换密钥,被评为 4 级。sadd Ripple 密码使用大小不同的块,块中的起止位置可变,至少进行 3 轮替换,使用前一个字节作为替换密钥,被评为 7 级。poly Ripple 密码使用大小不同的块,块中的起止位置可变,至少进行 3 轮替换,使用前一个字节加上另一个字节(块与块之间不同)作为替换密钥,被评为 10 级。马赛克方法(mosaic methods)比单层方法更强大。

11.10 分块链接

分块链接(block chaining)是加强分块密码的有益工具。分块链接意味着使用每个块来帮助加密下一个块。实际上,链接是对块(而非单个字符)操作的 Ripple 密码。从块 N 传递到块 N+1 的字节组称为链向量(chain vector)。由于消息中的第一个块没有前导块,大多数链接方案使用初始化向量(initialization vector,IV)对第一个块进行加密,就好像它是从某个假想的前置块而来的链向量。初始化向量可以由加密密钥派生而来,或是被视为加密的附加密钥。

题外话:比特币和其他加密货币使用的区块链是密码学中分块链接的一种专门形式,是其灵感的来源。

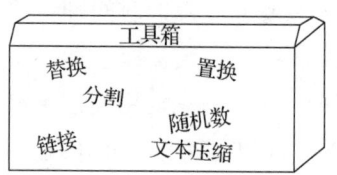

图 11-2 密码学家的工具箱

最常见的链接形式是逐字符地将链向量与下一个块结合。最常用的字符组合方法是异或。不过,11.8 节中描述的所有组合方法均可使用。通常采用以下四种模式之一。

模式	描述
PP	在对块 N+1 加密之前,块 N 的明文与块 N+1 的明文结合。
PC	在对块 N+1 加密之后,块 N 的明文与块 N+1 的密文结合。
CP	在对块 N+1 加密之前,块 N 的密文与块 N+1 的密文结合。
CC	在对块 N+1 加密之后,块 N 的明文与块 N+1 的密文结合。

为了实现最大的强度,链接操作应该是累积性的。首先,将来自块 N−1 的链向量与块 N 结合。该结果变成新的链向量,再与块 N+1 结合。在链接模式中,PP 是最强的,

PC 次之。CP 和 CC 则要弱得多,因为 Emily 能够看到链向量。我建议只在使用 xors、adds 以及 poly 组合函数时使用 CP 和 CC 模式。

虽然 CC 和 CP 模式要弱一些,但两者有一个优点。在 CC 和 CP 模式中,不需要单独的初始化向量。Sandra 可以使用明文消息的最后一个块作为初始化向量。Riva 只需先解密最后一个块。事实上,Riva 无需破解前置块就可以破解任意块。如果密码使用指示器(参见 14.3 节),这一点就很有价值。Riva 会首先破解指示器块。

来看一些更强大的分块链接方式。

11.10.1 多字母链接

异或是一种将块 N 与块 N+1 结合的较弱方式。更好的方法是 xors,也就是先使用异或,然后对结果字符执行简单替换。比这好得多的是 poly(一种通用的多字母密码)。使用链向量中的每个字符作为密钥来选择表格中的行,对块 N+1 中的相应字符进行加密。可以使用 4 种链接模式中的任何一种。其中最强的是 PP 模式。

11.10.2 加密链接

链接的标准模式使用块 N 的明文或密文作为链向量,不作修改。如果对链向量应用某种加密,结果会更强得多。可以是基本加密,比如简单替换或分段翻转(参见 4.6 节)。如果每个块的替换或置换各不相同,那么这些简单的方法颇为有效。Key Ripple 就非常合适(参见 11.8 节)。用于链向量的加密应具有自己独立的密钥。如果链向量被更强地加密,那么 CC 和 CP 模式就没那么薄弱了。

11.10.3 滞后链接

链接并不局限于前置块,也能利用更前的块。块 N 可以与块 N−i 或多个前置块(比如块 N−i 和块 N−j)结合。如果 i>j,则需要块 i 的初始化向量。

类似地,链向量能够跨越多个前置的块。例如,链向量可以来自块 N−2 的后半部分和块 N−1 的前半部分。

11.10.4 内部 tap

使用明文或密文作为链向量的一个弱点是,这些向量可能会被 Emily 知道。一种解决方案是对链向量进行加密,如 11.10.2 节中所述。另一种解决方案是从块加密的某个中间轮(intermediate round)中获取链向量。这被称为 tap。例如,如果块密码有 10 轮,你可以使用第 5 轮的输出作为链向量。在开始加密下一个块之前,将该链向量与下一个块的明文结合。这就是 IP 模式。

你还能更进一步,使用多个 tap,在多个位置将其与下一个块结合在一起,可以是明文,也可以是密文或各轮加密之间的数据。每个 tap 产生一个单独的链向量,因此对于 N 个 tap,必须有 N 个初始化向量。这些链向量中的任何一个或全部都可以加密。在加密时,链向量可以使用相同的密钥,每个链向量也可以具有自己独立的密钥。Ripple 密码(参见 11.8 节)非常适合加密链向量。

11.10.5 密钥链接

通常,链接是在每个块的文本上完成的。但是,也可以对密钥使用链接。假设你的分块密码对所有的块都使用相同的密钥 K。如果为每个块使用不同的密钥,则能够大幅度提高密码强度。一种实现方法是通过链接。使用 K 作为密钥加密第 1 个块。(初始化向量对于密钥链接是可选的。)然后,使用 $K\cdot P_1$、$K\cdot C_1$ 或 $K\cdot I_1$ 作为密钥加密第 2 个块,其中・表示某种组合函数,比如逐字节执行的 xors 或 adds。同样,使用 $K\cdot P_2$、$K\cdot C_2$ 或 $K\cdot I_2$ 作为密钥加密第 3 个块,依此类推。这带来了三种新的链接模式:PK、CK、IK。可以同时使用密钥链接和分块链接,例如 PK 与 IP。这是一种极为强大的组合。

11.10.6 链接模式总结

总共有 12 种可能的链接模式。链向量有三个获取来源:明文、内部阶段(an internal stage)或当前块的密文。链向量可以与四个目标中的任何一个结合:密钥、明文、内部阶段或下一个块的密文。

除了这些选择外,还可以每次刷新链向量,或是与前一块的链向量结合。链向量可以直接使用,也可以在与目标结合之前进行加密。链接可以作用于连续的块,也可以是滞后的。可选项实在是太多了。

11.10.7 链接短块

当消息中的最后一个块很短,并且使用重叠方法(参见 11.2.4 节)来处理短块时,如何链接重叠的块并不确定。解决方案是从倒数第 2 个块开始链接。如果有 N 个块,块 N−2 的链向量将用于块 N−1 和块 N。

11.10.8 链接可变长度块

在结束分块链接的主题之前,还有最后一个问题需要讨论,即可变块大小。建议将链向量保持为固定长度。如果消息块的长度 L 小于链向量的长度,则将链向量的前 L 个字节与消息块组合。替换链向量的 L 个字节,其余的保持不变。例如,如果链向量为 1234567890,块为 SAMPLE,将 123456 与 SAMPLE 组合。如果得到 ZQm"w+,则块变为 ZQm"w+,链向量变为 ZQm"w+7890。

1234567890	上一块的链向量
SAMPLE	明文块
ZQm"w+	密文块
ZQm"w+ 7890	新链向量

如果链向量比消息块短,则使用尽可能多的链向量副本扩展此块的链向量。例如,如果链向量为 123456,块为 CONVENTION,将 1234561234 与 CONVENTION 组合。如果得到 qA&Vm! 7^oS,则块变为 qA&Vm! 7^oS,链向量变为 qA&Vm!。

123456	上一块的链向量
CONVENTION	明文块
qA&Vm! 7^oS	密文块
qA&Vm!	新链向量

在这两种情况下,块的长度在链接后保持不变,链向量的长度也保持不变。

11.11 加强分块密码

一旦你有了一种强大的分块密码,你只用多做一点的额外工作就能进一步提高其强度。你只需要在应用分块密码之前和之后,分别对明文和密文稍微加密。我称之为三明治(sandwich)技术,而额外的步骤称为预加密(precipher)和后加密(postcipher)。你也不妨调皮地称其为鲁宾三明治(Rubin sandwich)①。所谓"稍微",是指使用简单的单轮单步密码,比如简单替换或密钥置换(参见 7.6 节)。例如,你可以在分块密码之前使用简单替换,之后使用密钥置换,反之亦然。一个更强大且更快的选择是将块的前 8 个字节视为两个 32 位整数,对每个整数乘以 3 到 $2^{32}-1$ 范围内的奇数倍数,然后对 2^{32} 取模。

由于分块密码已经足够强大,这些额外步骤的主要目的是增加总密钥大小,防止蛮力破解攻击和中间相遇(meet-in-the-middle)攻击。当预加密和后加密步骤具有与分块密码密钥独立的长密钥时效果最佳。例如,如果预加密或后加密是简单替换,则可以使用长的 SkipMix 密钥。

举个实际例子,DES 使用的是一个 56 位的小密钥。如果你添加了简单替换作为预加密和后加密步骤,且各自均有独立的 64 位混合密钥,那么总密钥大小将达到 184 位。这比 3DES 还要强大,速度几乎快 3 倍。

---

① 以本书作者名字命名的三明治。

然而，DES没有设计任何设置阶段。预加密不用任何设置就可以轻松完成。只需将64位预加密密钥与明文执行异或运算。这会将总密钥大小从56位增加到120位。单单这一点就强于2DES，能够更好地抵抗中间相遇攻击。后加密步骤稍微棘手一些。出于前面讨论过的原因，我们希望避免在最后一步使用异或，同时也不想要设置。这可以通过使用固定的多字母密码来实现。也就是说，事先选好表格并内置到设备或软件中。

一个可能的做法是使用一个 16×16 的 4 位组表格。64 位块被视为 16 个 4 位组。使用 64 位后加密密钥中的 4 位加密每个 4 位组。因此，总密钥大小再次达到 184 位。这同样强于 3DES，速度几乎快 3 倍。

这种方法奏效的原因在于 DES 本身已经足够强大，唯一可行的攻击方式就是蛮力破解。在密钥中额外添加 128 位，蛮力破解也不再可行。

12

安全加密的原则

本章内容包括：
- 安全加密的 5 项原则
- 大块和长密钥
- 混淆或非线性
- 扩散和饱和

让我们把第 11 章学到的知识汇集起来。在 12.1 至 12.5 节中，我们将提炼出保障分块密码安全的 5 项基本原则。安全的分块密码的标志之一是，改变密钥中的任何一位或明文中的任何一位将导致密文块中大约 50% 的位发生变化，最好呈现出随机的模式。改变其他任何位也将导致密文块中大约 50% 的位发生变化，但呈现不同的模式。我们称之为 "50—50(Fifty-Fifty)" 特性。本章将描述如何实现这一点。

12.1 大块

我们已经看到，通过编制双字母组频率和接触频率，双字母组密码可以像简单替换密码那样被破解。这也同样适用于三字母组和四字母组，不过需要大量的密文。对于手工完成的分块密码，应该考虑的最小块的大小为 5 个字符。对于计算机密码，最小块的大小为 8 字节。选择大块的一个目的是防止 Emily 使用类似编码技术的方法来破解密码。也就是说，Emily 会找到重复的密文块，根据它们的频率以及在消息中的位置推断其含义。举一个极端的例子，如果块大小为 1 个字符，那么无论密钥有多大，使用了多少个加密步骤，密码仍然只是简单替换。

在英语中有很多常见的 8 字符序列，它们在长消息中会重复出现。以下是一些例子，其中省略号…代表空格。

…AND…THE	THAT…ARE	WHICH…IS
FOR…THE…	THERE…IS	WHO…WERE
FROM…THE	THEY…ARE	…WILL…BE
IT…WILL…	…OF…THE…	WITH…THE

如今的标准块大小是 16 字节。不存在如此之长的高频英语短语，但可能有一些较长的上下文短语，比如 UNITED STATES GOVERNMENT、EXECUTIVE COMMITTEE、INTERNATIONAL WATERS 等。然而，为了产生重复的密文块，这些重复明文必须以相同的方式与块边界对齐。例如，16 字节的明文块 UNITED…STATES…GO 和 NITED…STATES…GOV 在使用强分块密码时不会产生可识别的重复密文。

当使用分块链接（参见 11.9 节）时，不存在重复密文块的问题。分块链接可以使用任何大小为 8 字节或更长的块。

12.2　长密钥

我们知道，安全的密码必须具有防止蛮力破解攻击的长密钥。目前的标准是 128 位密钥。如果你需要你的消息保密 20 年或更长时间，我建议最少使用 160 位。这相当于约 48 位十进制数、40 位十六进制数或 34 个单写字母（34 single-case letters）。

如果你是手动输入密钥，我建议以统一的方式结构化你的密钥。将密钥分成相等大小的块，并使用一致的格式。这里有两种统一结构的密钥样式。在第一种样式中，每个块中的所有字符都是相同类型的：大写字母、小写字母或数字。在第二种样式中，块具有相同的格式：2 个大写字母和 3 个数字。

18682 dcmpr KVOWZ 96583 pucmx 70584 GDNLS gsbif ZNEJR

BF242 KG679 UX591 WB485 DT649 MH537 PS506 CK841 HI458

这两个密钥中的第一个相当于约 191 位，第二个相当于约 174 位。对于这样的长密钥，你必须能够在键入时看到字符，以便根据需要进行检查和更正。密钥键入完成后，应用程序应显示校验和，以便验证密钥是否正确。

这种规律性的一个优点是，它可以防止将字母 O 误认为数字 0，或者将字母 I 误认为数字 1。我不建议随机混合字符，比如 $v94H;t}=Nd^8，因为这会导致错误。如果你使用密钥 $v94H;t}=Nd^8 加密了一个数据文件，然后使用密钥 $V94H;t}=Nd^8 将其解密,那么该文件就再也无法恢复了。你可能压根不知道出了什么问题以及如何修复。在密钥中使用统一块有助于避免此类灾难。

另一种有助于防止键入错误的密钥形式是人造单词(artificial words)。编造自己读得出的字母组合,例如:

obel ipsag lokitar malabak zendug foritut glapmar

尽量避免模式化,比如使用相同的元音组合:palek mafner vadel glabet 等,其中所有单词都遵循 A—E 元音模式。

这些字母数字密钥可以通过软件转换为二进制形式。madd Ripple 密码(参见 11.8 节)非常适合此任务。

除了为每个被加密的消息或数据文件键入密钥单词外,还有一种方法是使用密钥单词管理器(keyword manager)生成密钥单词并将其与消息或文件关联起来。密钥单词管理器可以安装在 Sandra 和 Riva 均可访问的网站。本书不涉及这个主题。注意,密钥单词管理器与密码管理器不同,因为 Sandra 和 Riva 在不同的计算机上工作,必须对每个文件使用相同的密钥单词。

冗余密钥

在某些情况下,Emily 可能会设计出将密文与明文和密钥相关联的方程。如果 Emily 知道或是能够猜出一些明文,这些方程也许能帮她确定密钥。例如,她可能知道一些消息以全大写字母 ATTENTION 开头。当使用 8 字节块大小时,这足以让她破解 64 位密钥。

抵抗这种潜在攻击的一种方法是扩展密钥。例如,如果块大小是 64 位,但密钥比块多 32 位,即 96 位,那么平均而言,将已知明文转换为密文的可能密钥大约有 2^{32} 个。Emily 需要在这 2^{32} 个解中筛选出正确的那个。这是一项艰巨的任务,因为超过 4 000 000 000 种可能性中,有许多看起来都像是合理的文本。

扩展密钥会大大增加 Emily 的任务难度,但还不至于无法完成。如果她有两倍的已知明文,那么就可以用两个密码块的方程来求解密钥。不过,得到如此之多的已知明文是非常罕见的,并且解开两倍数量的方程所耗费的时间可能远不止原先的两倍。根据 Emily 使用的方程类型,解开一组 64 个方程可能是可行的,但解开一组 128 个方程可就未必了。

如果 Emily 没有可解的方程,那么冗余密钥将使蛮力破解攻击更加困难和昂贵。无论如何,冗余密钥都会加重 Emily 的工作。

12.3 混淆

1945年，信息论的创始人Claude Shannon描述了强密码必须具备的两个属性。他称之为混淆（confusion）和扩散（diffusion）。混淆是指明文和密文之间不应该存在强相关性。同样，密钥与密文之间也不应该存在强相关性。扩散是指密文的每一部分都应该依赖于明文和密钥的每一部分。

我在Shannon给出的两个属性之外添加了第三个属性。我称之为饱和度（saturation）。这个概念用来衡量密文的每一位或每一字节对明文和密钥的每一位或每一字节的依赖程度。饱和度越大，密码越强。本节以及接下来的两节将详细讨论这三个属性：混淆、扩散和饱和度。

在分块密码中，有两种替换方法：固定替换和密钥替换。密钥替换是可变的，可以针对每个消息甚至每个块进行更改。关于这些方法的利弊已在11.6节讨论了。如果你决定使用密钥替换，或者觉得本节中的数学知识比较难，可以直接跳转到12.4节。你可以使用5.2节和12.3.7节中描述的SkipMix算法构建混合字母表或表格，并使用伪随机数生成器选择跳转序列。

在Shannon看来，混淆基本上是线性与非线性的问题。如果你的分块密码使用固定字母表或表格，线性至关重要。整个线性代数领域都是建立在线性概念之上的。"线性（linearity）"这个术语源于解析几何。一条直线的方程是$ax+by=c$，其中a、b、c是常数，x和y代表直线上某一点的笛卡尔坐标。如果直线不平行于y轴，则方程可以表示为$y=ax+b$。$ax+by=c$和$y=ax+b$都是线性方程或线性关系的示例。

凯撒密码（参见4.2节）是线性密码的一个例子。凯撒密码可以看作是将密钥与明文相加以得到密文，即$c=p+k$。其中，c是密文字母，p是明文字母，k是密钥。密钥是字母表的位移量。Julius Caesar使用的位移量是3，意味着字母表中的每个字母都被其之后的第3个字母所替代，即$c=p+3$，靠近字母表末尾的字母会绕回到字母表的开头。

顺便提一下，Caesar采用的方法并不像听起来那么脆弱，因为他使用希腊字母书写消息。在当时那个时代，受过良好教育的罗马上层阶级，比如Caesar和他的将领们，都会讲希腊语，就像19世纪英国上层社会学习拉丁语，俄国贵族讲法语一样。

在涉及替换步骤和置换步骤的分块密码中，如果单个替换步骤是非线性的，那么该密码在总体上就是非线性的。事实上，如果分块密码具有多轮替换，只要有一轮早期的替换是非线性的，并且该轮涉及块中的所有单元，那么该密码在总体上就呈现非线性。线性一旦丧失，就无法在后续轮次中恢复。如果每一轮都是非线性的，密码的强度会好得多，但哪怕只有一个非线性轮次也比没有强，尤其是在刚开始的时候。

存在不同程度的线性和非线性。替换可能呈现高线性、弱线性、弱非线性或高非线性。下面是各种情况的示例，可以帮助理解。我将每个字母在明文字母表中的位置和该字母在密文字母表中的位置之间连上了一条线。你会立刻看到，随着替换愈发非线性，字母表的混合程度变得更好。

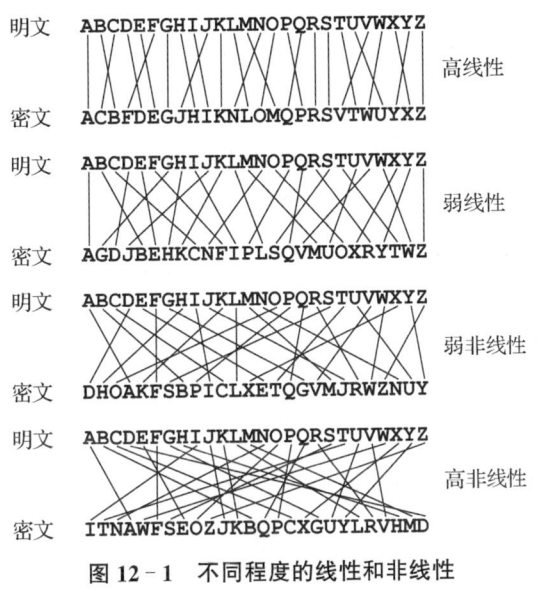

图 12-1 不同程度的线性和非线性

在接下来的讨论中，我将 S-box 的输入称为明文和密钥，输出称为密文。这些术语指的是单个 S-box 的明文和密文，并不一定是整个多轮分块密码的明文和密文。在某些分块密码中，S-box 没有密钥，它们只执行简单替换。在这种情况下，你可以想象 S-box 有一个常数值为 0 的密钥，或者 S-box 密钥的长度为 0 位。

这里假设 Emily 能够测试 S-box 的线性，因为密码已经公开，或者她已经获得了设备的副本。如果 Emily 只有第一轮的输入和最后一轮的输出，那么线性测试可能不可行。

12.3.1 相关系数

有一种既成的统计方法，可用于测试两个数值变量之间的相关性。例如，测试每日温度（以摄氏度为单位）和日照（以小时为单位）之间的相关性。温度和时间均为数值变量。你可以进行多次试验，在一天中的某个固定时刻测量温度，并记录当天的日照时长。这会得到两列数值，一列是温度，另一列是相应的日照时长。该统计测量这两列数值之间的相关性。

在我们的例子中,两个变量是明文字母和密文字母。"试验"是字母表中的位置。例如,第一次试验可能是"A",最后一次试验可能是"Z"。字母表中的字母需要以某种方式编号。编号取决于字母表的大小。例如,一个由 27 个字母组成的字母表可以使用三进制数字(基数为 3)来编号,就像我们在 9.9 节中处理 Trifid 密码时那样。相关性可以在明文字母的三进制数字和密文字母的三进制数字之间建立。在接下来的两节中,我将详细讨论 26 个字母的字母表和 256 个字符的字母表。

线性是通过计算两个变量之间的相关性来度量的。到目前为止,最广泛使用的相关性测量方法是由英国数学家、生物统计学创始人 Karl Pearson 于 1895 年提出并发表的皮尔逊积矩相关系数(Pearson product-moment correlation coefficient),尽管该公式本身早在 1844 年就由法国物理学家 Auguste Bravais 发表过,他因在晶体学方面的研究而闻名。相关系数的目的是用一个数值来表示两个变量的相关程度,该值的意义是相同的,与所涉及的测量单位或数值大小无关。

如果两个变量之间存在线性关系,则相关性为 1。如果两个变量没有任何关联,则相关性为 0。如果两个变量之间存在反向关系,则相关性为 -1。例如,在抛掷 20 次硬币中出现正面的次数与出现反面的次数之间存在反向关系。相关性系数为 .8 表示存在强线性关系,而相关性系数为 .2 则表示关系呈现高度非线性。

与大多数教科书仅罗列公式不同,我会解释其中的来龙去脉。了解工作原理有助于你正确地运用公式。

我们的目标是比较两个变量。具体做法是比较一组试验的数值序列。例如,我们比较波斯伊斯法罕的 Qeisarieh 集市上出售的魔毯的价格和大小。影响魔毯价格的因素有很多,包括纱线的种类、绳结的密度、设计的复杂程度,当然还有航速。

(1) 中心化

比较变量的第一步是将其并排放置,就像用肉眼比较一样。换句话说,你想要消除线性关系 $P=mA+x$ 中的 $+x$ 项,其中 P 是价格,A 是面积。看起来似乎可以取 $P_i - A_i$ 的差值,然后从 P 中减去平均差值。然而,这种做法没什么意义,因为 P 和 A 的单位不同。地毯面积 A 以平方阿萨尼(square arsani)(约一米)为单位,而集市上的地毯价格 P 则以托曼(toman)(波斯货币)为单位。

你需要分别调整面积数和价格数,因为两者单位不同。窍门是取平均价格并从所有价格中减去该平均值,获得调整后的新价格 P'。通过将地毯价格相加并除以地毯数量,你可以计算出平均价格 μ_P。例如,如果价格为 1 000、1 200、1 700 托曼,将这三个价格相加 1 000+1 200+1 700,除以 3,得到平均价格 1 300。然后,从每个价格中减去 1 300,获得调整后的价格-300、-100、400。如你所见,调整后的价格 P' 总和为 0。在某种意义上,调整后的价格以 0 为中心。

面积数也以相同的方式中心化。将地毯面积相加并除以地毯数量,得到平均面积。例如,如果面积为 10、12、17 平方阿萨尼,将这三个面积相加 10+12+17,除以 3,得到平均面积 13。然后,从每个面积中减去 13,得到调整后的面积-3、-1、4。调整后的面积 A' 总和也为 0。经过调整后的面积和价格现在都以 0 为中心。将其并排放置,准备进行比较。

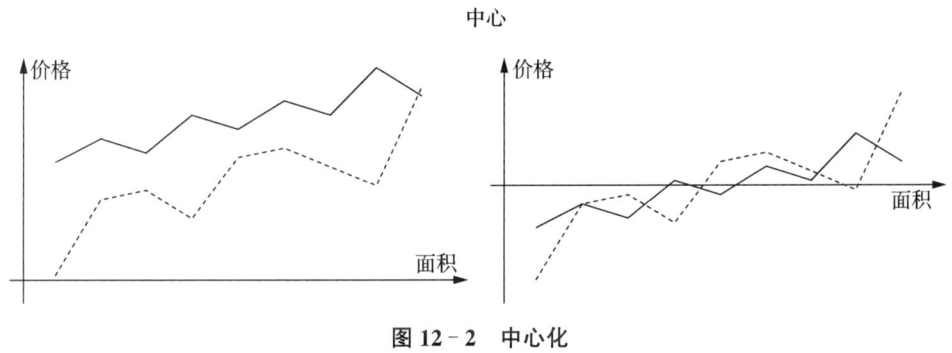

图 12-2 中心化

(2) 缩放

下一步是得到相同比例的价格和面积。价格以托曼为单位,面积以平方阿萨尼为单位,不存在从托曼到平方阿萨尼的转换。那就好比从蒲式耳(bushels)到摄氏度(Celsius)的转换一样荒谬。Pearson,或者说是 Bravais,使用了线性代数中"归一化(normalization)"的概念。

假设你有一个向量(a,b),想要找到一个指向相同方向但长度为 1 的向量。向量(a,b)的任意倍数,比如(ma,mb),都会指向相同的方向。对矢量执行乘法运算会改变其长度,但方向不会发生变化。如果你把向量除以它的长度,新向量$(a/L,b/L)$的长度为 1 且与原始向量方向相同。这也清除了单位。想象一下,矢量的长度是以英尺为单位度量。如果将向量除以其长度,那么就是英尺除以英尺。结果就只是一个数值,没有单位。它是无量纲的。当向量以托曼或平方阿萨尼为单位度量时也是如此。

通过使用毕达哥拉斯定理(Pythagorean Theorem),可以轻松地找到向量的长度$L=\sqrt{a^2+b^2}$。这可以扩展到任意维度 $L=\sqrt{a^2+b^2+c^2+\cdots}$。让我们用一个例子来看看这是否奏效。以向量$(3,4)$为例。该向量的长度为$\sqrt{3^2+4^2}=\sqrt{9+16}=\sqrt{25}=5$。归一化后的向量为(3/5,4/5)。因此归一化向量的长度是 $\sqrt{(3/5)^2+(4/5)^2} = \sqrt{9/25+16/25} = \sqrt{25/25} = 1$，和预期的一样。没有问题。

P、A、P'、A'都是数值列表，因此均为向量。它们像任何向量一样具有长度，也可以像任何向量一样被归一化。在几何学中，向量通过除以其长度来归一化。任何归一化向量的长度始终为 1。

要对 P' 归一化，你只需要对所有调整后的价格求平方，然后对这些平方值求和并取总和的平方根。这就得到了 P' 的长度。将调整后的价格 P' 除以长度，得到归一化价格 P''。要对 A' 归一化，你只需要对所有调整后的面积求平方，然后对这些平方值求和并取总和的平方根。这就得到了 A' 的长度。将所有调整后的面积 A' 除以长度，得到归一化面积 A''。

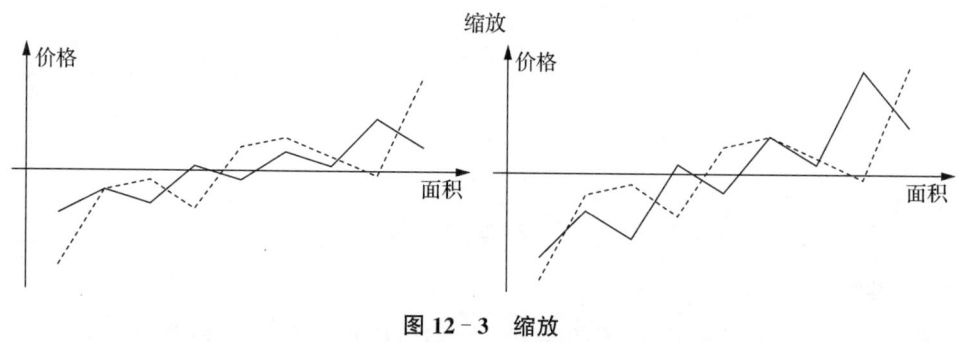

图 12-3　缩放

总结一下，① 通过减去均值将价格和面积中心化，然后 ② 通过除以长度将价格和面积归一化。结果就是标准化的价格列表和面积列表，其中每个列表中项的总和为 0，项的平方和为 1。

现在我们已经准备好应用公式了。将归一化价格列表中的每一项分别乘以归一化面积列表中的相应项，即 $P''_i \times A''_i$。将这些积相加，得到相关系数。（在线性代数中，这称为归一化价格向量和归一化面积向量的内积，或点积。）

让我们用现实检验一下。想象现在正在测试摄氏温度和华氏温度之间的相关性。我们知道两者之间的关系可以表示为线性公式 $F=1.8C+32$，因此相关系数应该为 1。假设测量了上午 11 点、下午 3 点、晚上 7 点、晚上 11 点的温度，发现摄氏温度分别为(14, 24, 6, 0)，华氏温度分别为(57.2, 75.2, 42.8, 32)。摄氏温度的均值为$(14+24+6+0)/4=11$，因此调整后的摄氏温度 C' 为(3, 13, −5, −11)，相应的调整后的华氏温度 F' 为(5.4, 23.4, −9, −19.8)。摄氏温度 C' 向量的长度为 18。将 C' 除以 18 得到 C''，归一化后的摄氏温度(3/18,13/18,−5/18,−11/18)。调整后的华氏温度 F' 的长度为 32.4,归一化后的华氏温度 F'' 为(3/18,13/18,−5/18,−11/18)。

我们逐个元素地将 C'' 乘以 F'',并相加 4 个乘积,从而得到相关系数。总和为 $(3/18)^2+(13/18)^2+(−5/18)^2+(−11/18)^2=1$。这支持了先前描述的过程,即通过减去均值实现中心化,通过除以长度实现归一化,然后逐项相乘并求和,最终产生了一个有效的相关系数。

总的来说:我们可以通过计算相关系数来测试线性。本节展示了如何计算相关系数。计算结果是一个介于 −1 和 +1 之间的数字。解释相关系数的图表如下所示。

高线性	.75~1.00	或	−.75~−1.00
弱线性	.50~.74	或	−.50~−.74
弱非线性	.25~.49	或	−.25~−.49
高非线性	.00~.24	或	−.00~−.24

12.3.2 26 进制的线性关系

让我们从基于字母表(26 个字母)的替换开始探讨线性关系。如果你正在设计机械或机电式密码装置设备,或者模拟此类设备,这可能会很有价值。该装置中的每个转子都会对 26 个字母的字母表执行替换。首先考虑一个没有密钥的 S-box。对于 26 个字母的字母表,根据字母的编号方式,可能会呈现多种形式的线性。有三种方法来看待字母表:将其视为 26 个字母的单一序列、将其视为 2×13 的字母阵列、将其视为 13×2 的字母阵列。这会导致三种不同的字符编号方式:N1、N2、N3,如下所示。这三种编号方案的讨论用到了模运算。如果你现在想复习一下模运算,参见 3.6 节。

	A	B	C	D	E	F	G	H	I	J	K	L	M	N	O	P	Q	R	S	T	U	V	W	X	Y	Z
N1	0	1	2	3	4	5	6	7	8	9	10	11	12	13	14	15	16	17	18	19	20	21	22	23	24	25
N2	00	01	02	03	04	05	06	07	08	09	0A	0B	0C	10	11	12	13	14	15	16	17	18	19	1A	1B	1C
N3	00	01	10	11	20	21	30	31	40	41	50	51	60	61	70	71	80	81	90	91	A0	A1	B0	B1	C0	C1

编号方案 N2 和 N3 沿用了使用字母 A、B、C 表示 9 以上数字的惯例。也就是说,它们使用了 16 个十六进制数字中的前 13 个。在最简单的线性加密(Belaso 密码)中,密钥只是与明文相加。在 N1 编码方案中,当密钥与明文字符相加时,使用模 26 的传统加法。在 N2 编码方案中,当密钥与明文字符相加时,第一个数字以模 2 相加,第二个数字以模 13 相加。相反,在 N3 编码方案中,当密钥与明文字符相加时,第一个数字以模 13 相加,第二个数字以模 2 相加。下面的例子展示了在这三种方案中,如何通过添加密钥 J 来加密单词 THE。

```
      N1           N2              N3
    T H E        T H E           T H E         明文
    19 7 4       16 07 04        91 31 20      数值形式的明文
   + 9 9 9       +09 09 09       +41 41 41     密钥字母 J
    ─────       ─────────        ─────────
    2 16 13      12 03 00        00 70 61      密文
    C Q N        P D A           A O N         字符形式的密文
```

如果明文、密钥、密文字母表都使用 N1 方案进行编号,则线性替换或线性变换(transformation)将使用密钥 k 把明文字符 p 变换为密文字符 $c=mp+f(k)$,其中 m 是必须与 26 互质的乘数,$f(k)$ 是任意整数值函数,算术运算是以 26 为模执行的。例如,如果 $m=5, p=10, k=3, f(k)=k^2+6$,则 $c=13$,因为 $5\times10+3^2+6=65\equiv13\ (\mathrm{mod}\ 26)$。常数 m 和函数 $f(k)$ 可以内置于替换表。

如果明文、密钥和密文字母表都使用 N2 或 2×13 编号方案,则第一个数字或第二个数字或两个数字都可以是线性的。假设两个数字均具有线性。那么明文字符 $p=a,b$ 将使用密钥 k 被变换为密文字符 $c=ma+f(k),nb+g(k)$,其中 m 必须与 2 互质,即 $m=1$,n 必须与 13 互质,而 $f(k)$ 和 $g(k)$ 可以是任意整数值函数。算术运算分别以 2 和 13 为模执行。常数 m 和 n 以及函数 $f(k)$ 和 $g(k)$ 可以内置于替换表。

如果明文、密钥和密文字母表都使用 N3 或 13×2 编号方案,则第一个数字或第二个数字或两个数字都可以是线性的。假设两个数字均具有线性,那么明文字符 $p=a,b$ 将使用密钥 k 被变换为密文字符 $c=ma+f(k),nb+g(k)$,其中 m 必须与 13 互质,n 必须与 2 互质,即 $n=1$,而 $f(k)$ 和 $g(k)$ 可以是任意整数值函数。算术运算分别以 13 和 2 为模执行。常数 m 和 n 以及函数 $f(k)$ 和 $g(k)$ 可以内置于替换表。

明文和密文不一定非得使用相同的编号方式。在任何编号方案中,明文的任意数字和密文的任意数字之间都可能存在相关性。Emily 也许会测试任意或所有这些组合,寻找可利用的薄弱之处。因此,密码的设计者必须测试所有可能的编号和相关性,验证是否存在这样的弱点,或者了解必须采取哪些对策来阻止 Emily。例如,你可以在分块密码的交替轮中使用具有不同弱点的替换。在大多数情况下,每种替换会降低另一种替换的弱点。当然,你应该通过寻找明文和最后一轮生成的最终密文之间的线性关系来测试这一点。

如果你想测试替换的线性关系,不能直接应用相关系数。这是因为所有这些替换都使用了模运算。考虑使用 N1 编号方案的替换:

```
p= 0  1  2  3  4  5  6  7  8  9 10 11 12 13 14 15 16 17 18 19 20 21 22 23 24 25
c= 0  2  4  6  8 10 12 14 16 18 20 22 24  1  3  5  7  9 11 13 15 17 19 21 23 25
```

这几乎就是 $c=2p$,所以是高线性的。然而,使用这种编号方案的明文和密文字母表之间的相关系数为 .555 56,表明该替换仅为弱线性。应该使用以下分布来计算相关系数,这等同于模 26。

```
p= 0  1  2  3  4  5  6  7  8  9 10 11 12 13 14 15 16 17 18 19 20 21 22 23 24 25
c= 0  2  4  6  8 10 12 14 16 18 20 22 24 27 29 31 33 35 37 39 41 43 45 47 49 51
```

使用该编号方案的相关系数为 .999 87,准确地呈现出非常强的线性关系。

这说明在密码学中使用相关系数存在困难。你始终是对字母表的大小取模。要找到正确的相关性,你需要为 N1 编号方案增加 26、52、78 等等,或是为 N2 和 N3 编号方案增加 13、26、39 等等。在先前的例子中,需要开始增加 26 的位置是显而易见的,也就是当密文编号变为 22 24 1 3 时。从 24 下降到 1,这个时刻很明显。

当密文字母表不太线性,有些混乱时,可能不太容易发现。例如,以下替代的相关性为 .326 5,属于中度非线性。

```
p= 0  1  2  3  4  5  6  7  8  9 10 11 12 13 14 15 16 17 18 19 20 21 22 23 24 25
c= 0  5  8 11 16  2 21 25  4  9 13 17 12 19  1 24  3  7 14 18 20 23  6 10 15 22
```

通过增加 26 的倍数进行调整,如下所示:

```
p= 0  1  2  3  4  5  6  7  8  9 10 11 12 13 14 15 16 17 18 19 20 21 22 23 24 25
c= 0  5  8 11 16 28 21 25 30 35 39 43 38 45 53 50 55 59 66 70 72 75 78 82 87 94
```

相关性变为 .994 4,属于高线性。我在这里使用了单下划线、双下划线和粗下划线显示已经对密文字符增加了 26、52 和 78 的地方。这里需要注意的一个重要特性是,密文字符 2(对应明文 5)增加了 26,但后续的密文字符 21 和 25 并未增加。同样,密文字符 1(对应明文 14)增加了 52,但后续的密文字符 24 并未增加。

当密文字母表接近线性时,相对比较容易确定要增加的 26 的倍数。当密文字母表表现不好时,则会变得困难得多。但是……这并不重要。你只需要知道什么时候替换是非线性就行了。无论相关系数是 .01 还是 .35,都没有足够的相关性可供 Emily 利用。用不着浪费时间计算精确值。

这样就可以处理没有密钥的情况。现在假设存在密钥,如果替换是线性的,那么它将具有 $d(p)+f(k)$ 的形式,其中 p 是明文,k 是密钥,d 和 f 是整数值函数。加法可以在任意一种编号方案(N1、N2 或 N3)中进行。在这种情况下,密钥在测试线性关系方面派不上用场。$f(k)$ 只是添加到密文的常数,对相关系数没有影响,因为当从每个值列表中减去均值(中心化操作)时,它会被减去。很容易测试替换 $S(k,p)$ 是否采用了 $d(p)+$

$f(k)$ 的形式。只需选择两个密钥 k_1 和 k_2,然后取差值 $S(k_1,0)-S(k_2,0)$、$S(k_1,1)-S(k_2,1)$、$S(k_1,2)-S(k_2,2)$……如果 S-box 采用了 $d(p)+f(k)$ 的形式,那么所有这些差值将相等。如果对所有可能的密钥重复这一过程,就可以确定 $S(k,p)$ 具有所需的形式,并且可以在不考虑密钥的情况下测试线性关系。

12.3.3　256 进制的线性关系

分析 26 进制的线性关系只是为 256 进制做准备而已,因为在 256 进制中可能出现两种截然不同的线性形式。我们称其为序列型线性(serial)和紧凑型线性(condensed)。在序列型线性中,每个位组(group of bits)表示一个整数。例如,三位组 000,001,010,…,111 表示数字 0,1,2,…,7。这两种线性形式可以结合起来形成混合型线性形式。这将在 12.3.6 节中讨论。

序列型线性就是 26 进制那种情况。在 26 进制中,N1、N2、N3 编号方案之间可能存在任意组合和任意顺序的相关性,因此需要测试很多配对的线性关系。256 进制中的可能性会更多。序列型线性也许存在于明文字母表中的任何位组和/或密钥与密文字母表中的任何位组之间。这些位组的大小不必相同。例如,从明文中取一个 4 位组,取值范围从 0 到 15,可能与密文中取值范围从 0 到 7 的 3 位组高度相关,因此可能的配对数量要多得多。

更糟糕的是,该 4 位组中的 4 个位可以是明文字节中的任意位。顺序为 7、2、5、1 的位和顺序为位 1、2、3、4 的位一样有效。线性替换可以将这 4 位与密钥字节的 4 个不同位相加,取模为 16。可能的组合数量极其庞大。总之,明文字符和密钥字符中的任意顺序的任意位组都可以与密文字符中的任意顺序的任意位组线性相关。要测试的相关性实在是太多了。

在你拿起止痛药或龙舌兰酒之前,有好消息要告诉你。你可能不需要测试其中任何一个。除非密码是专门设计用来在一轮又一轮中完好无损地传递这些值,否则这些相关性并不重要。它们在每一轮中都会被削弱,以至于无法从初始明文检测到分块密码的最后一轮。

12.3.4　添加后门

你也许已经注意到我说的是"可能(probably)"。例外情况是当你怀疑密码可能存在后门时,也就是说,密码被故意设计成只有知道秘密的人才能在无需密钥的情况下读取消息。例如,国家间谍机构可能会向其特工提供带有后门的密码,以便机构可以监视他们的消息并发现叛徒。

此时此刻，让我们换个身份。假设你是负责设计该密码间谍主管 Z。你需要构建一种密码，其观感和操作都和强分块密码没什么差别，避免用户产生怀疑。例如，你希望密码具有"50—50"特性，即仅改变密钥或明文中的一位就会导致密文中约一半的位以随机模式发生变化。如果你的分块密码中的替换不都是线性的，这将是强分组密码的一个可靠标志。你希望你伪造的密码能模仿这种特性。

这里有一种方法可以隐藏密码中的后门。该方法基于序列型线性，所以姑且称之为构造密码的后门序列方法（Backdoor Serial method），使用这种方法构建的密码则称为后门序列密码（Backdoor Serial ciphers）。Z 不用密钥就能读取使用后门序列密码发送的消息，但对于不知道有后门存在的其他人而言，这看起来像是安全的强分块密码。该方法包含三部分：伪装（disguise）、隐藏（concealment）和掩饰（camouflage）。

(1) 伪装

后门序列密码对十六进制数字使用线性替换。明文和密钥的每个块均被视为由 4 位十六进制数字组成的序列。加密操作是对消息块和密钥的十六进制数字执行模 16 相加。假设一个字节中的两个十六进制数字是 p_1 和 p_2，用于对其进行加密的密钥的十六进制数字是 k_1 和 k_2。线性替换会将 p_1 和 p_2 替代为：

$$q_1 = ap_1 + bp_2 + ck_1 + dk_2 + e$$
$$q_2 = fp_1 + gp_2 + hk_1 + ik_2 + j$$

系数 a、b、c、d、e、f、g、h、i、j 可以是 0 到 15 之间的任意整数，并且 $ag - fb$ 必须是奇数。如果你的密码有多轮，这 10 个值在每一轮中可能都不同。

这种类型的线性替换对于 Emily 来说很容易检测到。特别是每个十六进制数字的低位是纯线性的，因此简单的逐位测试线性就能够找出。为了避免被检测到，我们可以对十六进制数字进行伪装。首先，乱序列出十六进制数字：

0 1 2 3 4 5 6 7 8 9 A B C D E F 位置
5 C 3 B 0 F 8 4 D 1 9 E 6 A 7 2 打乱的(伪装的)数字

要计算两个伪装的十六进制数字之和，你需要将其在混乱列表（scrambled list）中的位置相加，得到结果在混乱列表中的位置。例如，要计算 1+2，注意到数字 1 在位置 9，数字 2 在位置 F，所以将 9+F 模 16（9+F mod 16），得到 8。总和在列表中的位置是 8。该位置对应的数字是 D，所以 1+2=D。

同样地，要计算两个伪装的十六进制数字之积，你需要将其在混乱列表中的位置相乘，得到结果在混乱列表中的位置。例如，要计算 2×3，注意到数字 2 在位置 F，数字 3

在位置 2，所以将 $F\times 2$ 模 $16(F\times 2\bmod 16)$，得到 E。乘积在列表中的位置是 E。该位置对应的数字是 7，所以 $2\times 3=7$。

本质上，伪装只是对十六进制数字所作的简单替换。如果替换是非线性的，那么明文和密文之间将不存在任何线性关系。这种伪装的线性对于 Emily 来说要难以检测得多，但为了给 Emily 制造一些真正的困惑，你可以隐藏经过伪装的十六进制数字。

(2) 隐藏

如果十六进制数字始终是块和密钥的每个字节的 1—4 位和 5—8 位，那么 Emily 仍然有机会发现线性关系。为了给 Emily 着实增加些难度，你可以在每个字节内部隐藏位。与其使用明文位(1,2,3,4)和密钥位(1,2,3,4)，并将总和放入密文的位(1,2,3,4)，倒不如使用明文位(2,7,4,1)和密钥位(4,8,3,5)的十六进制数字，并将总和放入密文字节的位(8,6,1,7)。只要每个字节中的 2 个十六进制数字分别使用一次所有的 8 个位，你就可以按照任意顺序使用任意的 4 位组合。

需要明确的是，我们并不是说 Sandra 需要从每个字节中提取这些位，解密伪装过的线性替换，执行算术运算，然后再以不同的顺序重新打包结果。那样太慢了，而且 Emily 会确切知道发生了什么。相反，Sandra 在构建替换表时就完成了这个过程。为了加密，她只需使用密钥字节选择表中的某一行，然后对明文字节执行替换。所有的伪装和隐藏都内置于替换表中。

(3) 掩饰

到目前为止所描述的密码仅仅是一种非常复杂的多字母密码。Emily 可以使用 5.9.3 节中的技术来解密消息。为了让后门序列密码看起来更像强分块密码，你需要掩饰其核心的多字母密码。

一种方法是在每轮后对块应用位置换。这会使密码看起来像是替换-排列网络(参见 11.1 节)。为了保留隐藏的线性，组成各个十六进制数的 4 个位必须处于单个字节中。它们不必在该字节的相同位位置，也不必连续，但必须属于同一个字节。换句话说，输入的每个字节被分成 2 个十六进制数字，并按某种置换顺序馈送到下一轮的另外两个字节中。遗憾的是，如果 Emily 能得到后门序列密码的发布规范，她可能会发现这种掩饰方式。

让我们看看另一种更难以被 Emily 发现的掩饰方式。这种方法借鉴了数据加密标准(DES)(参见 11.2 节)的思想。每个密码块被分成两半。在每一轮中，首先使用左半部分作为密钥对右半部分进行加密，然后使用右半部分作为密钥对左半部分进行加密。我们已经看到过如何在替换表中伪装和隐藏线性关系，所以就利用这一点来创建一种强分块密码的假象。

密码的每一轮包括四个步骤：① 使用密钥的一个字节对左半部分的每个字节进行加密。② 使用左半部分的一个字节作为密钥对右半部分的每个字节进行加密。③ 使用密钥的一个字节对右半部分的每个字节进行加密。④ 使用右半部分的一个字节作为密钥对左半部分的每个字节进行加密。

为了使其看起来强度倍增，在每一轮中都应该使用不同的密钥字节对块的每个字节进行加密，并且在每一轮中一个半块中的不同字节加密另一个半块中的每个字节。你可以通过打乱每一轮中块和密钥的字节来实现这一点。你可以使密钥比块更长，从而强度更高的印象。然而，密码仍然是线性的，因为每一轮的每一步都保持了线性。

(4) 存储

让我们看看后门串行序列的机制。在密钥的每个字节中，明文和密文均有 2 个十六进制数字。这些数字能够以任意顺序占用字节中的任意 4 位。我们将这个 4 位的有序集合称为十六进制数字的位配置(bit configuration)，将一个字节中的 2 个十六进制数字组合称为字节配置(byte configuration)。密钥通常不会更改配置，但是明文和密文的字节配置可以在加密的任何阶段改变。

对于每次替换，共有 6 种位配置，2 种用于密钥，2 种用于明文，2 种用于密文。对于每个十六进制数，16 个十六进制值的排列(乱序)也不相同，因此每次替换也有 6 种十六进制值的排列，2 种用于密钥，2 种用于明文，2 种用于密文。6 种配置和 6 种排列的组合决定了替换表。对于每个不同的位配置和排列的组合，都需要单独的替换表。

每个替换表使用 65 536 字节，因此存储可能会成为问题。如果确实如此，我建议使用最多 2 种字节配置，对于每种位配置，使用最多 2 种不同的排列，可以从一轮到下一轮交替进行。为了进一步减少占用的存储空间，你可以考虑每次使用给定的位配置时都使用相同的排列。

12.3.5 紧凑型线性

在大多数情况下，你不会在密码中设置后门，也不会关心序列型线性。让我们转向第二种类型的线性，即紧凑型线性。在这种线性形式中，位组通过异或运算被缩合为单个位。因此，000、011、101 或 110 会被缩合为 0，而 001、010、100 或 111 会被缩合为 1。明文和/或密钥中的任意位组都可能与每个 S-box 的密文中的任意位组相关。如果分块密码使用异或运算来将 S-box 的输出与块的其他部分组合在一起，那么这种线性关系可以从一轮传递到另一轮，并且原始的首轮明文和最终的末轮密文之间存在线性关系。密码的设计者必须避免以这种方式执行异或运算,或者必须彻底检查确保 S-box 不包含任何这样的线性关系。

假设 S-box 接受 8 位明文并生成 8 位密文。从明文中选择位组的方法有 255 种,从密文中选择位组的方法也有 255 种。(由于 $a \oplus b = b \oplus a$,位的顺序并不重要。)这样就产生了 $255^2 = 65\,025$ 种不同的组配对(pairings of groups)需要测试。每次测试都是对 256 个明文值和 256 个密文值之间的相关性进行检验。即使在个人电脑上也很容易实现。

如果 S-box 接受 8 位明文加上 8 位密钥并生成 8 位密文,从明文和密钥中选择位组的方法有 65 535 种,从密文中选择位组的方法也有 255 种。这样就产生了 $65\,535 \times 255 = 16\,711\,425$ 种不同的配对需要测试。这在个人电脑上需要相当长一段时间,因为每次相关性检验都涉及所有 65 536 个明文和密钥组合。需要中心化、缩放和求和的值超过了 10^{12} 个。

现在是讨论如何高效进行这些测试的理想时机。有一些技巧可以大大加快这个过程:(1)选择位组合时,可以使用掩码从每个字节中选择这些位。例如,如果你想要获取位 2、4、7,可以使用掩码 01010010,其中位 2、4、7 为 1。将该掩码与每个明文字节执行 AND 运算以选择所需的位。(2)尝试所有可能的位组合时,不用逐个构造掩码,只需将掩码在值 1 到 255 之间逐一变化。(3)对位进行缩合时,不用每次都使用移位和 XOR。只需执行一次移位和 XOR 运算并建立缩合值表即可。然后通过查表来缩合位组合。如果存在密钥位和明文位的组合,可以对其执行异或运算,并使用表格对结果进行缩合,这样就只需要查询一次表格,而不是两次。

12.3.6 混合型线性

为了完整起见,我还要提到一种可能存在的混合型线性,它结合了序列型线性和紧凑型线性。假设你将每个 8 位字节分成四个 2 位组。这些 2 位组在模 4 加法下呈现序列型线性。你可以通过模 4 加法缩合两个或多个这样的组。对 3 位组执行模 8 加法或对 4 位组执行模 16 加法也可以实现相同的效果。

让我们继续使用 2 位组。每组可以由字节中的任意位置的 2 个位组成。例如,一个字节可以分解为 4 组:位(6,1)、位(4,8)、位(2,5)、位(7,3)。你可以通过模 4 加法将多个 2 位组缩合为单个 2 位组,或者以 4 为模进行任何线性组合。例如,如果 2 位组为 A、B、C、D,你可以将其组合成一个新的 2 位组 $pA + qB + rC + sD + t \pmod{4}$,其中 p、q、r、s、t 是范围在 0 到 3 之间的固定整数,p、q、r、s 至少有一个是奇数。

这类缩合组可能与密文中类似的混合组相关,也可能与密文中的普通位组或缩合位组相关。如果想做到全面彻底,那么就需要对线性组、缩合组和混合组的所有可能的配对进行相关性测试。

12.3.7 构建 S-box

有三种方法能够构建出具有良好非线性特性的 S-box:时钟法、SkipMix 方法、Meld8 方法。

(1) 时钟法

找一张纸,就像钟面上的数字一样,在纸上绕着一个大圆圈顺时针均匀排列字母表中的字母。选择第一个起始字母和第二个字母,从第一个字母画一条直线到第二个字母。然后选择第三个字母,并从第二个字母画一条直线到第三个字母,依此类推。将每条线的跨度(span)定义为从一个字母沿顺时针方向移动到下一个字母的字母位置数。例如,使用 26 个字母的字母表,从 C 到 D 的跨度为 1,而从 D 到 C 的跨度为 25。为了使替换尽可能非线性,每个跨度可采用不同的长度。

具体做法如下。对于字母表中的每个字母,列出可能在其之后的所有字母。开始时,每个字母的列表包含其他所有字母,因此你将有 26 个列表,每个列表包含 25 个字母。每次选择一个字母并将其添加到混合字母表中时,从所有列表中删除该字母。如果上一个字母到该字母的跨度为 s,则还要从所有列表中删除跨度为 s 的其他字母。例如,假设你已将 P 和 R 先后添加到字母表中。从 P 到 R 的跨度是 2 个位置,即 PQR。因此,在 A 列表中,你要删除 C,在 B 列表中,你要删除 D,在 C 列表中,你要删除 E,依此类推。

最终,有些列表会变为空。如果只有一个字母的列表为空,则该字母将成为混合字母表中的最后的字母。如果有两个空列表,那你已经陷入了死胡同。重新开始或者回溯并重新尝试。每次选择要添加到字母表中的下一个字母时,选择具有短列表的字母,但不要选择具有空列表的字母,除非那是剩下的最后一个字母。

> **历史背景**
>
> 这种启发式方法称为 Warnsdorff 规则,以 H. C. von Warnsdorff 的名字命名,他在 1823 年使用该方法构建了棋盘上的骑士巡游。在 1965 年左右,加州大学圣塔克鲁兹分校(UC Santa Cruz)的 Ira Pohl 给出了能够前瞻 2 步的改进版本。

下面是一个由时钟法构建的字母表的示例:

CHBOYEQFXGJZAVSDWUIMLTKRNP

需要测试 5 种不同的编号,以检查该字母表的线性:N1 编号、N2 编号的第 1 个和第

2个数字、N3 编号的第 1 个和第 2 个数字。每种编号都必须与标准拉丁字母表中相同的 5 种编号相关,总共有 25 个相关性。你希望所有的相关性都介于-.5~+.5 之间,最好是介于-.333~+.333 之间。

这些测试的结果如下,即 25 个相关系数。

0.26632	0.14935	0.23985	0.26830	-0.05641
0.24891	0.16129	0.18143	0.26075	-0.20365
0.04386	-0.01814	0.12363	0.02451	0.28782
0.27645	0.15286	0.25324	0.27935	-0.07132
-0.17949	-0.06788	-0.22614	-0.19359	0.23077

如你所见,所有的相关性都介于-.226~+.288 之间,其中有 6 个相关性介于-.1~+.1 之间,因此时钟法是构建非线性替换的绝佳方法。

这并不保证每次都一定能得到如此好的结果。你仍需要对线性关系进行测试。

(2) SkipMix

在本节(12.3)先前部分,我提到可以使用 SkipMix 算法(参见 5.2 节)和伪随机数生成器构建字母表。一般来说,随机选择字母表不会产生良好的非线性特性,所以我将更详细地描述 SkipMix 的最佳用法。这次以一个包含 256 个字符的字母表为例进行说明。

像往常一样,你首先列出 256 个可用字符。生成一个区间在 1 到 256 内的随机数来选择第一个字符。假设是字母表中 54 的位置。从字母表中取出对应位置的字符,并将其从表中删除。现在剩下 255 个字符。再生成一个区间在 1 到 255 内的随机数。假设该数字是 231。下一个位置则是 54+231=285。由于和大于 255,你需要减去 255 得到 30。从位置 30 取出下一个字符,并将其从表中删除。你现在已经取出了 2 个字符,还剩下 254 个字符,所以要在区间 1 到 254 内生成一个随机数。依此类推。

由于随机数每次是在不同的区间生成,所以得到的字母表具有良好的非线性特性。这大致类似于在时钟法中使所有的跨度不同。下面是由该版 SkipMix 生成的一个包含 26 个字母的字母表。

DRWBMEFHNJCQZXTOILVAGUYPSK

可以像时钟字母表那样测试这个字母表。结果如下:

0.26838	0.33037	-0.11239	0.25608	0.15897
0.11314	0.16129	-0.09071	0.09891	0.20365
0.31523	0.34471	-0.04670	0.31860	-0.08223
0.24521	0.31470	-0.12798	0.23347	0.15283
0.32308	0.20365	0.24670	0.31585	0.07692

结果不错。所有的相关性都介于 $-.127\sim+.344$ 之间,其中有 5 个落在 $-.1\sim+.1$ 之间,但与时钟法的结果相比,要略逊一筹。

(3) Meld8 方法

该方法基本上是一种特殊用途的伪随机数生成器。我假设你使用的计算机语言能够处理 64 位整数。取决于大整数的表示方式,你能够处理的最大整数可能为 2^{62} 或 2^{63}。为了谨慎起见,我假设此为 2^{62}。第一步是选择两个数:$24\sim26$ 位的乘数 m,$35\sim37$ 位的模数 N。模数必须为质数。如果 m 是 N 的原根(primitive root)则最好,但是我还没有解释过原根的概念,所以只要使 m 和 N 都是质数即可。

通过将两者相乘来测试你选择的 m 和 N。如果结果大于 2^{62}(约 4.611×10^{18}),则减小 m 或 N 的值。

为了生成随机数,从 2 到 $N-1$ 之间选择任意整数 s 作为种子。将种子乘以 m 并以 N 为模进行约简,得到第一个伪随机数。将第一个随机数乘以 m 并以 N 为模进行化简,得到第二个随机数,依此类推。这样就得到一个区间为 $1\sim N-1$ 的随机数序列。你将使用这些随机数来生成字母表。

假设 N 有 36 位。从高位开始,从 1 到 36 对 N 的各个位进行编号。取每个随机数的前 8 位(位 1 到 8)。从高位开始将其删除,并将它们与接下来的 8 位(位 9 到 16)执行异或运算。这就是 Meld8 操作。目的是使字符序列具有非线性特性。下面是一个示例:

```
1        8 9      16                            36      位的位置
10100111 01101000 00101001 11010011 0001         36位随机数
         10100111                                Meld8操作
         11001111 00101001 11010011 0001         28位结果
```

下一步是使用 28 位随机数生成一个字符。这取决于你是要构建 26 字符还是 256 字符的字母表。对于 26 个字符的字母表,将随机数字乘以 26 并除以 2^{28}(或右移 28 位)得到下一个字符。对于 256 个字符的字母表,只需除以 2^{20}(或右移 20 位),得到下一个字符。

从一个空字母表开始,逐个添加字符。如果是新字符,将其追加到字母表中。如果这是重复字符,则丢弃掉。由于不是连续的随机数,这也可以使字母表呈现非线性。下面是使用模数 $N=90392754973$、乘数 $m=23165801$ 以及种子 $s=217934$ 生成的字母表示例:

ZEJBIRAFHGPYLVQWUTXOKSCNMD

相关系数如下:

0.13983	0.17650	-0.06716	0.14196	-0.04615
0.16745	0.16129	0.01814	0.17084	-0.06788
-0.04934	0.03629	-0.17033	-0.05174	0.04112
0.12566	0.17084	-0.08441	0.12821	-0.05094
0.20000	0.06788	0.26726	0.19359	0.07692

这些相关系数介于 $-.170 \sim +.267$ 之间，其中有 11 个落在 $-.1 \sim +.1$ 之间。这是三个示例中最好的结果，但可千万不能仅凭每种方法的单个示例就得出 Meld8 是最好的结论。务必要坚持测试。

12.3.8 带有密钥的 S-box

在第 12.3.7 节中，我们处理了没有密钥的 S-box。它们执行简单的替换操作。当使用密钥时，S-box 执行一般的多表替换（第 5.9.3 节）。可以将 S-box 视为一个表格，每一行都是一个混合字母表。可以使用时钟法、SkipMix、Meld8，或是将这些方法组合起来，构建每个混合字母表，从而生成 S-box。

如果使用时钟法或 SkipMix，请每次使用不同的随机种子。如果使用 Meld8，则可以使用相同的模数，但是请使用不同的种子和不同的乘数。还是老样子，测试、测试、再测试。目标是避免密钥与明文的组合同密文之间存在任何线性关系。如果结果不理想，即相关系数很多在 $-.35$ 到 $+.35$ 的范围之外，可能只需要替换一个表格的行或交换两个表格的行就可以解决问题。

12.4 扩散

Shannon 提出的第二个属性是扩散。其思想是密文的每一位或字节都应该依赖于明文和密钥的每一位或字节。

为了说明这一点，让我们回顾一下 9.6 节中描述过的 Delastelle 的 Bifid 密码。提醒你一下，Bifid 是一种基于 Polybius 方阵的分块密码。如果块大小为 S，则消息的每个字母将会被两个 5 进制的数字替换，并且数字被垂直地写入一个 2×S 的网格中，然后水平读出。接着使用相同的或不同的 Polybius 方阵将这些数字对偶再次转换为字母。

设块大小为 7，称明文块中的字母为 A、B、C、D、E、F、G。将表示这些字母的数字称为 aa、bb、cc、dd、ee、ff、gg。我省略了下标，因为在这里哪个数字是第一个和哪个数字是第二个并不重要。那么该块则为：

```
abcdefg   abcdefg   垂直写入
abcdefg   abcdefg   水平读取
```

当沿水平方向从块中读取字母时,你会得到 ab、cd、ef、ga、bc、de、fg。注意,每个密文字母都依赖于两个明文字母。第一个密文字母依赖于 A 和 B,第二个字母依赖于 C 和 D,依此类推。

此刻,我需要引入一种特殊的记法来显示每个密文字母所依赖的明文字母。如果一个密文字母依赖于明文字母 P、Q、R,则被写作 pqr。使用这种记法,如果你再次加密字母 A、B、C、D、E、F、G,该块将如下所示:

ab cd ef ga bc de fg
ab cd ef ga bc de fg

水平读取这些字母,会得到 abcd、efga、bcde、fgab、cdef、gabc、defg。由于数字的顺序无关紧要,这也可以写作 abcd、aefg、bcde、abfg、cdef、abcg、defg。经过两次加密,每个密文字母依赖于 4 个明文字母。

如果你再次使用 Bifid 密码对该块进行第三次加密,每个密文字母将依赖于全部 7 个明文字符。对于块大小为 7 的 Bifid 密码,需要三轮加密才能实现完全扩散。如果块大小为 9、11、13 或 15,则需要四轮加密。(记住,Bifid 密码的块大小应始终为奇数。)

一般来说,要测试扩散,你可以从每个纯文本字符或位开始,具体取决于其本身。如果密码操作的是整个字节或字符,那就根据字节来跟踪扩散。如果操作的是十六进制数字、其他进制的数字或单独的位,则根据这些单元来跟踪扩散。对于 Bifid 密码,单元是 Polybius 方阵的坐标或 5 进制数字。

为了跟踪扩散,需要有一种方法来表示明文单元和密钥单元在分块密码轮次中流动。如果只有少量的明文单元,就像 Bifid 示例中那样,将它们罗列出即可。如果明文、密钥和密文单元的数量较大,可能需要更紧凑的表示方法。一种不错的策略是为每个密文单元创建一个二进制向量。我们称之为依赖向量(dependency vector)。依赖向量的每个元素都对应一个输入(明文或密钥单元)。如果密文单元依赖于该输入单元,则依赖元素的值为 1,否则为 0。

当两个或更多输入单元组合形成输出单元时,它们的依赖向量通过 OR 运算结合在一起,形成输出单元的依赖向量。为了说明其工作原理,让我们再次使用 Bifid 的例子。最初,每个字符仅依赖于自身。这可以用以下向量表示为:

1000000 0100000 0010000 0001000 0000100 0000010 0000001

在第一次使用 Bifid 密码后,每个生成的字母依赖于两个明文字母。第一轮的输出字节依赖于第一轮的前 2 个输入字节,对其依赖向量执行 OR 运算 $1000000 \vee 0100000$,

得到 1100000。第二个输出字母依赖于第 3 和第 4 个明文字母，对其依赖向量执行 OR 运算 0010000 ∨ 0001000，得到 0011000，依此类推。第一轮的输出用向量表示为：

1100000 0011000 0000110 1000001 0110000 0001100 0000011

经过第二轮的 Bifid 之后，第一个输出字母依赖于第一轮的第 1 和第 2 个输出字母，对其依赖向量执行 OR 运算 1100000 ∨ 0011000，得到 1111000。第二个输出字母取决于第一轮的第 3 和第 4 个输出字母，对其依赖向量执行 OR 运算 0000110 ∨ 1000001，得到 1000111，依此类推。经过两轮的 Bifid 之后，每个字母依赖于四个明文字母，可表示为：

1111000 1000111 0111100 1100011 0011110 1110001 0001111

经过第三轮的 Bifid 之后，每个输出字母依赖于第一轮的所有 7 个明文字母，例如 1111000 ∨ 1000111 为 1111111。第三轮的输出表示为：

1111111 1111111 1111111 1111111 1111111 1111111 1111111

每当遇到 S-box 时，输出单元的依赖向量是通过对有助于该输出的每个输入向量执行 OR 运算形成的。让我们来看看在分块密码中可能发生的其他情况。

如果两个单元通过异或运算结合在一起，输出单元的依赖向量通过对每个输入向量执行 OR 运算形成。当使用任意组合函数（如 sxor 或 madd）组合多个单元时，也是如此。

当使用密钥对块的单元进行置换时，每个输出单元都依赖于该密钥的所有单元，因此密钥的向量与每个输出单元的向量执行 OR 运算。

假设 S-box 是通过使用密钥混合其字母表创建的。如果 S-box 是固定或静态的，例如内嵌在硬件中，则混合密钥将不再参与其中。如果 S-box 是可变的（可能每次加密使用不同的密钥混合），则该 S-box 的输出单元依赖于密钥的所有单元。密钥的向量与每个输出单元的向量执行 OR 运算。

可以将扩散表示为一个单个数值。从所有输出单元的依赖向量中形成矩阵。矩阵中的每一行代表分块密码末轮的一个输出单元。矩阵中的每一列代表一个输入单元，可以是密钥或明文。扩散的度量，或扩散指数，是矩阵中为 1 的这部分元素。如果矩阵的所有元素都为 1，则为完全扩散，扩散指数为 1。如果 S-box 是非线性的且密钥很长，这表明该分块密码有不错的强度。

扩散并不是全部。在一些有效的密码设计中，扩散指数可能小于 1，但密码的强度却很高。一个例子是每轮都有单独密钥的分块密码。前几轮的密钥可能实现了完全扩散，但后几轮，尤其是最后一轮的密钥则未必如此。然而，如果完全扩散的密钥包含你所需的目标位数，则密码可能是安全的，部分扩散的密钥只是一种保险。

来看一个例子,有助于说明即使扩散不完全,密码仍然可以保持强度。考虑一种含有 12 轮的密码,每轮具有独立的 24 位密钥。在该密码中,需要 6 轮才能实现完全扩散,所以经过 6 轮后,明文和第一轮密钥已经完全扩散。经过 7 轮后,明文和第 1 轮以及第 2 轮的密钥都已经完全扩散。依此类推。经过 12 轮后,明文和前 7 轮的密钥都已经完全扩散。对于 24 位的轮密钥,即 168 位全扩散密钥。如果你的目标强度是 128 位密钥,那么你已经达到了目标了。第 8 至 12 轮的部分扩散密钥只是额外的馈赠。

12.5 饱和度

混淆和扩散是安全框架的两大支柱。为了确保分块密码的根基牢固,我提议添加第三支柱:饱和度。扩散只是表示特定输出单元是否依赖于特定输入单元。饱和度衡量的是特定输出单元对特定输入单元的依赖程度。我将展示如何计算饱和指数(类似于上一节的扩散指数)。饱和度本质上是一种更精细的扩散。对于扩散,依赖关系只能取 0 或 1,而对于饱和度,依赖关系可以取任意非负值。

下面简要解释一下饱和度。假设分块密码 X 由多轮替换组成。在每一轮中,消息的每个字节都与密钥的一个字节执行异或运算,然后对结果进行简单替换。假设每一轮中使用不同的密钥字节,这样一来,密钥的每一个字节都会在块的每一个字节上使用一次。密码 X 的饱和度会偏低,因为密文的每个字节只依赖于密钥的每个字节一次。要获得更高的饱和度,每个输出字节需要依赖于每个输入字节多次。

再举一个例子,也许能更清楚地说明这一点。想象一种对 48 位块(可视为六个 8 位字节)操作的密码。该密码的每一轮包括两个步骤:(1) 将块循环向左移动一位,使最左边的位移动到最右边,然后(2) 对 8 个字节中的每一个执行简单替换 S。在第一轮之后,第一个输出字节 C1 依赖于第一个明文字节的最后 7 位和第二个明文字节的第一个位,如下所示:

```
    P1        P2        P3        P4        P5        P6       明文,6个字节
 aaaaaaaa  bbbbbbbb  cccccccc  dddddddd  eeeeeeee  ffffffff   明文,48位
 aaaaaaab  bbbbbbbc  ccccccccd dddddde  eeeeeeef  fffffffa   循环左移1位
    C1        C2        C3        C4        C5        C6       替换后
```

密文字符 C1 依赖于明文字节 P1 的 7 位和 P2 的 1 位。可以说 C1 对 P1 的依赖度为 7/8,对 P2 的依赖度为 1/8。

我们再来看第二轮。称第二轮的输出为 D1……D6。

```
       C1       C2       C3       C4       C5       C6       第二轮输入
       gggggggg hhhhhhhh iiiiiiii jjjjjjjj kkkkkkkk llllllll  48位
       gggggggh hhhhhhhi iiiiiiij jjjjjjjk kkkkkkkl lllllllg  循环左移1位
       D1       D2       D3       D4       D5       D6       替换后
```

密文字符 D1 对 C1 的依赖度为 7/8，对 C2 的依赖度为 1/8。这里 C1 对 P1 的依赖度为 7/8，对 P2 的依赖度为 1/8；而 C2 对 P2 的依赖度为 7/8，对 P3 的依赖度为 1/8。P1 对 D1 的唯一贡献来自 C1。因为 D1 对 C1 的依赖度为 7/8，而 C1 对 P1 的依赖度为 7/8，因此可以合理地说 D1 对 P1 的依赖度为 49/64。同理，D1 对 P3 的依赖度为 1/64。我们称这些值为饱和度系数（saturation coefficients），称存在单一依赖关系时的这种计算为 S1 计算（S1 calculation）。

图表可能会更清晰地展示配置情况。

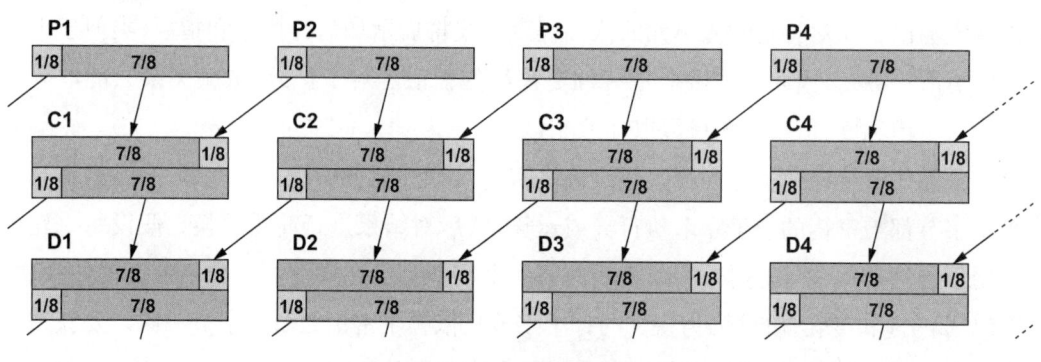

图 12-4 配置示意

那么 P2 呢？D1 通过 C1 和 C2 获得 P2 的贡献。可以合理地认为 D1 对 C1 的依赖度为 7/8，C1 对 P2 的依赖度为 1/8；对 C2 的依赖度为 1/8，C2 对 P2 的依赖程度为 7/8。因此可以推断出 D1 对 P2 的依赖度为 (7/8)(1/8)+(1/8)(7/8)=14/64。这是一个合理的计算，导致了更复杂的扩散形式。但是，使用这种计算方法，对任何给定单元的总贡献将始终为 1。总数永远不会增长。如果该计算重复执行多次，所有这些扩散值将收敛为 1/48。饱和度的概念并非如此。只要一个单元收到来自多个不同来源的贡献时，饱和度就应该会增加。

当一个单元得到多个贡献时，应使用不同的计算来确定饱和度系数。假设两个来源的饱和度系数分别为 a 和 b，其中 $a \geqslant b$。那么组合饱和度系数（combined saturation coefficient）为 $a+b/2$。如果有 3 个饱和度贡献系数（contributing saturation coefficients）分别为 a、b、c，且 $a \geqslant b \geqslant c$，则组合饱和系数为 $a+b/2+c/4$。在每种情况下，分量饱和度系数（component saturation coefficients）按降序排序，$a \geqslant b \geqslant c \geqslant d \geqslant e$……。总之，当多个饱

和度系数被组合时,结果如下:

  2 个系数:$a+b/2$

  3 个系数:$a+b/2+c/4$

  4 个系数:$a+b/2+c/4+d/8$

  5 个系数:$a+b/2+c/4+d/8+e/16$

  ...

  8 个系数:$a+b/2+c/4+d/8+e/16+f/32+g/64+h/128$

  ...

  我们称存在多个依赖关系的计算为 S2 计算。对于单一来源,使用 S1 计算;对于多个来源,使用 S2 计算。

  S2 计算看似临时起意,甚至有些古怪,但它恰恰具有饱和计算的特性。首先,当一个单元依赖于多个前继时,S2 计算总是会增加。这是因为 $a+b/2$ 始终大于 a。其次,S2 计算不会过快地增加。饱和系数最多在每轮中翻倍。这是因为对于任何 n,$a+a/2+a/4+\cdots+a/2^n<2a$。例如,$1+1/2+1/4+1/8=15/8=1.875$。

  在当前情况下,D1 依赖于 P2,贡献系数为 7/8 和 1/8,因此组合系数为 $7/8+(1/8)/2=15/16$。输出单元的饱和度系数可以形成一个向量,就像扩散值一样。因此,D1 的饱和向量为 (49/64, 15/16, 1/64, 0, 0, 0)。这些向量然后可以组成饱和矩阵。饱和指数是饱和矩阵中最小的系数。

  让我们看一种更实际的密码,该密码已见诸文献并且可能已投入实用。我将其称为 SFlip(Substitute and Flip)。它是 11.7.5 节中的 Poly Triple Flip 的近似版本。如果你不记得翻转矩阵是什么,可参见 11.7 节。SFlip 密码对 8 字节块进行操作,由多个轮次加一个结束步骤组成。每个轮次分为两步:(1) 对八个 8 位字节应用简单替换。(2) 将 8×8 位矩阵翻转。结束步骤是再次替换每个 8 位字节。

  8×8 位矩阵需要一个 64×64 依赖矩阵。这太大了,无法清晰地显示,因此我将以微缩方式展示密码。我们选用一个 3×3 位矩阵,它具有 9×9 的依赖矩阵。接下来分别使用扩散和饱和两种方法对该密码进行分析。首先是扩散。我们先像这样标记文本块和依赖矩阵中的位:

    abc abcdefghi

    def

    ghi

在第一轮之前，每个位只依赖于自身，因此依赖矩阵形如(1)。在第一轮替换之后，每一位都依赖于其字符中的所有 3 位，因此依赖矩阵形如(2)。在第一轮翻转之后，依赖矩阵形如(3)。在第二轮替换之后，依赖矩阵形如(4)。

```
    (1)           (2)           (3)           (4)
a00000000     abc000000     abc000000     abcdefghi
0b0000000     abc000000     000def000     abcdefghi
00c000000     abc000000     000000ghi     abcdefghi
000d00000     000def000     abc000000     abcdefghi
0000e0000     000def000     000def000     abcdefghi
00000f000     000def000     000000ghi     abcdefghi
000000g00     000000ghi     abc000000     abcdefghi
0000000h0     000000ghi     000def000     abcdefghi
00000000i     000000ghi     000000ghi     abcdefghi
```

换句话说，此时密文的每个位都依赖于明文的每个位。在第二轮翻转和最后一次替换之后，情况仍然如此。因此，如果我们仅靠依赖性计算，就会断定该密码只经过两轮就安全了。但这个结论是错误的。Adi Shamir 已经证明了两轮还不够。

现在让我们使用饱和指数对 SFlip 密码进行分析。在第一轮替换之后，密文的每一位都与对应的三个明文位之间有 1/3 的依赖关系。饱和矩阵形如(5)。在第一轮翻转后，饱和矩阵形如(6)。

```
       (5)              (6)
⅓⅓⅓000000        ⅓⅓⅓000000
⅓⅓⅓000000        000⅓⅓⅓000
⅓⅓⅓000000        000000⅓⅓⅓
000⅓⅓⅓000        ⅓⅓⅓000000
000⅓⅓⅓000        000⅓⅓⅓000
000⅓⅓⅓000        000000⅓⅓⅓
000000⅓⅓⅓        ⅓⅓⅓000000
000000⅓⅓⅓        000⅓⅓⅓000
000000⅓⅓⅓        000000⅓⅓⅓
```

第二轮替换使输出的每个位依赖于第一轮明文的所有 9 个位。饱和系数为 $1/3 + (1/3)/2 + (1/3)/4 = 1/3 + 1/6 + 1/12 = 7/12$，约等于 .583。饱和矩阵中的每个元素都具有此值，因此饱和指数为 7/12。饱和指数的目标值为 1，但是如果你想要更大的确定性，可以将其设置得更高。以下是经过几轮后的饱和指数。

轮次	3×3	8×8
1	.333	.125
2	.583	.249
3	1.021	.496
4	1.786	.988
5	3.126	1.969

因此，对于 3×3 密码，3 轮就足够了，但对于 8×8 密码，则需要 5 轮。

现在让我们转向其他输出单元依赖于一个或多个输入单元的情况。

当一个 S-box 既有明文输入又有密钥输入时，假设有 p 个明文单元和 k 个密钥单元，则每个输出单元的依赖性为 $1/(p+k)$。例如，如果输入是 6 个密钥位和 4 个明文位，则每个输出位的依赖性为 $1/10$。如果 S-box 的输入本身依赖于先前的输入，则应酌情使用 S1 或 S2 计算来计算饱和指数。

同样地，如果通过异或运算或其他组合函数将两个或多个单元组合在一起，那么依赖性对于总输入 n 来说为 $1/n$。饱和度指数的计算与具有相同输入的 S-box 一样。

当使用 k 位密钥进行置换时，每个置换输出单元对于每个密钥位的依赖性为 $1/k$，并且对于明文输入的依赖性为 1。假设明文字符 p 通过置换从位置 a 移动到位置 b。在置换操作之后，除了对应于置换密钥位的那些外，p 的饱和向量将与置换之前相同。在这些列中，饱和系数将由 S1 或 S2 计算确定。

来看一个例子。假设 t 是置换密钥的其中一位。如果 p 在置换前不依赖于 t，也就是说，在其饱和向量的列 t 中为 0，那么在置换后，列 t 中的值为 $1/k$。另一方面，如果 p 已经依赖于密钥位 t，那么饱和系数将由 S2 计算确定。如果列 t 中的系数为 x，在置换后，列 t 中的饱和系数为 $x+1/2k$（如果 $x \geq 1/k$）或 $1/k+x/2$（如果 $x < 1/k$）。

当使用 k 位密钥对字母表或替换表进行混合时，混合后的字母表或替换表对该密钥的每个位都有 $1/k$ 的依赖性。每次使用该字母表进行字符替换时，输出字符都会对密钥的每个位有额外的 $1/k$ 的依赖性。利用 S1 或 S2 计算将其与输入字符（以及替换密钥，如果有的话）的依赖性相结合，就能得到输出字符的饱和系数。

12.6 小结

如果分块密码遵循以下所有规则，那么它在实践中将是牢不可破的：

1. 具有足够大的块。目前的标准是 16 个字符或 128 位。

2. 具有足够长的密钥。当前的标准是 128 到 256 位。密钥的长度必须至少与块一样，最好更长。

3. 要么使用强非线性的固定 S-box，要么使用经过长密钥良好混合的可变替换表。

4. 饱和度指数至少为 1。

你要一如既往地保守。留出足够的错误安全边际。制作更长的密钥，使用比要求更多的轮数，因为计算机速度越来越快，新的攻击方式层出不穷。特别是，你可以将饱和度指数的目标设定得比 1 更高，可以是 2、3 甚至是 5。

13 流密码

本章内容包括：
- 伪随机数生成器
- 将随机数与信息相组合的函数
- 生成真正的随机数
- 散列函数

流密码与分块密码相反。流密码中的字符在遇到时被加密，通常一次一个字符。基本概念是将消息字符流与密钥字符流组合起来，生成密文字符流。这种范式非常适合于持续操作，即消息在一端连续加密和传输，在另一端连续接收和解密，没有停顿，或是只有更换密钥的瞬间停顿。

我们已经见过一些流密码。自动密钥（5.10 节）和滚动密钥（5.11 节）、转子密码机（5.12 节）、Huffman 替换（10.4 节）以及基于文本压缩的密码（10.7 节），这些都属于流密码。

13.1 组合函数

最常见的流密码类型使用一个密钥单元来加密一个明文单元。单元通常为字母或字节，但也可以使用十六进制数字，甚至还可以是位。使用与 11.9 节中 Ripple 密码基本相同的组合函数，将密钥单元与明文单元组合，但是使用密钥单元代替先前的单元。下面是类似的方法，其中 x_n 为消息的第 n 个单元，k_n 为密钥的第 n 个单元，A 和 B 为简单替换，P 为通用多字母表替换。A、B、P 应该使用密钥进行混合，不能是固定或内置的。

xor	异或	x_n 被替换为 $k_n \oplus x_n$。
sxor	替换和异或	有三种变体：x_n 可以被 $A(k_n) \oplus x_n$ 或 $k_n \oplus B(x_n)$ 或 $A(k_n) \oplus B(x_n)$ 替代。也就是说，可以替换 k_n 或 x_n，或者两者都替换。(使用 $A(k_n)$ 代替 k_n 可以防止 Emily 在有已知明文的情况下恢复伪随机序列。)
xors	异或和替换	x_n 被 $A(k_n \oplus x_n)$ 替代。
add	相加	x_n 被 $k_n + x_n$ 替代。加法总是以字母表的大小为模。
madd	相乘和相加	也称为线性替代。x_n 被 $pk_n + x_n$ 或 $k_n + qx_n$ 或 $pk_n + qx_n$ 替代，其中 p 可以是任意整数，q 可以是任何奇数。（如果你使用的字母表大小不是 256，则 q 必须与该大小互质。）
sadd	替换和相加	x_n 被 $A(k_n) + x_n$ 或 $k_n + B(x_n)$ 或 $A(k_n) + B(x_n)$ 替代。
adds	相加和替换	x_n 被 $A(k_n + x_n)$ 替代。
poly	通用多字母表替换	x_n 被 $P(k_n, x_n)$ 替代。

由于 xor 或 sxor 可能会泄漏其操作数的信息，我建议改用 xors，这样一来，简单替换是在异或运算之后进行的，能够掩盖波形，即 $A(k_n \oplus x_n)$。

流密码也可以使用一个或多个先前的字符来加密当前字符。存在多种组合方式。一个例子是 $P(k_n \oplus x_{n-i}, x_n)$，其中 i 是小整数。该密码需要一个初始化向量来加密前 i 个字符。流密码还可以通过在几种组合函数之间切换来提高强度，例如定期在 3 种形式的 sadd 或 madd 之间切换，或是定期改变 madd 中乘数 p 和 q 的值。

13.2 随机数

在前面的表格中列出的流密码所使用的长密钥有多个来源：

- 可以是根据需要重复多次的数值列表。这是 16 世纪至 19 世纪期间采用的标准方法。

- 可以由数学过程产生。这些数值称为伪随机数，因为它们最终会重复出现，不像真正的随机数那样永远不会重复。其生成过程称为伪随机数生成器(pseudorandom number generator, PRNG)。

- 可以是真正的随机数，也许是由一些物理过程产生的，比如来自爆炸星体的伽马射线。这些过程对于密码学需求来说太慢了，所以这类随机数通常随时间累积并存储在计算机中供以后使用。也就是说，可以持续收集，仅在需要发送消息时使用。

密码学相关的书籍和文章经常提到,牢靠的密码需要真正的随机数。其中指出,数学上已经证明了,使用真正随机密钥的一次性密码本是不可破解的。这肯定没错,只要对于每个明文单元 p 和每个密文单元 c,都存在一个密钥单元 k 将 p 变换为 c,即 $S(k,p)=c$。真正的随机密钥足以确保一次性密码本牢不可破。但是,学过逻辑的人都知道,条件可以是充分的,但不是必要的,反之亦然。

例如,一个整数要成为质数,就必须大于 1。这是必要条件,但不是充分条件,因为 4 是一个大于 1 的整数,但不是质数。要使一个整数成为合数,只要大于 1 的平方就够了。这是充分条件,但不是必要条件,因为 6 是合数,但不是平方。

要求一次性密码本的密钥必须真正随机,这过头了。要使一次性密码本无法破解,密钥必须是不可预测的,也称为密码学安全性(cryptographically secure)。使用真正随机密钥,无论 Emily 可能知道多少个密钥单元,她都无法确定其他单元。使用不可预测的密钥,只需要计算上不可行,Emily 就无法确定其他单元。具体来说,Emily 确定另一个密钥单元所需的工作量必须大于 2^k,其中 k 是选择的密钥位数。当密钥流仅仅是伪随机时,你的确无法再证明密码是不可破解的,但这没有实际意义。

后面我将介绍几种使伪随机数生成器具有密码学安全性的方案,并指出一种看似安全但实则不然的方案,即 13.13 节中的 CG5。

之前列出的所有流密码都可以利用伪随机数生成器产生密钥流,因此让我们来看看各种各样的 PRNG,先从 20 世纪 50 年代的一些经典方法开始。这些伪随机数生成器使用一个小的初始值(称为种子或初始状态)以及一些用于从当前状态生成下一个状态的简单数学函数(称为状态向量)。常见的生成函数包括加法、乘法和异或。由于速度快且易于实现,这些生成器至今仍被广泛使用。

每种生成器都会产生一个整数序列,该序列最终会在周期结束后出现重复,具体周期长度取决于种子。有可能存在永远不会重复种子的重复序列,例如 1,2,3,4,5,4,5,4,5,4,5,…,但是本书中的生成器都不具备这种行为。周期长度受状态向量大小的限制。例如,对于状态向量为三个 31 位整数的生成器,其周期长度不会超过 2^{93}。

13.3 乘法同余生成器

乘法同余伪随机数生成器(multiplicative congruential PRNG)使用两个参数:乘数 m 和模数 p。从种子 s 开始,通过递归关系生成伪随机数序列 x_n:

$$x_0 = s,$$
$$x_n = mx_{n-1} \bmod p \text{ for } n=1,2,3,\cdots$$

换句话说,要得到下一个伪随机数,需要将前一个数乘以 m,然后对 p 取模。种子可以是任何整数 $1,2,3,\cdots,p-1$。模数 p 往往选择质数,因为质数产生的周期最长。p 的大小通常取决于计算机寄存器的大小。对于 32 位寄存器,常见的选择是 2 147 483 647 ($2^{31}-1$)。这个类别中的第一个伪随机数生成器由伯克利数论学家 Derrick H. Lehmer (伯克利数论学家 Derrick N. Lehmer 是他的父亲,别搞混了)于 1949 年发表。

乘数 m 必须谨慎选择。乘法同余生成器的周期长度可以是能够整除 $p-1$ 的任何整数。由于 p 是质数,且远大于 2,$p-1$ 则为偶数,因此,如果 m 的值选得很差,比如 $p-1$,可能会导致周期长度为 2。具有最大可能周期的乘数,即 $p-1$,称为 p 的原根。这意味着 $m, m^2, m^3, \cdots, m^{p-1}$ 在对 p 取模后的余数都是不同的。对于乘法同余生成器,最好将 m 设为原根以获得最长的周期。

幸运的是,这很容易做到。在范围 $2\sim p-2$,平均只有略少于 3/8 的数是 p 的原根。准确比例,也称为 Artin 常数(Artin's constant),是以奥地利数学家 Emil Artin 的名字来命名的。他于 1937 年逃离纳粹德国,并在普林斯顿完成了他的职业生涯。该常数值约为 .373956。如果你能因数分解 $p-1$,那么很容易测试给定的乘数 m 是否为 p 的原根。我们知道 m 的周期长度必须整除 $p-1$,因此首先对 $p-1$ 进行因数分解。假设 $p-1$ 的不同质因数是 a、b、c、d,接下来就只需要测试 $m^{(p-1)/a} \pmod{p}$、$m^{(p-1)/b} \pmod{p}$、$m^{(p-1)/c} \pmod{p}$、$m^{(p-1)/d} \pmod{p}$。如果没有一个等于 1,那么 m 就是原根。举例而言,如果 $p=13$,$p-1=12$ 的不同质因数是 2 和 3,所以你只需要测试指数 12/2 和 12/3,即 m^6 和 m^4。例如,5 不是 13 的原根,因为 $5^4=625\equiv 1 \bmod 13$。

通过连续平方的方式可以高效地计算 m^x。例如,要计算 m^{21},你可以连续计算 m^2、m^4、m^8、m^{16}、m^{20}、m^{21},只需执行 6 次乘法。你可以利用这些乘积来计算下一个幂,从而获得更高的效率。例如,如果要测试的下一个值是 m^{37},你可以只用 3 次乘法计算出 m^{32}、m^{36}、m^{37}。在每次乘法之后计算模 p 的余数要比计算超大数 m^{21} 并在最后取余更有效。还有一些更复杂的方案可以降低乘法次数,大概能减少 10% 到 15%,但如果你只做几次乘法,那就没必要额外费事了。

如果你使用了乘法同余伪随机数生成器,重要的是要知道每个数的大小反映了随机特性。要将生成器的输出 R 转换为范围 $0\sim N-1$ 内的整数,正确的计算方法是 $\lfloor RN/p \rfloor$,其中 $\lfloor x \rfloor$ 表示"向下取整 x",即将 x 向下舍入到下一个较小的整数。例如,$\lfloor 27 \rfloor$ 是 27,$\lfloor 27.999 \rfloor$ 是 27。表达式 $\lfloor RN/p \rfloor$ 稍微偏向于较小的值,也就是说,它产生较小数字的频率比产生较大数字的频率略高。然而,当 p 远大于 N 时,例如 $p>1\,000N$,这对于加密来说无关紧要。

> **历史背景**
>
> 顺便说一下，符号 $\lfloor x \rfloor$ 和相应的 $\lceil x \rceil$（读作"向上取整 x"，表示向上舍入到下一个较大的整数，因此 $\lceil 27.001 \rceil$ 是 28）都是由 APL 编程语言之父 Kenneth Iverson 于 1962 年发明的。APL 是第一种交互式编程语言。今天的计算机用户认为交互性是理所当然的。你按下一个键或点击鼠标，计算机就会做些什么。他们没有意识到这个概念并不是天然的。在那之前，计算的标准模型是通过读卡器读取一叠卡片，计算机打印出结果，几个小时后你就能得到一沓纸。

警告：不要将 (R mod N) 作为你的随机数。(R mod N) 可能严重偏向于低值。例如，如果模数 $p=11$，$N=7$，那么 (R mod 7) 的 11 个可能值为 0、1、2、3、4、5、6、0、1、2、3，可以看出，0、1、2、3 的生成频率是 4、5、6 的两倍。

只要 $m > \sqrt{p}$，乘法同余生成器就会表现出良好的随机特性。如果乘法逆元 $m' > \sqrt{p}$，则最好。这意味着 m 的位数至少应该是 p 的一半位数。你希望 p 尽可能大，以便生成器具有长周期，同时你也希望 m 足够大，以便生成器具有随机性。你能做到多大呢？m 和 p 的大小受计算机寄存器的大小限制。如果超出了寄存器大小，速度会受到影响。

每个伪随机数 x_n 是通过将前一个数 x_{n-1} 乘以 m 生成的。x_{n-1} 的位数可以和 p 一样多，所以如果 p 有 b 位，那么 x_{n-1} 也可以有 b 位。由于 m 必须至少有 $b/2$ 位，因此积 mx_{n-1} 可以有 $3b/2$ 位。如果寄存器大小为 63 位，那么 b 最多可以是 63 的 2/3，即 42，这意味着 m 至多可以有 21 位。最好让 m 大于 $\sqrt{p}$。一种合理的折中方案是让 m 为 25 位，p 为 38 位。这样可以使周期长度达到 2^{38}。

发生器具有不可预测性所需的特性是：生成的单元具有相同或均匀的频率，双元组（pairs of units）具有相同的频率，3 元组（triples）和 4 元组（quadruples）具有相同的频率，依此类推。实际上，你无需超过 8 个字节，或者最多 10 个字节就够了。如果你想要百分之百确定，使用所需的密钥大小除以生成的单元的大小。例如，如果你的密钥大小为 128 位，PRNG 生成十六进制数字为 4 位（4-bit），那么你可能会要求 n 元组（n-tuples）在 n 到 32 的所有值中频率相等。（这样做的人显然有强迫症，应该去看看医生。）即使对于 4 位（4-bit）随机数，既无需也没有必要超出 16 元组（sexdecuples），或者最多 20 元组（vigintuples）即可，也就是 64 位或 80 位。

Emily 需要分别超过 2^{64} 或 2^{80} 字节的已知明文才能利用这些不均匀的频率。即使 Sandra 从未更换过她的密钥，也很难相信 Emily 能积累这么多材料。换一个角度，假设有一颗卫星以每秒 1 MB 的速度发送遥测数据。进一步假设,卫星同时使用两种不同的密钥流发送这些数据,并且 Emily 拥有其中一个密钥。即使她以每秒 1 MB 的速度获取"明文/密文"对偶,仍需要大约 585 000 年才能收集到 2^{64} 字节。哪怕有 1 000 颗使用相同密钥的卫星,也得 585 年。

如果 n 元组的频率对于 n 的每个值都是相同的,那么你的生成器就是真正随机的。这说明你已经找到了一种生成真随机数的数学算法。恭喜,去领取你的菲尔兹奖吧。

为了使元组频率在 n 元组中一致,生成器通常需要具有自身至少为 n 元组的种子。对于乘法同余生成器,单个单元和双元组的频率是均匀的,但 3 元组频率从不均匀,而对于 $n>3$ 的 n 元组频率则非常不均匀;其中大多数频率为 0。

假设你得到了一些已知明文字符,并且该密码可以轻松确定"明文/密文"对偶的随机输出,也就是说,如果组合函数是 xor、add 或 madd,那么破解乘法同余密码并不难。例如,如果密码通过对密钥字节和明文字节执行异或运算得到密文字节,那么 Emily 要做的就是对明文字节和密文字节执行异或运算得到密钥字节。

如果生成器的模数是 31 位或 32 位,那么即使在个人电脑上,Emily 也可以尝试所有 2^{31} 或 2^{32} 个种子值。已知的明文字符仅用于验证。如果模数更大,比如 48 位或 64 位,那么前 2 个或 4 个已知的明文字符被用来限制搜索范围。第一个随机输出将当前生成器的状态限制在一个较窄范围内,即总范围的 1/256。第二个已知的明文字符给出第二个输出,将状态限制在先前范围的 1/256,依此类推。

因此,单个乘法同余生成器并不具有密码学安全性。借助 Karatsuba 或 Toom-Cook 等大整数乘法技术,可以使用更大的模数,但这会牺牲此类发生器的高速性。还有更快的方法可用于生成密码学安全的生成器,所以本书不会涉及大整数乘法方法。

13.4 线性同余生成器

线性同余生成器(linear congruential generators)是乘法同余生成器的扩展。这种生成器在递推公式中增加了一个线性常数项 c。从种子 s 开始,通过递推公式生成伪随机数序列 x_n:

$$x_0 = s,$$
$$x_n = (mx_{n-1} + c) \bmod P \text{ for } n = 1, 2, 3, \cdots$$

换句话说,要获得下一个伪随机数,需要将前一个数乘以 m,加上 c,然后取该和模 P 的余数。种子可以是任何整数 $1, 2, 3, \cdots, P-1$。当满足以下三个条件时,生成器将具有可能的最长周期：

1. c 与 P 互质。
2. 对于作为 P 的因数的每个质数 p，m 的形式为 $pk+1$。
3. 如果 P 是 4 的倍数，则 m 具有 $4k+1$ 的形式。

其中，k 可以是任意整数。以上被称为 Hull-Dobell 条件（Hull-Dobell conditions），由英属哥伦比亚大学的 T. E. Hull 和 A. R. Dobell 于 1962 年发表。

例如，设 $P=30$，即 $2\times3\times5$。那么 $m-1$ 必须是 2、3、5 的倍数。换句话说，m 必须为 1。因此，如果 $s=1$、$c=7$，则伪随机序列将是 1，8，15，22，29，…。这是一个算术级数，并不是随机的。因此，模数 P 通常选择为质数的幂，最常见的是 2。很难找到能产生良好随机特性的 m、c、P 的值。

然而，线性同余生成器有一种不错的用途。如果你想要产生具有极长周期的生成器，可以将两个或多个模数为不同质数幂的线性同余生成器的输出相加，得到一个具有良好随机特性且周期等于这些模数之积的生成器。例如，假设你添加了下面 3 个 PRNG 的输出。我挑选了 3 个尽可能大但仍适合 32 位机器字的模数以及满足 Hull-Dobell 条件的乘数和常数。除此之外的其他数则是任意选择的。

$$x_{n+1}=(10\ 000\ 001 x_n+1\ 234\ 567)\ \text{mod}\ 2^{31},$$
$$y_{n+1}=(1\ 212\ 121 y_n+7\ 654\ 321)\ \text{mod}\ 3^{19},$$
$$z_{n+1}=(43\ 214\ 321 z_n+777\ 777)\ \text{mod}\ 5^{13}$$

设 $w_n=(x_n+y_n+z_n)\ \text{mod}\ 2^{31}$。通过将 w_n 右移 23 位来选择其高位字节，即 $v_n=w_n/2^{23}$。如果满足以下两个条件，则 v_n 序列将具有良好随机性：(1) 三个乘数中至少有一个及其乘法逆元大于其相应模数的平方根；(2) 其他两个乘数中没有一个是 1 或 $P-1$。v_n 序列的周期长度为 $2^{31} 3^{19} 5^{13} = 3.046\ 8\times 10^{27}$。

13.5 链式异或生成器

最简单的链式异或生成器（chained exclusive-OR generator）操作位串，比如 10111。基本思想是将第 1 位与最后 1 位进行异或运算，然后删除第 1 位并将得到的新位追加到位串的末尾，即 $x_i=x_{i-1}\oplus x_{i-n}$。由于 n 个位的串有 2^n 种可能的值，全 0 串产生全 0 序列，因此链式异或生成器的最长可能周期为 2^n-1。让我们看一个使用 3 位串的小例子。

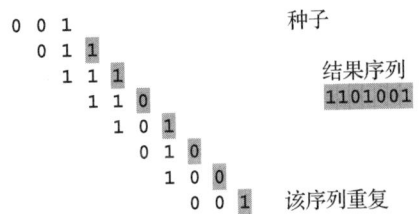

经过 7 步后，初始串 001 出现重复，因此该生成器的周期长度为 7，这被称为全周期生成器(full period generator)。当 n 为 2、3、4、6、7、15 或 22 时，链式异或生成器具有全周期。对于 $n=37$，生成器距离全周期还差 .000 57%。也就是说，所有 37 位值中的 99.999 43% 形成一个大循环，其余的属于较短的循环。对于某些用途，$n=37$ 可能是一个不错的选择。对于大多数 n 值，存在一些重复的位序列，或长或短。它们的总长度共计 2^n-1。只有全周期生成器才谈得上周期，否则只是多个长度可能不一的循环。

假设你需要一个周期长于 2^{22} 的生成器，又不愿意冒 .000 57% 的风险去获得一个短周期的生成器。该怎么办？选择之一是尝试其他生成函数。当 j 和 k 的值满足 $1<j<k<n$ 时，尝试用递推关系 $x_i=x_{i-1}\oplus x_{i-j}\oplus x_{i-k}\oplus x_{i-n}$ 来代替 $x_i=x_{i-1}\oplus x_{i-n}$。某些这类生成器很可能具有全周期。但是注意，$x_i=x_{i-1}\oplus x_{i-j}\oplus x_{i-n}$ 有 3 项，永远无法产生全周期生成器，必须是偶数项才行。

无论你选择哪种生成器，结果都是位序列。要获得伪随机字节序列，将位按照 8 个一组处理，即 1 到 8 位，9 到 16 位，17 到 24 位，依此类推。这需要为每个字节生成 8 个位。还有一种更快的方法。不是对单个位，而是每次对一个字节执行异或运算。实际上，你是在同时运行 8 个独立的单位(single-bit)生成器。这样一来，你每次都可以一次性获得一个完整的字节。如果编程语言支持，还可以使用完整的 32 位字来一次性获得 4 个字节。

在 13.1 节中列出的任意组合函数都可用于将伪随机流与明文组合成密码。如果 Sandra 选择了组合函数 xor、add 或 madd，只要拥有足够的已知明文，Emily 很容易就能够破解密码。她可以轻松确定与明文字符相对应的随机输出。她能借此重构部分密钥流，然后仅凭异或运算将此部分向前和向后扩展以重建整个密钥流。

Sandra 可以利用一个技巧来扰乱 Emily。假设生成器产生 32 位字的序列，Sandra 将其分为 4 个单独的字节。她可以每次选择不同的位置，不必总是从高位开始。同样，Sandra 可以循环地将 32 位字向左或向右移动不同位数。例如，将 ABCDEF 循环左移 2 位得到 CDEFAB。移动的位数可以是 0 到 31 范围内的重复数字序列。这样，Emily 就无法通过匹配生成器的连续输出来重构密钥流。

13.6 链式加法生成器

链式加法生成器（chained addition generators），也被称为滞后 Fibonacci 生成器（lagged Fibonacci generators），与链式异或生成器类似，只是使用加法而不是异或运算。加法可理解为模 2^w，其中 w 是位数，即字长，$x_i = (x_{i-1} + x_{i-n}) \bmod 2^w$。常见的 w 取值为 15、31、63（有符号加法），或者 16、32、64（无符号加法）。对于"模 2^w"操作，另一种理解是忽略高位的进位。

由于加法会产生从一个位到另一个次高位的进位，较高位的周期长度是较低位的两倍。每个字中低位的周期长度与具有相同种子的异或生成器的周期长度相同。这是因为加法与带进位的异或运算相同。如果链式加法生成器中低位的周期长度为 P，则高位的周期长度为 $2^{w-1}P$。

链式加法生成器是一种获得更长周期的简单方法，付出少量的额外工作即可。只需找到一个具有长周期，最好是全周期的链式异或生成器，然后将其从单位宽度（single-bit width）扩展到完整字宽。与乘法同余生成器一样，输出序列中最随机的部分是高位端（high-order end）。对于伪随机字节序列，只使用每个字的高 8 位。

再次提醒，你可以使用 13.1 节中的任意组合函数将伪随机流与明文结合形成密码。

13.7 移位与异或生成器

另一类 PRNG 是由佛罗里达州立大学的 George Marsaglia 发明的移位与异或生成器（shift and exclusive-OR generators）。Diehard 随机数测试套件是 Marsaglia 的成名之作。这些生成器使用两种作用于整数的运算符。

- ≪ 左移。例如，80≪2 将整数 80 左移 2 位，得到值 320。
- ≫ 右移。例如，80≫2 将整数 80 右移 2 位，得到值 20。

从计算机字的高位端或低位端移出的位会被丢弃掉。例如，25≫1 是 12，而不是 12.5。这些操作与循环移位⋘和⋙形成对比，其中从计算机字一端移出的位被放置在另一端。例如，如果 32 位计算机字的十六进制数字为 12345678，那么 12345678 ⋘4 将得到 23456781，而 12345678 ⋙12 将得到 67812345，因为每个十六进制数字对应二进制的 4 位。如果字被包含在较长的计算机寄存器中，则需要将未使用的位清零。

这个类别中有几种不同的生成器。必须仔细选择移位的长度和方向，以便生成器具有长周期。下面是 Marsaglia 设计的 Xorshift 生成器的两个示例,尽管无法通过某些较敏感的随机性测试,二者仍具有长周期和强随机特性。每个生成器以"左—右—左"模式使用 3 个移位和异或步骤产生序列中的下一个数。变量 y 用于保存中间值。任何正整数都是合格的种子。

32 位生成器。周期长度为 $2^{32}-1$。

$$y = x_n \oplus (x_n \ll 13)$$
$$y = y \oplus (y \gg 17)$$
$$x_{n+1} = y \oplus (y \ll 5)$$

64 位生成器。周期长度为 $2^{64}-1$。

$$y = x_n \oplus (x_n \ll 13)$$
$$y = y \oplus (y \gg 7)$$
$$x_{n+1} = y \oplus (y \ll 17)$$

13.8 FRand

FRand(Fast Random generator,快速随机生成器)是我自创的。FRand 使用宽度为 W 的 S 个二进制字组成的数组,也就是说,它使用数组中每个字的低 W 位来保存一个无符号整数值。其周期长度取决于 S 和 W 的值。我发现 $W=29$ 效果最好,而 $S=40$ 和 $S=64$ 则可以得到极长的周期。种子数组可以看作是一个 40×29 的位矩阵,每行代表一个种子,每列代表每个种子字(seed word)中的一个位置。

对于 $S=40$,合格种子的周期长度为 $2^{1160}-2^{40}$,约为 1.566×10^{349}。只要 40 个种子字中至少有一个既不全为 0 也不全为 1,那么该种子就是合格的。这个生成器有一个弱点。如果种子数组几乎全部为 0,那么生成器可能会产生数十甚至数百个几乎全部为 0 的连续输出。在极端情况下,当种子数组包含 1 159 个 0 和一个 1 时,至少要经过 1120 个周期才能在每一列中出现至少一个 1。

最好的做法是初始种子以随机的方式包含大量的 0 和 1。获取合适的种子数组的一种方法是采用以 UTF-8 码表示的助记符或数字键,并将其散列化为 1 160 位的值。适用的散列函数如下:

$$x_1 = x_1 + 19 x_{40} \bmod 2^{29},$$
$$x_n = x_n + 19 x_{n-1} \bmod 2^{29} \text{ for } n=2,3,4,\cdots,40,\text{(初始全遍历)}$$
$$x_1 = x_1 + 19 x_{40} \bmod 2^{29},$$
$$x_n = x_n + 19 x_{n-1} \bmod 2^{29} \text{ for } n=2,3,4,\cdots,10,\text{(第二次部分遍历)}$$

生成器被种子化后，可以通过递推公式生成伪随机序列。生成器的递推公式使用一个索引或位置标记 n。

$$n = n + 1$$
$$x_n = x_n \oplus x_{n-1}$$

每次遍历完种子数组，当 $n=40$ 时，索引被重置为 1，下一个伪随机数由 $x_1 = (x_1 \oplus x_{40}) \ggg 1$ 生成。也就是说，第一个 29 位字 x_1 循环右移 1 位。

这个伪随机序列通过了多项随机性测试，但是还远不足以提供密码学上的安全性。要产生一个安全的序列，关键在于从 29 位字的不同部分提取每个连续的输出字节。伪随机序列本身可以用于选择这些位置。假设接下来的 3 个伪随机输出为 a、b、c。取 $s=a$ mod 25。如果 s 在 0～21 的范围内，则将 b 右移 s 个位置并取低 8 位。在这种情况下只生成 a 和 b。c 将在下一个伪随机数中生成。如果 $s > 21$，将 s 向右移动会导致不足 8 位。在这种情况下，丢弃 a 并取 $s=b$ mod 22。将 c 右移 s 个位置并取低 8 位作为随机输出。从代数的角度来说：

$s = x_{n+1}$ mod 25

if $s \leqslant 21$ then

　　$r = (x_{n+2} \ggg s)$ and FF(r 的低 8 位)

else

　　$s = x_n + 2$ mod 22

　　$r = (x_{n+3} \ggg s)$ and FF(r 的低 8 位)

这个过程平均使用了 2.12 个伪随机输出来生成每个安全密钥字节。这样，密钥字节大约一半时间来自偶数次输出，一半时间来自奇数次输出。生成器以不规则的模式大约每 8 个周期从奇数到偶数来回切换一次。

13.9　Mersenne Twister

在所有 PRNG 类别中，Mersenne Twister 具有最长的周期。它由广岛大学的松本真和西村拓士于 1997 年开发，以法国神学家 Marin Mersenne(1588—1648)的名字来命名，这位神学家因研究 $2^n - 1$ 形式的质数而广为人知，并对传播伽利略、笛卡尔、帕斯卡尔、费马等人的著作发挥了重要作用。

尽管未能通过一些随机性测试，Twister 仍具有良好的随机特性。与本章描述的其他随机数生成器相比，其速度要慢得多。它的主要意义在于巨大的周期长度，即

Mersenne 质数 $2^{19\,937}-1$,该质数由纽约州约克镇 IBM 研究院的 Bryant Tuckerman 于 1971 年发现。IBM 研究院为这一发现感到非常自豪,在其文具和邮资表上都印上了 "$2^{199\,37}-1$ is prime"的字样。

与 FRand 一样,Mersenne Twister 的缺点是如果初始状态大部分为 0,可能需要多个周期才能变得看上去随机。使用 Mersenne Twister 时,通常需要 10 000 甚至 50 000 个启动周期才能开始使用输出。相比之下,FRand 包含一个无需任何启动周期即可初始化生成器的函数。

13.10 线性反馈移位寄存器

线性反馈移位寄存器(linear feedback shift register,LFSR)是电子工程师的宠儿,因为其数字电路实现非常简单。LFSR 使用位组 $x_1, x_2, \cdots, x_n$。下一个位由之前的几个位执行异或运算生成,例如:

$$x_{n+1}=x_n\oplus x_{n-i}\oplus x_{n-j}\oplus x_{n-k}$$

其中使用了 3 个反馈。当然,反馈数不一定非得是 3,但奇数个反馈通常能给出比偶数个反馈长得多的周期。

假设 $i<j<k$,该 LFSR 有 $k+1$ 个位。每产生一个新位,低位就会被移出,新位则被放置在高阶位置,因此寄存器始终包含伪随机序列的最近的 $k+1$ 位。

LFSR 的一个明显的缺点是速度慢,因为需要 8 个周期才能产生各个伪随机输出字节。LFSR 也是最弱伪随机生成函数,因为其完全是线性的。如果 Emily 有一些已知的明文,并且如果她能确定相应的密钥位,那么只需求解一组线性方程,就可以重构整个伪随机序列,这并不是难事。如果 Sandra 使用组合函数 xor、add 或 madd,Emily 就能确定密钥位。

为此,伪随机输出通常在与明文组合之前进行非线性替换,这可以通过按位(bitwise)或按字节(bytewise)的方式完成。非线性按位替换是可行的,因为在每个周期中,寄存器中有 $k+1$ 位可访问。用作非线性函数输入的位称为"tap",可以从寄存器的任何位置获取。这些非线性函数使得 Emily 更难确定密钥位。

择多函数(majority function)是一种适合的非线性函数。如果其输入位中的大多数位均为 1,则该函数的值为 1,否则为 0。对于有 3 个输入位 A、B、C 的情况,择多函数为 $AB \vee BC \vee CA$,其中 $\vee$ 是布尔 OR 函数。择多函数对于任意奇数个输入(如 3, 5, 7, $\cdots$)均有定义。这个想法的一种具体体现是使用 9 个 tap 和三个 3 位择多函数电路。9 位中的 3 位进入每个电路。然后,3 个输出位经过第四个择多函数电路。

如果组合函数是 sxor、sadd 或 poly，则按字节替换是固有的。这些非线性替换的构建在 12.3 节中详细讨论过。可以将按位替换和按字节替换组合在一起。输出字节中每一位都是使用 tap 和非线性位函数生成的，然后这些电路的 8 个单位输出（8 single-bit outputs）被馈送到按字节替换中。

让我们看看 Emily 必须如何破解 LFSR 密码。假设 Sandra 使用的是 40 位的硬件 LFSR，其位于第 3、6、9 位处的 tap 被馈入择多函数电路 M，并且"天真地"使用了 xor 作为组合函数。进一步假设 Emily 知道一些已知明文的字符，因此知道输出位序列。对于每个已知位，馈入 M 的那 3 个 LFSR 的 tap 位置被缩小到 8 个可能值中的 4 个。如果该位为 0，3 个 tap 必然是 000、001、010 或 100。如果位为 1，则 3 个 tap 必然是 011、101、110 或 111。

经过 4 个周期，12 个位已被馈入 3 个 tap，因此对于这 12 位共计有 $4^4 = 256$ 种可能的组合。这比 $2^{12} = 4096$ 种组合要少得多。更好的是，从 Emily 的角度来看，最初在位置 3 的位现在在位置 6，最初在位置 6 的位已经移动到位置 9。这意味着可以将 12 位组合中的一部分消除。被消除的组合数量取决于输出位序列。如果第 1 个和第 4 个输出位相同，消除的组合数量较少。如果不同，则能消除更多的组合。每多一个额外的已知输出位都会进一步减少移位寄存器中可能的位组合数量。

举一个例子可能有所帮助。假设 Sandra 使用的 LFSR 为 40 位，其 3 个 tap 被馈入择多函数，生成每个输出位。另外假设 Emily 知道设备的所有细节，也知道消息来自总指挥部（General Headquarters），所有消息都以 GHQ 开头。这样她就有了 24 位已知明文。如果 Sandra 将这 24 位明文与密文的相应位执行异或运算，就能从该设备获得 24 个输出位。对于每个输出位，有 4 种可能的 3 位输入组合可以产生已知值。在这种情况下，3 个 tap 位置有 72 种可能的位值组合。由于 LFSR 中的位每个周期移动一个位置，因此这些位组合会产生重叠，总组合数将不断减少。

Sandra 应该从这番简要分析中学到什么？(1) 使移位寄存器足够大，最好 128 位起步。(2) tap 之间要远离。(3) 不要均匀分配 tap。3、6、9 就是一个特别糟糕的选择。(4) 使用让对手难以确定密钥位的组合函数。别用 xor、add 或 madd 作为组合函数。较好的选择是 xor 和 adds，但最好的选择是 poly。

13.11　估算周期长度

如果你是一个密码学爱好者，你可能想设计自己的伪随机生成器。本书不涉及如何测试伪随机数生成器的内容，这是一个庞大的主题，但让我们来看一下如何估算生成器的周期长度。这个方法取决于状态向量的大小(参见 13.2 节)。

如果状态向量很小,比如 31 位,你可以运行生成器 2^{31} 次,观察它何时出现重复。遗憾的是,初始种子可能永远不会重复。有一个技巧可以处理这种可能性。制作两份 PRNG 的副本,使用相同的种子 S 将其初始化。然后运行第一份副本,一次一步;运行第二份副本,一次两步。假设你发现在 3 000 个周期后,这两份副本产生了相同的状态向量,这意味着 $R_{3000}=R_{6000}$,所以对于种子 S 来说,生成器的周期长度至少为 3 000。

如果状态向量较大,比如说 64 位,让你的生成器运行 2^{64} 个周期是不可行的。你仍然可以通过采样来估算周期长度。创建一个包含 100 万个条目的表格,例如 $T=1\,000\,000$。表中的条目 N 保存生成器产生值 N 时的周期数。一开始将表中的所有条目都设置为 0,因为这时候还没有产生任何值。选择一个范围在 1 到 $T-1$ 之间的种子,然后运行生成器,比如 $G=1\,000\,000\,000$ 个周期。在每个周期,如果产生的值 N 小于 T,就将周期数记录在表的条目 N 中。如果该条目不为 0,那就说明产生了重复,从而也就知道了周期长度。例如,如果值 12 795 在第 33 000 个周期产生,在第 73 500 个周期再次产生,则该种子对应的生成器周期长度为 73 500 − 33 000 = 40 500。

如果没有发现任何重复,那么可以通过查看产生了多少个 T 值来估算周期。如果表中有 E 个条目不为 0,则产生的条目比例为 E/T。由于生成器运行了 G 个周期,因此估算周期长度为 $G/(E/T)=GT/E$。

正如我们在链式串联数字生成器(参见 4.5.1 节)中看到的那样,一个生成器可能有多个不同的周期,长度不一。你应该使用不同的种子对生成器的周期长度进行多次估算。一种不错的策略是先使用种子 1。对于第二个种子,使用第一个种子未生成的最小值。对于第三个种子,使用第一或第二个种子未生成的最小值。你可以通过累积表格来做到这一点。在两次估算运行之间,不要将其重置为 0。如果周期长度的估算结果在 20 到 100 次运行中保持一致,那么你就可以相信你的生成器在大多数种子上都具有长周期。

13.12 生成器强化

一种强化 PRNG 的方法是使用选择生成器(selection generator),将生成数值的操作与选择数值的操作分离开。这可以通过将 N 个数(比如 32、64 或 256 个)保存在数组中来实现。数组中的每个数的大小应该与所需的随机输出大小一致。例如,如果你想生成随机字节,数组元素应该为 8 位(8-bit)。PRNG 首先运行 N 个周期以产生初始数,这些初始数按照生成顺序被放入数组。然后使用一个新种子重新启动 PRNG,生成范围在 1

到 N 之间的伪随机数序列。其中每个数都用于选择某个数组元素，该元素将成为下一个伪随机输出。然后使用 PRNG，用新的伪随机数替代选定的数组元素。

这意味着第 1、3、5……个随机数被用于选择，而第 2、4、6……个随机数被用于替代数组元素。使用两个具有不同种子的伪随机数生成器可能会比较方便，但这不会增加周期长度。一种更好的策略是使用两个周期长度互质的生成器。组合生成器的周期长度是二者各自周期长度之积。例如，如果一个数是由周期长度为 $2^{31}-1$ 的乘法同余生成器生成的，另一个数是由周期长度为 2^{31} 的线性同余生成器选择的，那么组合生成器的周期长度为 $2^{62}-2^{31}$，即 4.612×10^{18}。

4.612×10^{18} 的周期长度已经足以用于密码学工作了，但选择生成器仍然不是密码学安全的。这是因为 Emily 可以穷举选择生成器序列并尝试所有 2^{31} 个可能的种子，通过足够多的已知明文得到第一个生成器的输出序列，这就够破解密码了。

有几种可能的解决方法：(1) 使用 xors、adds 或 poly 等组合函数，让 Emily 难以确定随机输出。(2) 改用更大的选择生成器，例如将 31 位改为 63 位。(3) 改用更大的选择生成器种子，例如将乘数和/或加法常数作为种子的一部分，即生成函数 $x_{n+1}=(mx_n+c)\bmod P$ 中的 m 和 c。(4) 使用下一节介绍的技术构建一个具有更长周期的选择生成器。

13.13 生成器合并

伪随机数生成器能够以多种方式组合，获得更长的周期或更好的随机性，抑或是更具密码学安全性。这些改进往往是相辅相成的。你不用为了实现其中一个而牺牲另一个。如果加长周期，也会同时提高随机性。组合生成器有两种类别：固定组合和可变组合。

（1）固定组合

在固定组合中，有多个 PRNG，彼此的周期长度最好是互质。这些可以是乘法同余、线性同余或 Xorshift 生成器。这些生成器的输出可以通过按位或按字节组合。一种按位方法是从每个生成器中取固定的一组二进制位，将其输入至某个组合函数。例如，可以取出 8 个生成器各自的高位，或者取出 4 个生成器各自的两个高位。然后将这 8 位作为高非线性替换的输入。替换步骤防止 Emily 分离每个生成器的输出并单独求解。

一种按字节的方法是从每个生成器中取出高位字节，执行模 256 加法或异或运算将其组合起来。两个生成器可以通过将二者输出之积的中间 8 位取出进行组合。另一种技术是采用线性组合，例如 $(a_1x_1+a_2x_2+a_3x_3+a_4x_4)\bmod 256$，其中 $x_1、x_2、x_3、x_4$ 是从 4 个 PRNG 中取得的 8 位输出，而 4 个系数 $a_1、a_2、a_3、a_4$ 可以是从 1 到 255 的任意奇数。

这些系数可以针对每个消息作不同的设置。

例如,4 个 PRNG 可以是使用质数模 $2^{31}-1$ 的乘法同余生成器,具有 4 个不同但固定的乘数。4 个 31 位种子加上 4 个 7 位系数构成 152 位的组合种子。

可以使用 ≫ 循环移位操作(参见 13.7 节)将 3 个 PRNG 组合在一起。对于 32 位无符号生成器,可以使用 $x_1+(x_2\ggg 11)+(x_3\ggg 21) \bmod 2^{32}$ 对 32 位输出进行组合。最佳的位移量为 32 位寄存器的 1/3 和 2/3。如果你想使用 3 个以上的生成器,则应使位移量尽可能均匀。例如,对于 5 个生成器,位移量应该是字长的 1/5、2/5、3/5、4/5,四舍五入到最接近的整数。

另一种固定生成器 CyGen,通过循环移位将两个生成器 C 和 G 组合在一起。C 可以是任意大小,但 G 应该为 32 位或 64 位。在每个周期,从 C 中取出 5 位或 6 位,得到位移量。然后使用该位移量将 G 的输出循环左移,得到 CyGen 的输出。这使得 Emily 无法从 G 的输出序列中重构 G。

你并不局限于线性组合。例如,可以使用 $x_n+y_n z_n$ 或 $x_n+y_n^2+z_n z_{n-1} z_{n-3}$ 等来组合 3 个生成器,总和中至少有一项应该是线性的。可能性是无限的,当然,你可以在多种方法之间切换。

(2) 可变组合

可变组合的一个例子是在 13.11 节中展示过的选择生成器。然而,让我先来讲一则警世故事。有一个名为 CG5 的组合生成器,看似绝对安全,但事实并非如此。

组合生成器 CG5 使用了 5 个乘法同余生成器,各自都有不同的乘数和 31 位的质数模,我们称这些生成器分别为 G0、G1、G2、G3、SEL。(或者,SEL 也可以是一个周期长度为 2^{31} 的线性同余或 Xorshift 生成器。)生成器 G0 到 G3 用于产生伪随机数,选择生成器 SEL 用于在 G0—G3 中选择由哪一个来产生下一个伪随机输出。具体来说,SEL 的高 2 位确定了要使用 G0—G3 中的哪一个。假设 SEL 生成 10,则表示选择了 G2。然后 G2 生成器运行 1 个周期,其输出成为 CG5 的下一个输出。组合生成器的周期长度约为 2^{155},随机性良好,但并不具备密码学安全性。原因如下:

假设 Emily 有足够的已知明文,考虑 CG5 的前 17 个输出。这 17 个输出中至少有 5 个必须由同一个生成器产生。(如果 4 个生成器各自最多产生 4 个输出,那么合计最多只有 16 个输出,而不是 17。)从 17 个输出中选出 5 个的方式仅有 6 188 种。Emily 可以逐一尝试。这给出了大约 1.33×10^{13} 个要测试的位置和种子的组合,但是这个数量能够被大幅降低。Emily 知道所选的 5 个输出各自的高 8 位。她应该从 5 个所选输出中的第一个开始,而不是从 17 个输出中的第一个开始。这样就只需尝试 2^{23} 个值,而不再是 2^{31}

个值。这就把她的工作量缩减到了一个易于处理的 5.19×10^{10} 个组合。CG5 组合生成器并不安全。

让我们来看一种更安全的生成器,我称其为 Gen5。同样,这个组合生成器使用了 5 个乘法同余生成器,各自都有不同的乘数和 31 位的质数模。模数和乘数是固定的,选择它们是为了拥有良好的随机特性。这一次我们称这些生成器为 G1、G2、G4、G8、SEL。SEL 只用到了高 4 位。其中,第一位的 1 表示选择 G1,第二位的 1 表示选择 G2,第三位的 1 表示选择 G4,第四位的 1 表示选择 G8。每当选择的生成器少于两个时,SEL 就会再运行一个周期,生成新的选择。SEL 的 16 个可能的 4 位输出值中仅用到了 11 个,因此 SEL 运行一个额外的周期 5/16 的时间,两个额外的周期 25/256 的时间,依此类推。

当选择了两个或更多的生成器时,这些生成器各自运行 1 个周期,其输出彼此相加并模 2^{31},以产生 Gen5 的伪随机输出。未被选中的生成器不运行,因此这 4 个生成器是异步运行的。该输出略微倾向于较小的数,但远不足以被 Emily 利用。如果你担心这种偏差,可以选择以下两种方法之一:(1) 丢弃高位,使用总和的位 2 至位 9 作为输出字节;或者 (2) 使用 Meld8 操作(参见 12.3.7 节)。也就是说,通过对总和的高 8 位与次 8 位(即位 1 至 8 与位 9 至 16)执行异或运算,形成 Gen5 生成器的输出字节。

* Emily 再也无法分离出四个生成器中的任何一个。对于 Emily 而言,将 6 对 $Gi + Gj$ 中的某一对分离出来似乎是可行的,其中 i 和 j 可以是 1、2、4 或 8。这样的一对可以被视为单个生成器,可以稍后从 Gj 中分离出 Gi。让我们先看看这种方法。为了求解 Gi 和 Gj 的种子,至少需要 Gen5 的 9 个随机输出。由于每对输出只有 1/11 的概率出现,Emily 可能需要查看 89 个或更多消息字符,这是因为 3 个或 4 个生成器的 5 种组合出现的频率可能要高于 2 个生成器的 6 种组合。

89 个字符中的 9 个大约有 6.356×10^{11} 种可能的放置方式,因此,Emily 简单地尝试 SEL 生成器的全部大概 $2^{31} = 2.147 \times 10^9$ 个种子可能会更有效。这能让 Emily 找出所有 6 对 $Gi + Gj$ 的下 10 个位置,还可以让她统计 Gi 和 Gj 在每次出现时被使用了多少次。例如,假设 $G2 + G4$ 发生在 Gen5 的第 14 个周期。在这 14 个周期中,可能有 6 个周期使用了 G2,9 个周期使用了 G4,所以现在 Emily 就知道了 G2 的第 6 个输出加上 G4 的第 9 个输出的值。

如果 Emily 可以为 $G2 + G4$ 找出 10 个这样的输出值,那么她就能在大约 $2^{31+31-8} = 2^{54} = 1.801 \times 10^{16}$ 次尝试中确定这两个生成器的种子。这必须针对 SEL 约 2^{31} 个种子逐一进行,因此总工作量约为 $2^{85} = 3.869 \times 10^{25}$。这比蛮力破解 Gen5 所需的 2^{155} 次尝试有了巨大进步,但与 2^{128} 次尝试的目标还相差甚远。该生成器的安全性评级为 9 级。**

现在，该我们奉上"压轴之作"了。登场的是 Gen5 升级版，我称之为 GenX。GenX 由伪随机数生成器和密码两部分组成。GenX 的 PRNG 会生成一系列 10 位的伪随机输出，而密码则结合密钥字节 k_n 和消息字节 x_n 来产生密文。这将使密码超越 128 位密钥大小的限制。

GenX 生成器只是 Gen5 生成器的扩展版本。它使用 4 个生产性生成器（production generators）G1、G2、G4、G8 以及 1 个选择生成器 SEL。SEL 的高 4 位用于选择 2 至 4 个生产性生成器的某种组合。所选的生产性生成器运行一个周期，其输出被相加并模 2^{31}，得到总和 G。G 的高 10 位与次 10 位执行异或运算，得到 10 位输出。10 位输出被分为密钥字节 k_n（8 位）和控制位 c_n（2 位）。

GenX 密码算法根据控制位 c_n，使用密钥混合替换 S 将密钥字节 k_n 与消息字节 x_n 相结合。控制位 c_n 确定用于每个明文字节组合函数。2 个控制位的一种解释方式如下：

$00: x_n$ 被 $S(k_n)+x_n$ 替代

$01: x_n$ 被 $k_n+S(x_n)$ 替代

$10: x_n$ 被 $S(k_n)+S(x_n)$ 替代

$11: x_n$ 被 $S(k_n+x_n)$ 替代

所有的和都要模 256。密码 GenX 的安全性评级为 10 级。该密码的密钥包括 G1、G2、G4、G8、SEL 的 5 个 31 位种子，以及用于对替换 S 进行混合的密钥，例如 SkipMix 密钥。

13.14　真随机数

到目前为止，本章中讨论的随机数生成技术所产生都是伪随机数。我读过的每一本论述随机数的书都重复着一种观点：软件不可能产生真随机数。这是因为他们把自己限制在一个过于狭窄的范围内。在本节中，我将介绍一种使用软件批量产生真随机数的可行方法。

文献中所有产生真随机数的方法都依赖于诸如宇宙射线、热噪声、振动、核衰变等物理现象，这些方法对于加密来说太慢了。

你可以通过三步过程产生真随机数：(1) 从自然界中获取大量真随机数。(2) 使它们的概率分布均匀。(3) 通过对这些数进行选择和组合来生成随机数。接下来的几节将详细讲解如何实现这些步骤。

自然界充满了随机性。地球上所有植物和树木的每片叶子的形状、颜色、位置都是随机的。这是气流和微风、透过枝叶的阳光、自根部流动而上养分、击打叶子的雨滴和冰雹、咀嚼叶子的昆虫、鸟类、松鼠、地震等众多因素作用的结果。海洋上的浪花，沙漠中的植物和岩石，河面的涟漪，每一朵云，海滩上的贝壳，它们在大小、形状、颜色、位置、方向甚至速度上都是随机的。

其中一部分随机性可以通过简单地拍摄这些地点来捕捉。你甚至都不用离开家门，只需撒一把爆米花在有图案的表面上即可。你也可以使用自己拍摄的照片，包括认识的人和去过的地方。你可以从网站和电子邮件中下载图片。操作系统和应用程序也会在你的计算机中放置数以百计张图片。使用 Web 浏览器，还有到数十亿张图片等着你。为了试验，我发明了一个伪单词 ZRMWKNV，并搜索相关图片，结果找到了超过 6 000 个与 ZRMWKNV 相关的搜索结果，其中的一些网站包含了数百张图片。

13.14.1 滞后线性加法

每个图像文件都包含大量的随机性，如果分辨率很高则更是如此，但字节值的分布远不够均匀，也绝非独立。可以将整个图像文件（包括头部信息）视为长度为 L 的字节串，通过使用滞后线性加法（lagged linear addition）来平坦化分布。以下是一个例子：

$$x_n = (7x_n + 31x_{n-40} + 73x_{n-1581}) \bmod 256 \text{（当 } n=1, 2, 3, \cdots, L\text{）}$$

$$x_n = (27x_n + 231x_{n-137} + 109x_{n-10051}) \bmod 256 \text{（当 } n=1, 2, 3, \cdots, L\text{）}$$

$$x_n = (241x_n + 19x_{n-64} + 165x_{n-2517}) \bmod 256 \text{（当 } n=1, 2, 3, \cdots, L\text{）}$$

下标会一如既往地环绕。如上所示，三趟（three passes）就足够了，但如果想多来几次也无所谓。频率不能过于均匀，因为那样的话就不再是随机的了。如果你想使用简化版本，例如 $x_n = (x_n + x_{n-179}) \bmod 256$，则需要五趟。你需要确保每一趟都使用不同的滞后值。

系数 7、31 等没有什么特殊之处，是我随意选择的，可以是从 1 到 255 的任意奇数。对于每一趟，应该选择差异较大的滞后值，如 40、1581 等。一小，一大，这样进行。一种思路是让较小的滞后值约为 $\sqrt[3]{L}$，较大的滞后值约为 $\sqrt[3]{L^2}$。例如，如果图像文件为 1 000 000 个字节，你可以选择约 100 和 10 000 作为滞后值。较小的滞后值可以在 50 和 200 之间选择，较大的滞后值可以在 5 000 和 20 000 之间选择。在滞后线性加法之后，通过使用带密钥的简单替换，就能够提高 Emily 重构图像文件的难度。

13.14.2 图像分层

构建真正的随机序列的另一种方法是使用 xor 或 add 等组合函数（参见 13.1 节）将

两个图像层叠在一起。有一个不错的做法是在组合之前对每个图像执行一趟滞后线性加法,在被组合后再执行一趟。

可以使用非线性择多函数(参见 13.10 节)逐位组合三个图像。同样,在组合之前建议对每个图像执行一趟滞后线性加法,在被组合后再执行最后一趟。即使三个图像大小各不相同,也可以使用此方法。将一个小图像与最大图像在同一起始点对齐,将另一个小图像与最大图像在同一结束点对齐,如下所示:

图 13-1 图像对齐

在只有两个图像层叠的地方,将其按字节相加并模 256。在所有三个图像重叠的地方,使用择多函数将其按位组合,或者使用模 256 的线性组合,例如 $c_n = (113x_n + 57y_n + 225z_n) \bmod 256$。系数可以是从 1 到 255 的任意奇数。

对齐图像的另一种方法是通过重复来扩展小图像。在本例中,图像 x 有 22 个字节,图像 y 有 33 个字节。重复 x 的前 11 个字节,将图像 x 扩展到 33 个字节。这样,就可以在所有 33 个字节位置上使用择多函数。而在现实中,这些图像可能有数百万字节。

13.15 刷新随机字节

好,现在我们有了一个包含数百万个真正随机字节的表格 T。这些字节是真正随机的,因为就算 Emily 拿到了除一个字节以外的其他所有字节,也无法确定缺失的那个字节。Sandra 和 Riva 手头都有一份副本。那该怎么办呢?我们肯定不能每次发送消息时都重复这个过程。

一种利用 T 的方法是将其分割成用于分块密码的密钥。一百万个随机字节可以生成 62 500 个密钥,每个密钥长 128 位。最终,这一百万字节会被用完。如果 Sandra 使用强分块密码(也许这并不重要),她可以重复使用密钥,只要 Emily 不知道哪些消息是使用相同密钥加密的。当然,Sandra 不能在流密码中重用密钥。

假设 Sandra 不希望冒着重用密钥的风险。一种解决方案是刷新随机数列表。Sandra 可以层叠另一个图像,但这意味着 Riva 也必须有同样的图像副本。如果该图像来自 Sandra 和 Riva 都可以访问的网站,那是可以处理的。如果传输的密钥很有可能被截获,这不失为一个好策略。

另一种方法是使用滞后线性加法(参见 13.14.1 节)刷新 T。将刷新后的表格称为 T_1。现在 Sandra 只需要传输 9 个系数和 6 个滞后值,就能得到另外 62 500 个密钥。假设每个系数占用 1 个字节,每个滞后值占用 2 个字节,Sandra 只用传输 21 个字节就可以生成 T_1。然后,为了选择消息的密钥,只需要该消息密钥在 T_1 内的位置即可。两个字节就够用了,因为所有位置都是 16 的倍数。当 T_1 用尽时,可以使用一组新的系数和滞后值构造 T_2,以此类推。

在 13.5 和 13.6 节中,我们使用线性函数来保证生成器的长周期。由于这里不存在周期长度,因此没有这样的限制,可以使用一些非线性函数:

$$x_n = (ax_n + bx_{n-i} + S(x_{n-j})) \bmod 256 (当 n = 1, 2, 3, \cdots, L)$$

$$x_n = (ax_n + bx_{n-i} + E(x_{n-j} x_{n-k})) \bmod 256 (当 n = 1, 2, 3, \cdots, L)$$

这里的下标会环绕,a 和 b 是介于 1 到 255 之间的奇整数,i、j、k 是介于 1 到 $L-1$ 之间的整数。S 可以是一个固定的非线性替换或可变的密钥混合替换。函数 $E(x)$ 被定义为:

$$E(x) = x + (x \gg 8) + (x \gg 16) + (x \gg 24) + \cdots = \lfloor 256x/255 \rfloor$$

当你执行 $E(x_{n-j} x_{n-k}) \bmod 256$ 时,实际上是把 $x_{n-j} x_{n-k}$ 的各个字节相加。这比只使用 $x_{n-j} x_{n-k}$ 强度更高,因为 $x_{n-j} x_{n-k}$ 在大约 3/4 的时间内是偶数。

或者,Sandra 可以通过取 1 个字节、跳过 3 个字节、取下一个字节、跳过 2 个字节、取 2 个字节、跳过 4 个字节等等,以某种周期性序列从 T 中获得密钥。跳跃次数可以很小,因此 2 或 3 次跳跃可以编码为一个密钥字节。如果 Emily 得到了随机源 T,她也许能确定小跳跃的序列。为了防止这种情况,可以周期性地将跳跃操作与对选定的字节加上数字序列再模 256 的操作结合起来。如果跳跃次数和相加次数是互质的,比如 12 次跳跃和 11 次相加,则是最安全的。使用这种方法,每个消息密钥使用 2 个字节作为起点,6 个字节来编码 12 次跳跃和 11 次相加,共计 20 个字节,或 160 位。这种方法可以称为"Skip & Add"。

在这种系统中,Emily 无法重构 T 是关键。例如,Emily 可能随着时间的推移得到大量消息的明文并恢复它们的密钥。如果她还知道这些密钥在 T 中的位置,也许是因为 Sandra 在每条信息中都向 Riva 传送了位置,则有可能重构部分 T。出于这个原因,T 本身不应该用于密钥。应该保留 T 以构造 T_1、T_2、$\cdots$,然后再将其分割为消息密钥。保留 T 可以保护 Sandra 和 Riva,以防任何 T_i 丢失或被篡改。T 可以称为基础密钥(base key)，T_1，T_2，$\cdots$ 可以称为派生密钥(derived keys)。

即使 Emily 能以某种方式重构 T_1 或 T_2，她也无法回退恢复 T，因为 T 是真正的随机数。如果 Emily 尝试了所有可能的系数和滞后值的组合，没有任何东西能表明这 10^{18}(quintillion)个字符串中哪一个才是正确的随机字符串 T。

13.16 同步密钥流

在对称密钥密码学中，Sandra 和 Riva 必须使用相同的密钥。这通常意味着(1) 密钥被加密后与消息一起传输，或者(2) 两人有一份密钥清单，根据日期、时间或其他外部因素从清单中选择密钥。对于流密码而言，还有第三种独特的方法。

Sandra 和 Riva 可以使用同步密钥流(synchronized key streams)。这意味着 Sandra 和 Riva 会持续生成相同的密钥流。Sandra 加密消息时，她从自己的密钥流中的下一个密钥字节开始，该字节也必须是 Riva 的密钥流中的下一个密钥字节。Riva 接收到消息时，她必须从密钥流中的同一位置开始。Sandra 和 Riva 必须在同一时间从相同的初始种子开始生成密钥流。当 Sandra 和 Riva 之间存在直接电缆，或视线范围内的塔间(tower-to-tower)连接，或两者都接收同一发射站的无线广播时，同步方法最为有效。它非常适用于在近距离传输数字化语音。

如果消息通过节点或中继点处存在显著延迟的网络发送，尤其是分组交换网络(消息的各个部分可能通过不同的路径到达，并且必须在接收端重组)，那么发送者有必要提供传输开始的时间戳，比如在消息头部中。

由于 Sandra 加密消息需要时间，消息从 Sandra 传送到 Riva 也需要时间，因此 Riva 生成随机密钥的时间似乎要比 Sandra 晚几微秒。同样地，当 Riva 向 Sandra 发送消息时，Sandra 也会比 Riva 稍晚几微秒生成密钥。

有几种方法可以解开这个死局。一种方法是让 Sandra 仅在伪随机流的特定周期开始生成消息。例如，Sandra 可能只在每 100 000 个周期开始生成消息。然后，当 Riva 在周期 123 456 789 123 接收到消息时，她知道密钥从周期 123 456 700 000 开始。如果接收消息的时间更接近于 100 000 的偶数倍，比如周期 123 456 701 234，Riva 可以尝试 123 456 700 000 和 123 456 600 000。Riva 需要保存最后两组 100 000 个伪随机数。100 000 这个周期数可以根据 PRNG 的速度和双方之间的传输时间进行调整。

还剩一个问题需要解决，那就是 Riva 如何检测每个加密消息的起止。如果信道处于空闲状态时既不传输 0 也不传输 1，这样很好，让信道在消息之间保持空闲即可。否则，假设信道处于空闲状态时会连续传输一串 0。在这种情况下，你可以在消息前后额外添加 1 位，就像将消息放入引号中一样，并要求在生成下一个消息之前必须传输至少 64 个 0。在合法消息中出现 64 个连续 0 的概率微乎其微。（此外注意，消息之间的平均时间实际上会超过 50 000 个周期；64 个周期只是最坏情况。）因此，当 Riva 在至少 64 个 0 之后检测到有个 1 时，就可以确信那是下一个消息的开始，而当她发现 1 后面跟着 64 个或更多的 0 时，就知道消息结束了。

13.17 散列函数

散列函数不是密码，但与密码密切相关并经常用于加密。在本节中，我将讨论散列函数的两种用途，并给出适合每种用途的散列函数。

散列函数多用于搜索。假设你有一份人员清单，例如客户、病人或学生，你需要频繁地搜索清单以获取相关人员的信息。散列化（hashing）通过将人名转换为可以直接在表格找到的数字，提供了一种快速的搜索方式。例如，"John Smith"这个名字可能会被转换为数值 2 307，而表中的条目 2 370 包含有关 John Smith 的信息。

下面是专为此目的设计的散列函数。对于字母表中的字母 L，随机选择一个固定大小（例如 32 位）的二进制值 $R(L)$。要对人名散列化，只需对名称中的每个字母对应的 32 位编码值执行异或运算即可。这种散列的弱点是，具有相同字母组合的人名将具有相同的散列值。例如，ARNOLD、ROLAND、RONALD 都会得到相同的散列值。为避免这个问题，在添加每个字母后，将散列值向循环左移 1 位。即：

$$H_n = (H_{n-1} \oplus R(M_n)) \lll 1$$

将最终的散列值称为 H。H 可以通过缩放转换为名称表的索引 I，即 $I = \lfloor HT/2^{32} \rfloor$，其中 T 为名称表的大小。例如，如果名称的散列值为 917 354 668，而表有 5 000 个条目，则索引为 $\lfloor 917\,354\,668 \times 5\,000 / 4\,294\,967\,296 \rfloor = \lfloor 1\,067.94 \rfloor = 1\,067$。我们将这种散列化方法称为 Hash32。

可能会有多个名称产生相同的索引。有多种方法处理这类索引冲突，比如用一个单独的表来保存重复名称，再次散列化该名称的时候选择表中不同的槽（slot），或将重复名称链接在一起。

散列函数还用于消息认证。在这种情况下，对整个消息进行散列化，产生一个长的散列值，假设长度为 16 字节。必须以防篡改的方式将此散列值交给 Riva，比如通过可信第三方（记录散列值并对其打上时间戳）发送。然后，Riva 也对消息进行散列化并比较散列值。如果两个值不同,则该消息可能已被更改。用于此目的的散列函数必须使 Emily 无法在不改变散列值的情况下修改消息。也就是说,Emily 找不到能够产生相同散列值的不同消息。同样,Sandra 也无法更改消息,然后声称自己发送了改动过的消息,因为散列值将不再匹配。

对于此散列,我们将使用 4 个高度非线性的替换 A、B、C、D。这些可以是公开已知的固定替换。值得花费一些精力使这 4 个替换呈现高度非线性并且彼此最小相关。基本操作是使用 xors 组合函数将消息的每个字节与其前 4 个字节组合起来,也就是执行异或运算,然后对结果作简单替换。将 H 作为消息 M 的副本,避免消息在散列化过程中被破坏。副本中的每个字符 H_n 都通过以下方式散列化:

$$H_n = A(B(C(D(H_n) \oplus H_{n-1}) \oplus H_{n-4}) \oplus H_{n-16})$$

这样一来,散列的每个字节都依赖于其之前的每个字节,而其之后的每个字节都依赖于该字节。

散列需要一个初始化向量(参见 11.10 节),以便散列化消息的前 16 个字节。可以使用消息前 16 个字节的副本。也就是说,初始字节 $H-15$ 到 $H0$ 与字节 $H1$ 到 $H16$ 相同,后者与消息字节 $M1$ 到 $M16$ 相同。使用初始化向量可以将散列从 $H1$ 传播到 HL,其中 L 是消息的长度。

这使得最后几个字节的散列比较弱,Emily 可能不用花太多精力就能将其更改。解决方案是散列化过程在消息结束后继续进行。为此,在散列化消息的前 16 个字节时,保存这些散列值稍后使用。当到达消息结尾时,追加这 16 个字节并继续散列化,直至扩展消息的末尾。这最后的 16 个字节成为该消息的散列值。这种散列方法称为 Hash128。

对于某些机器,使用机器的 32 位算术函数一次散列化消息的 4 个字节可能更快。将消息和散列值视为 L 个 32 位字的列表,而非 $4L$ 个字节。散列数组 H 最初是消息的副本。如果消息长度不是 4 字节的偶数倍,则添加最多 3 个字节作为最后一个词的填充。将 H 的前两个词复制到最前面,即 $H-1=H1$ 和 $H0=H2$。消息的前 4 个词经过散列化之后,将其追加到消息末尾。

这个散列称为 HashPQ,它使用两个质数 $P=2^{32}-5=4\,294\,967\,291$ 和 $Q=2^{32}-17=4\,294\,967\,279$,以及神奇的乘数 $R=77\,788\,888$,R 是 P 和 Q 的原根。散列化操作如下:

$$H_n = H_n + (RH_{n-1} \bmod P) + (RH_{n-2} \bmod Q) \text{ for } n=1,2,3,\cdots,L+4$$

如果总和超过 $2^{32}-1$,则忽略额外的高位将该值截断为 32 位。也就是说,我们免费得到了模 2^{32} 运算。H 数组的最后 4 个词是 16 字节的散列值。HashPQ 使用的存储空间比 Hash128 少,因为它不需要 4 次简单替换。

Hash32、Hash128、HashPQ 都具有优秀散列函数所需的理想特性,即对输入中的任何位或位组合的改动会导致输出中约一半的位发生变化。这三种散列的速度都很快,可以在从左到右的单趟中完成。

14

一次性密码本

本章内容包括：
- 一次性密码本
- 接近于一次性密码本的 Vernam 密码
- Diffie-Hellman 密钥交换
- 构建 Diffie-Hellman 和公钥密码学所需的大质数

最知名的流密码是一次性密码本（One-Time Pad）。许多作者将此术语限定为仅指明文和密钥流逐字节异或的密码。这在历史上是不准确的。首个一次性密码本于 1882 年由加利福尼亚州萨克拉门托市的银行家 Frank Miller 发表，目的是通过缩短电报消息来节省资金。Miller 的电报码使用 5 位数的编码组表示商业电报中常见的单词和短语。为了保密，Miller 提出了一种密码，为每个 5 位数编码组加上了一个 3 位数。他用的编码值很小，总和永远不会超过 99 999。也就是说，所有编码都小于 99 000。因此，一次性密码本最初是十进制系统，而不是二进制系统。

以一次性密码本命名的系统是由德国信号情报局的密码学家 Werner Kunze 于 1922 年左右发明的。Kunze 的系统基于 5 位数的标准外交代码。像 Miller 的密码一样，Kunze 的密码也将密钥组加入了编码组。Kunze 使用 5 位数的密钥组，逐位数地添加到编码组，不作进位。因此，33 333 + 56 789 会得到 89 012，而非 90 122。Kunze 用 50 页的本子分发密钥，每页包含 8 行，每行有 6 个密钥组。这些本子的页面仅用于加密消息一次，然后就被丢弃，因此称为一次性密码本。后来的改进包括使用水溶性墨水和水溶性纸进行快速处理。

一次性密码本的另一个版本是由英国作家和编剧（电影 *Peeping Tom*）Leo（Leopold Samuel）Marks 于 1940 年发明的。它被英国间谍广泛使用。Marks 的版本使用数字代替字母。发送者将密钥字母与明文字母相加并模 26，得到密文字母。换句话说，Marks 的一次性密码本是带有随机密钥的 Belaso 密码。麻省理工学院教授 Claude Shannon 在 1940 年至 1945 年期间发明了相同的密码，苏联信息理论家 Vladimir Kotelnikov 在 1941 年或之前也发明了一个版本，但其细节仍然保密。Shannon 和 Kotelnikov 都给出了一次性密码本无法破解的数学证明。它是目前唯一被证明无法破解的密码。

由于 Miller 的一次性密码本（1882 年）和 Kunze 的一次性密码本（1922 年）都使用十进制加法作为组合函数，加上 Marks 的一次性密码本（1940 年）使用模 26 加法，因此任何人断言一次性密码本仅限于用异或运算来组合密钥和明文都是不合理的。一次性密码本的定义特征是：

1. 密钥至少与消息一样长。
2. 密钥与真正的随机无异。
3. 密钥的每个字符或块与明文的一个字符或相等大小的块组合。
4. 密钥仅使用一次。

任何符合这 4 个标准的密码都是一次性密码本。然而，要证明一次性密码本无法破解，需要另一个更强的条件：

5. 任何给定的明文字符被转换成任何给定的密文字符的概率都是相等的。

说了这么多，让我们来看一个历史上基于异或运算的密码，它与一次性密码本系统密切相关。

14.1　Vernam 密码

到了 1918 年，许多外交使团已经不再需要人工电报员发送和接收需要手写的信息。取而代之的是，消息以 5 列 Baudot 编码或 Baudot-Murray 编码的形式被打孔（punched）打在纸带卷上，前者由法国电报工程师 Émile Baudot 于 1870 年发明，后者由新西兰记者 Donald Murray 于 1901 年发明。（我不打算详细介绍这些编码，因为两者在 1870 年至 1950 年代期间经历了多次改动，Western Union 电报公司已经不再使用它们了。Baudot 风格的编码在 1963 年被 ASCII 码取代之后就被完全弃用了。）其重要特点是，由人工打字员将消息键入到 5 列纸带上，消息可以直接传输到接收端，并打印出来，无需任何进一步的人工参与。

与 Morse 密码一样，Baudot 密码和 Baudot-Murray 密码都没有提供任何保密性。任何人都可以直接从纸带读取消息。直到 1918 年，如果需要保密，消息在录入纸带之前必须由人工密码员手动加密，然后在接收端由另一位密码员打印出来并手动解密。为了加速这个过程，Vernam 密码就登场了。

Vernam 密码是由 AT&T Bell Labs 的 Gilbert Sandford Vernam 在 1918 年应美国陆军通信兵团的 Joseph O. Mauborgne 要求开发的，其设计理念简单且巧妙。打字员还像以前一样将消息录入纸带，但传输的是字符编码与密钥编码的异或值。密钥编码由另一张纸带提供，纸带上打孔了似乎随机的字符序列。在接收端，传输过来的字符与该纸带的副本执行异或运算，对消息进行解密。每个纸带都有 1 000 个近似于随机的(random-ish)字符，因此长消息每 1 000 个字符重复一次密钥。

下图展示了两个包含明文和密钥的纸带、读取纸带的拾取器、对密钥与明文执行异或运算的电路以及接收端的打孔机(可能位于比较远的地方)。打孔机可以根据设置改为打印机或发送器。

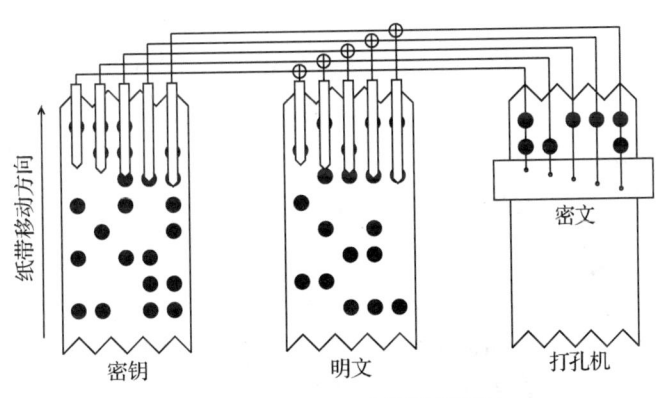

图 14-1　Vernam 密码机示意图

可能是因为保密的原因，我找不到 Vernam 机器的实物图片，上面的图示是我自己画的。

我之所以称密钥纸带为"近似于随机"，因为它们是由人在打字机式键盘上敲击出来的，是 Friden Flexowriter① 的前身。结果就是，键盘中心附近的字符比角落附近的字符

---

① Friden Flexowriter 是一种打字机和电传打字机的组合，于 1949 年由 Friden 公司推出。其设计灵感来自制表机，可以在纸张上打印整齐的文本和数字，同时也可以用来输入数据。Flexowriter 使用打字盘、键盘和可编程控制器实现输入，并通过打印头将字符打印到纸张上。它在商业和政府等领域得到广泛应用，特别是在 20 世纪 50 年代和 60 年代。后来，Flexowriter 逐渐被电子计算机取代，但它的技术和设计对于今天的打印机和键盘等设备仍然有所影响。

更常用。人类很难生成随机数字或字符。但对于 1918 年来说,这是一个非常强大的密码。

许多资料源错误地将 Vernam 密码归为一次性密码本,可能是因为它是首个对二进制消息与二进制密钥执行异或运算的密码。但是,Vernam 密码并非一次性密码本,因为它会重复。Vernam 密码具有 1 000 个字符的固定周期。此外,一次性密码本是由 Miller 在 36 年前发明的,最初是基于十进制的系统。

对于一家繁忙的大使馆而言,可能每天会有 100 多条密码消息。如果大使馆与其他多家大使馆通信,则需要多组纸带。用于华盛顿到柏林的纸带和用于柏林到华盛顿的纸带分开。所有纸带都带有 6 位数序列号。在发送每个消息之前,纸带编号以不加密的明文形式传输。工作人员需要弄清哪些纸带是哪家大使馆的,哪些纸带已经使用并且需要销毁。每家大使馆都必须源源不断地提供新的纸带。

Vernam 很快设计出了使用两个纸带的第二个版本,这两个纸带都与明文执行异或运算。一个纸带有 1 000 个字符,另一个纸带有 999 个字符,使得有效周期长度为 999 000 个字符。同样的两个纸带可以用一整天,只需在每个纸带的不同位置开始消息即可。假设一家大使馆有 100 个纸带,只要纸带还能用,就可以在不同的日子里使用不同的纸带组合。

不难看出,Vernam 的双纸带机器可以扩展到 3 或 4 纸带。据我所知,这种情况从未发生过,因为这些基于纸带的机器很快就被转子机取代了(参见 5.10 节)。

14.2 密钥供应

对于一次性密码本而言,如何提供足够的密钥是个大问题。纸带方法可能足够 10 个站点每天发送 100 个消息,但对于每天发送 1 000 个消息的 100 个站点来说是行不通的。

许多密码学的书籍和论文都描述了以下难题:Sandra 和 Riva 决定使用一次性密码本来交换消息。两人各自拥有一份长随机密钥的副本,每次使用密钥的一部分,直到用完为止。现在她们需要另一个随机密钥。可以由 Sandra 挑选并将其发送给 Riva,但是需要加密,避免被 Emily 得到。最安全的方法是使用一次性密码本对其进行加密,因此她们需要另一个相同长度的密钥来加密新密钥。同样,还可以由 Sandra 挑选并将其发送给 Riva,但该密钥也需要加密。因此,她们又需要另一个密钥,如此这样,无限循环。

解决此困境的方法是双管齐下的。首先,可以使用 13.15 节介绍的技术(比如滞后加法)刷新随机密钥流。例如,每天一次,或者每当双方决定好时,可以从基础密钥派生出新密钥。其次,这些派生出的每日密钥(daily keys)不必直接作为消息密钥使用。相反,可以从每日密钥生成消息密钥。这样一来,即使 Emily 恢复了任何消息密钥,她距离恢复基础密钥也还有两步的距离。接下来的几节将描述一些产生消息密钥的方法。

每种方法都旨在满足两个目标:(1a) 该方法必须能够每天生成足够的消息密钥材料(message key material),使得两个消息密钥不会出现重叠,或者(1b) 绝不能让 Emily 检测到消息密钥的重叠部分,以及(2) 绝不能让 Emily 重建派生密钥或基础密钥的任何部分。

14.2.1 循环密钥

使用 13.14 节介绍的技术派生出每日密钥。例如通过轻度加密,每日密钥的连续部分可以用于生成消息密钥。使用带密钥的简单替换就足够了。我建议在连续密钥之间留下随机宽度的间隔,例如 1 到 32 字节。当到达每日密钥的末尾时,使用一趟滞后线性加法(参见 13.14.1 节)进行环绕,以便在出现大量消息的时候使用。你想象一下就能可视化整个操作:每次发送消息时,将其密钥(加上间隔)从每日密钥的前端移动到每日密钥的末端,然后使用滞后线性加法刷新。Sandra 和 Riva 必须同步执行此操作。

当 Sandra 和 Riva 几乎不可能同时向对方发送消息时,这种方法对消息量较少的情况非常有效。对于更大的消息量,最好使用两个基础密钥和两个每日密钥,一个用于 Sandra 发送给 Riva 的消息,另一个用于 Riva 发送给 Sandra 的消息。

14.2.2 组合密钥

对于长度为 L 的消息,从每日密钥中取 3 个长度为 L 的段。我们分别称其为 x、y、z,并将各自在每日密钥中的起始位置记作 px、py、pz。如果这些位置中的任何一个靠近每日密钥的尾部,则该段可能会绕回到开头。消息密钥的每个字节由 x、y、z 中的对应字节的线性组合形成。即

$$k_n = (ax_n + by_n + cz_n) \bmod 256$$

其中,系数 a、b、c 可以是 1 到 255 之间的任意奇整数。对于每个消息,3 个系数 a、b、c 和 3 个起始位置 px、py、pz 必须不同。这些可以事先商定,也可以加密并伴随每个消息一并发送。

14.2.3 选择密钥

对于长度为 L 的每个消息,从每日密钥内随机选择的位置处取出两个不重叠的段。第一个段是选择器 s(selector),其长度为 L。第二个段是库存 x(stock),其长度为 256。

要加密消息中的第 n 个字符 m_n，我们首先从选择器中取出相应的字节 $p=s_n$。这个 p 选择了要从库存中取出的密钥字节的位置，即 $k_n=x_p$。使用任意组合函数(比如 xors 或 adds)将密钥字节 k_n 与消息字节 m_n 组合在一起。

使用密钥字节 k_n 之后，x_p 在库存中被替代为 (ax_p+b) mod 256。系数 a 和 b 必须满足 Hull-Dobell 条件(参见 13.4 节)，即 $a\equiv1\pmod 4$ 且 $b\equiv1\pmod 2$。实际上，库存 x 中的 256 个位置各自成为一个独立的线性同余伪随机数生成器(PRNG)。对于库存中的 256 个位置，系数 a 和 b 可以使用相同的值，也可以使用不同的值。一种选项是 a 和 b 使用两对不同的值，根据某个固定模式选择第一对或第二对。无论有多少对值，都应该对不同的消息使用不同的值。

更新库存的另一种方案是将 x_p 替代为 (ax_p+bx_{p-1}) mod 256，其中 a 和 b 是 1 到 255 之间的任意奇整数。你还可以选择将 x_p 替代为 (ax_p+bx_{p-i}) mod 256，其中 i 是 2 到 255 之间的任意整数。

由于 a 和 b 只有 8 192 个可能的值，并且由于要避开使用值 $a=1$，因此重复是在所难免的。然而，只要 Emily 无法确定每个消息所使用哪对值，这就不是问题。重要的是，Emily 无法累积多个具有相同 a 和 b 值的消息。使用指示器的一个缺点是对手可能会收集数个有相同指示器的消息，就能知道这些消息具有相同的密钥。

14.3 指示器

在经典密码学中，同一个密钥经常被使用很长时间，有时甚至是几个月或几年。如今，密钥通常用于单个消息。在一次性密码本中，消息密钥必须只使用一次。否则，Emily 可以将一个消息与另一个消息对比，利用重合指数(参见 5.7 节)来检测重叠部分。

对于中等程度的双向消息量，Sandra 和 Riva 可以使用一本小册子，根据诸如每天的时间和星期几，列出要用到的密钥。在计算机出现之前，常见做法是给消息编号。消息编号可以被加密并随消息一起发送。Sandra 和 Riva 可以通过消息编号在小册子中查找密钥。

当消息量变大或者存在多方消息交换时，密钥本的方法就不可行了，即使将密钥本换成计算机文件也一样。一种解决方案是使用指示器(indicator)。指示器是随消息一起发送的信息片段，接收方可以用它来确定密钥。

在早期，指示器就是密钥本身，隐藏在消息内。例如，消息的第 3 组作为密钥，或者前 8 组的头几个字符形成密钥。稍微复杂的版本可以由第 2 组的中间数字告诉你哪一组是密钥。这类指示器存在一个明显的问题：一旦 Emily 掌握了该系统，她就能读取所有的消息。就算 Emily 搞不清楚这个系统，她也可以简单地尝试消息中的所有分组来查找是否有一个是密钥。如果她找到了几个这样的密钥，也许就能推断出加密模式。

更安全的方法是对密钥进行加密并将其用作指示器。这就是德国人在二战期间使用 Enigma 机器时所做的事情。他们有一个特殊的设置，每天更改一次，用于加密消息密钥。首先将 Enigma 设置为每日更新，并使用该设置对消息密钥进行两次加密。接着将机器重置为消息密钥，由操作员随机选择，然后加密消息。波兰人 Bomba 利用了消息密钥的双重加密来推断出这些密钥。(bomba kryptologiczna 是波兰首席密码学家 Marian Rejewski 于 1938 年发明的一种机电设备，用于破解德国的 Enigma 消息)。当德国人意识到这一点时，立刻停止了这种做法，波兰人便没辙了。Alan Turing 预料到了这个问题，他设计的 Bombe 能够处理 cribs 或可能的明文[①]。法国的 Enigma 破解机也被称为 bombe，据说是以 bombe glacée 命名的，这是一种类似圆顶形状的冷冻甜点，就像 Baked Alaska。

14.2 节描述了从每日密钥生成消息密钥的几种方法。其中的每一种方法都使用了一小组参数来生成每个消息密钥，比如滞后线性相加的系数或者每日密钥中的位置。这些参数集非常适合用作指示器。

14.4 Diffie-Hellman 密钥交换

经典方法就说到这里。现在我们来讲一种更现代的方法。Diffie-Hellman 密钥交换 (Diffie-Hellman key exchange) 是由斯坦福大学教授 Martin Hellman 和他的研究助理 Bailey Whitfield Diffie（后来就职于 Sun Microsystems 公司）于 1976 年发明的。公钥密码学的基本概念是在 1974 年由加州大学伯克利分校的本科生 Ralph Merkle 提出的。

Diffie-Hellman 密钥交换的基本特点是，即便是 Emily 截取了 Sandra 和 Riva 之间所有的消息，两人仍然可以建立安全的加密密钥。为了进行交换，Sandra 和 Riva 必须就一个大质数 P 和该质数的原根 w 达成一致。或者，Sandra 可以简单地选择 P 和 w 并将其发送给 Riva。P 和 w 可以通过明文发送。从 13.3 节可知，找到原根并不难。对于大多

[①] Alan Turing 所设计的机器并不是电影《模仿游戏》(The Imitation Game) 中所称的 Christopher，而是名字不那么浪漫的 Bombe(炸弹)。该机器的理论设计思路是由 Alan Turing 提出的，工程设计和施工由英国制表机公司的 Harold Keen 完成。参见 http://en.wikipedia.org/wiki/Bombe。在布莱切利园(Bletchley Park，是一座位于英格兰米尔顿凯恩斯布莱切镇内的宅第。在第二次世界大战期间，布莱切利园曾经是英国政府从事密码破解的主要地方)，破译员用某些德语中的已知固定搭配或者已知信息作为解密的密钥，这些密钥就叫 cribs。那句 Heil Hitler 就是一个 crib。

数质数来说，2、3、5 或 7 中至少有一个是原根。

Sandra 选择一个秘密指数 s 并计算 $x = w^s \bmod P$。她将值 x 发送给 Riva，但自己保留 s 的值。Riva 选择一个秘密指数 r 并计算 $y = w^r \bmod P$。她将值 y 发送给 Sandra，但自己保留 r 的值。现在，Sandra 可以计算 $y^s \bmod P$，即 $w^{rs} \bmod P$，而 Riva 可以计算 $x^r \bmod P$，即 $w^{sr} \bmod P$。由于 $w^{rs} = w^{sr}$，Sandra 和 Riva 得到了相同的值，两人可以将其用作加密密钥，或者将其分成多个加密密钥。在 13.3 节中描述过一种执行指数运算的高效方法。

一些作者（和维基百科）将 Diffie-Hellman 密钥交换描述为一种公钥方法。他们谈到组合 Sandra 和 Riva 的公钥和私钥。这是不正确的。Diffie-Hellman 并不涉及公钥。即使你认为指数 r 和 s 都属于密钥，但它们都是对称密钥。

假设 Emily 截获了 Sandra 和 Riva 之间的所有消息。那么 Emily 就知道了 P、w、x、y，也就是 $w^s \bmod P$ 和 $w^r \bmod P$，但她不知道 s、r 或者 $w^{rs} \bmod P$。确定 $w^{rs} \bmod P$ 被称为 Diffie-Hellman 问题（Diffie-Hellman problem）。目前不知道这是否与确定 r 和 s 相同，但人们普遍认为它们的难度相等。已知 P、w 以及 x 或 y，确定 s 和 r 被称为离散对数问题（discrete logarithm problem）。众所周知，这个问题非常困难。当 P、r、s 足够大时，该问题被认为是无法计算的（computationally infeasible）。专家们对于 P 必须有多大存在分歧，不过通常的建议是 300 位和 600 位十进制数。一些实现允许 P 最多达到 1234 位十进制数，即 4096 位二进制数。指数 r 和 s 可以小得多。专家建议范围从 40 位十进制数到 150 位十进制数。

当 $P-1$ 只有很小的因数时，一种名为 Silver-Pohlig-Hellman（以 Roland Silver、Stephen Pohlig、Martin Hellman 的名字命名）的算法可以轻松解决离散对数问题。该算法允许你分别求解每个小因数。因此，Sandra 必须确保 P 是一个安全质数（safe prime），也就是说，$P-1$ 至少有一个大因数，比如 $q > 10^{35}$。理想情况下，Sandra 应该选择 P 为 $2Q+1$ 形式的质数，其中 Q 也是质数。对应的质数 Q 称为 Sophie Germain 质数（以法国数论学家 Marie-Sophie Germain 而得名，她还对声学和弹性学有所研究）。如果 $Q-1$ 和 $Q+1$ 都有大质因数，该算法甚至会更强。在下一节中，我们将明确构造 Q，使得 $Q-1$ 有一个大质因数。$Q+1$ 极有可能也有一个大质因数，这纯属偶然，因为 Q 实在太大了。只有小因数的数称为光滑数（smooth numbers）。随着数值越来越大，光滑数会变得非常稀少。

*14.4.1 构造大质数（旧方法）

构造大质数的传统方法在很多网站上都能找到。从随机选择一个大小合适的奇数

N 开始，然后测试它是否为质数。先尝试几百个小质数。如果 N 可被其中任何一个整除，则 N 不是质数。重新再选。进行这种初步测试是值得的，因为速度非常快。接下来，使用概率质数测试来测试 N 是否为质数。最常见的测试是由 Gary L. Miller 和 Michael O. Rabin 发明的 Miller-Rabin 测试。令 $N-1=2^h d$，其中 d 是奇数。也就是说，2^h 是最大的 2 的幂，能够整除 $N-1$。第一步是在区间 $2\sim N-2$ 内选择一个基数 b，测试是否满足 $b^d \equiv 1 \pmod{N}$。如果是，N 通过测试。如果不是，则查看 $b^{2d} \equiv -1 \pmod{N}$ 或者 $b^{4d} \equiv -1 \pmod{N}$ 等等。只要指数 $2^g d$ 仍小于 $2^h d$，就继续下去。如果找到这样的值 g，N 通过测试，b 被称为 N 的质性见证。如果找不到这样的 g，就可以确定 N 不是质数，因此必须重新选择一个新的 N 值。

如果 N 通过了测试，N 仍有 1/4 的概率为合数。如果要将 N 不是质数的概率降低到 $1/2^{128}$，则需要进行 64 次具有不同基数 b 的 Miller-Rabin 测试。遗憾的是，这仍然不能百分之百的保证。Miller-Rabin 测试会将 Carmichael 数误判为质数。这些数不是质数，但每个 b 都是质性见证。Carmichael 数是由伊利诺伊大学的 Robert Carmichael 在 1910 年发现的。前几个 Carmichael 数是 561、1 105、1 729、2 465、2 821、6 601、8 911、10 585、15 841、29 341、41 041。Carmichael 数倾向于具有小的质因数，因此如果通过了 64 次 Miller-Rabin 测试，并发现 N 无法被前几百个质数中的任何一个整除，那么 N 是质数的可能性就非常大了。

这是一种找出特定大小质数的好方法，但不能保证 N 是安全质数，而且速度要比本节中介绍的方法慢得多。如果需要的质数大小为 S，则寻找一个质数所需的尝试次数约为 $\ln(S)$。因此，对于一个 500 位的质数，你得尝试大约 $\ln(10^{500})$ 次（约 1 151），每次都需要进行 64 次 Miller-Rabin 测试和数百次试除。使用我的方法可以节省几个小时或甚至数周的计算机时间，具体取决于所用的计算机和所需的质数大小。

14.4.2 构造大质数（新方法）

一种找出大质数的方法是从任意大整数 N 开始，然后逐个尝试 $2N+1$、$2N+3$、$2N+5$……直到找到一个质数为止。对此作出的一个小改进是尝试 $6N+1$、$6N+5$、$6N+7$、$6N+11$、$6N+13$……这样可以消除所有 2 和 3 的倍数。你还可以尝试 $30N+1$、$30N+7$、$30N+11$、$30N+13$……消除 2、3、5 的倍数，以此类推。

有各种方法来测试给定的整数 N 是否为质数。最简单的方法是试除法。要测试 N 是否为质数，尝试用 N 除以 $\sqrt{N}$ 以内的每个质数。如果其中任何一个质数能够整除 N，则 N 为合数，否则 N 为质数。试除法在 $N=10^{12}$ 或 10^{14} 左右时适用，但对于更大的 N，试除法就太耗时了。其他大多数质数测试仅仅是概率性测试,告诉你这个数可能是一个质数。

有一种测试可以明确地告诉你一个数字是否为质数:如果一个大于 1 的整数 N 具有原根,则 N 为质数。回想一下 13.3 节,如果 $r^{N-1} \bmod N=1$,并且对于任何整除 $N-1$ 的质数 p,$r^{(N-1)/p} \bmod N \neq 1$,则 r 是 N 的原根。为了测试 N 的质性,只需针对 $N-1$ 的每个不同质因数 p 计算值 $x=N-1$ 和 $x=(N-1)/p$ 的 $r^x \bmod N$。我们称这种方法为原根质性测试(primitive root primality test),或简称为根测试。该测试是由法国数学家 Edouard Lucas 于 1876 年提出的,他同时还创造了"Fibonacci 数(Fibonacci number)"这个术语(参见 3.4 节)。Lucas 在 1891 年因意外喝下毒菜汤去世。

将 2、3、5、7、11、13 作为可能的原根进行尝试就足够了。只要 N 有原根,那么这 6 个值中很可能至少有一个是原根。如果这些值中没有一个是原根,就不用再浪费时间尝试其他值了。更高效的方式是继续寻找下一个候选质数。

Lucas 的根测试的问题在于需要对 $N-1$ 进行因数分解,如果 N 有 300 位或更多位,$N-1$ 的因数分解几乎是不可能的,至少没有量子计算机的情况下是这样。这就是为什么你在很多书籍或讨论质数测试的网站上看不到这种测试的原因。

有一种方法可以绕过这个障碍。记住,你的目标不是找到通用的质数测试方法,而是获得一个大质数,用作 Diffie-Hellman 密钥交换的模数。因此,你可以构造质数,而不是去寻找质数。

诀窍是选择具有已知因数的 $N-1$。例如,你可以选择具有 2^n 形式的 $N-1$,那么 N 则具有形式 2^n+1。$N-1$ 的唯一质因数为 2。要寻找形式为 2^n+1 的质数,你只需要找到一个数 b,满足 $b^{N-1} \bmod N=1$ 且 $b^{(N-1)/2} \bmod N \neq 1$。我建议你尝试 $b=2$、3、5、7、11、13。如果这些都不是原根,则跳过 $N=2^n+1$,看看 $N=2^{n+1}+1$ 是否为质数。这样可以找到 3、5、17、257、65 537 这 5 个质数。尽管人们已经花费了数千小时的计算机时间进行搜索,但不清楚是否还有其他符合条件的质数。这 5 个质数称为 Fermat 质数,以纪念法国数学家 Pierre de Fermat,他因方程 $a^n+b^n=c^n$ 的旁注而闻名于世。

(1)概述

在深入细节之前,我先概述构造大质数 P 的一般方法。该方法必须实现以下三个目标:

① $P-1$ 必须有一个大的质因数,以确保 P 是安全的。

② 每个候选的 P 应具有很高的质数可能性,以尽可能减少质数测试。

③ $P-1$ 应具有较少的不同质因数,以尽可能加快每个质数测试。

任何寻找大质数的过程都涉及测试数百甚至数千个候选数。我们将预期测试数量记为 E。这里的方法是将 $P-1$ 的每个候选数设为两个数的乘积 cK。系数 c 将会按照一系列相对较小的数字进行遍历,通常与 E 相当。核心(kernel)K 可以是一个大质数,两个大质数之积,或者至多 2 个质数的幂次积 $p^a q^b$,其中 p 和 q 至少有一个是大质数。让我们先来看看如何选择系数,然后再看如何选择核心。

(2) 系数

选择系数的最简单方法是逐个遍历质数。由于系数必须是偶数,你可以使用每个质数的 2 倍,即 $2\times 2, 2\times 3, 2\times 5, 2\times 7, \cdots$。我们将这种方法称为 PickPrimes。PickPrimes 方法可以尽量减少 cK 中不同质因数的数量。系数 c 中最多有 2 个不同的质因数,核心 K 中最多也有 2 个不同的质因数。然而,PickPrimes 方法对于减少测试次数帮助不大。

选择系数的另一种方法是使用 $p^a q^b$ 或 $p^a q^b r^c$ 等类似形式。这里的 p、q、r 是小质数,比如 2、3、5,或者 2、5、7(稍后我们将看到一个例外情况,其中必须忽略 3)。这样,P 永远不会是 2、3 或 5 的倍数,从而显著提高 P 为质数的概率。如果你使用该方法,可能需要预先计算并排序系数列表。

(3) 核心

核心 K 必须至少有一个大质因数 R。我建议 R 至少为 2^{128}(约为 3.4×10^{38})。如果你的对手有一台量子计算机,请至少将 R 设置为 $2^{256}=1.16\times 10^{77}$。那么,从哪里获得这些质数呢?如果你能接受 30 位的质数,你可以在 bigprimes.org 网站上找到一些。

如果你期望得到许多大质数或超大质数,可以自己动手生成。事先建立一个各种大小的质数表。我们将这个表称为 PrimeTab。保存好 PrimeTab,以便在需要更多质数时不必重复此过程。可以从小于 100 的 25 个质数开始构建质数表。你可能已经能背下来这些质数了,那就只需将其输入程序即可。接下来,如果你愿意,可以使用试除法生成一些 3 到 12 位的质数,比如每种大小生成 2 到 3 个。我建议你随机生成,这样在每次使用该方法时就能得到不同的质数(也使得每位使用此方法的读者不会生成相同的质数)。在此阶段,PrimeTab 可能有大约 50 个质数。

(4) 构造 R(小步法)

现在让我们开始尝试构造 R,即 $Q-1$ 的大质因数。你可以通过寻找比上一个质数稍大一点的质数,一小步一小步地生成 R,也可以一跃而就。如果你期望生成很多大质数,请采用小步方式,这样 PrimeTab 将拥有大量条目可供以后使用。为了说明这两种技术,我们将以小步法(small step)构造 R,以大跳法(giant leap)构造 Q。

假设 PrimeTab 包含 k 个质数:$p_1<p_2<p_3<\cdots<p_k$。为了构造下一个质数,从表中选择任意两个质数,比如 p_i 和 p_j。令 r 为 p_ip_j 的乘积。如果 $r<p_k$,你可能希望选择更大的 i 或 j,以免生成太多的小质数。当然,小质数还是需要一些的,所以建议在 $p_ip_j<pk^{2/3}$ 时选择更大的 i 或 j。首先,使用 Lucas 测试来确定 $R=2r+1$ 是否为质数。这很容易,因为你知道 $R-1$ 的唯一质因数是 2、p_i、p_j。如果 $2r+1$ 不是质数,尝试 $4r+1$,$6r+1$,$10r+1$,…,使用 PickPrimes 方法选择系数。当超过 20 位数时,找出一个质数可能需要每个质数进行 50 次或更多次尝试。

(5) 减少测试数量

当数变得非常大时,你可以通过在搜索原根之前检查每个候选数 $nr+1$ 能否被很多小质数整除来节省时间。例如,验证 $nr+1$ 不能被前 100 个质数中的任何一个整除。通过预先计算前 100 个质数各自的 $x_i=r \bmod p_i$,能够大大提高测试速度。然后,不用计算 $(nr+1) \bmod p_i$,其中 r 可能有数百位,而是改为计算 $(nx_i+1) \bmod p_i$,其中 x_i 只有 1 到 3 位。也就是说,你只做一次试除($r \bmod p_i$),无需对 n 的每个值都进行一次。我们将这个方法称为 PrimeCheck。

PrimeCheck 之所以有效,原因在于候选质数是按顺序选择的。传统的大质数查找方法无法做到这一点,因为候选质数是随机选择的。由于速度更快,你可以使用更多的小质数,比如改用 300 而不是 100,从而减少所需的尝试次数。

与之前一样,如果 2、3、5、7、11 或 13 都不是 $nr+1$ 的原根,跳过该候选数,尝试 n 的下一个值,直到找到下一个质数。由于这种方法只需要对每个候选数测试 6 次,而传统方法则需要测试 64 次,前者的速度超过后者 10 倍以上。将找到的每个质数添加到 PrimeTab 中。

(6) 构造 P 和 Q(大跳法)

假设你的目标是找到一个 300 位的 Sophie Germain 质数,那么继续增加 PrimeTab,直到它至少有一个大质数,比如 $R>2^{128}$。现在你已经准备好使用大跳法生成 300 位质数了。首先选择一个所需大小的目标 T,比如 $T=10^{300}$。可以使 P 任意接近目标值,但 Diffie-Hellman 密钥交换并不需要这么做。T 将仅仅是一个理想的最小尺寸。

下一步是找到 Q。回想一下,Q 必须满足三个要求:Q 必须是质数,$Q-1$ 必须是大质数 R 的倍数,$P=2Q+1$ 也必须是质数。Q 的寻找策略是从种子数 t 开始,其所有质因数均为已知,并尝试使用 PickPrimes 尝试 $2t+1$,$4t+1$,$6t+1$,$10t+1$,…。

警告：如果你使 t 为 3 的倍数，那么 Q 将具有 $3x+1$ 的形式。这使得 $P=2Q+1=6x+3$ 为 3 的倍数。使 t 为 3 的倍数意味着 P 永远不为质数。

由于 T 是 P 的最小值，而 Q 约为 $P/2$，因此 t 应该约为 $T/2$。为了构造 t，请从 PrimeTab 中的最大质数 R 开始。取小于 $T/2$ 的 R 的最大幂，比如 R^r。举例来说，如果 T 是 10^{300}，R 约为 10^{40}，则 $T/2$ 约为 5×10^{299}，故 r 为 7。这意味着 R^r 约为 10^{280}。从 10^{40} 直接到 10^{280} 算是一大跳。这个 R^r 远远少于 5×10^{299}，因此设 $t=R^7S$，其中 S 约为 5×10^{19}。当 $S<10^{12}$ 时，你可以使用试除法找到比 S 大的下一个质数。如果是 S'，则 t 为 R^7S'。当 $S>10^{12}$ 时，你可以将 S' 设为 PrimeTab 中的一个质数与另一个必须选择的小于 10^{12} 的质数之积，或者将 S' 设为一个质数的平方或立方。假设是后者。在这个例子中，S 约为 5×10^{19}。其平方根约为 7 071 067 812。下一个更大的质数是 $U=$ 7 071 067 851。因此，t 将为 R^7U^2。

现在你已经构造好了 t，并且知道其所有的质因数，可以通过根测试检验 $2t+1$，$4t+1$，$6t+1$，$10t+1$，…，开始寻找 Q。随机选择的数 N 为质数的概率约为 $1/\ln(N)$。当 N 的数量级为 10^{300} 时，$\ln(N)$ 约为 690。这意味着要找到 $nt+1$ 形式的质数需要大约 690 次尝试。同时，P 也必须是质数，其概率也约为 $1/690$。意味着需要大约 $690^2=476\ 100$ 次尝试才能找到 $Q=nt+1$ 和 $P=2Q+1$，这两个都是质数。那要做很多次测试。

这些测试非常耗时，因此任何能够减少测试次数的技术都是有价值的。在这种情况下，我们可以使用 PrimeCheck 的自然扩展。对于每个质数 p_i，像以前一样计算 $x_i = t \bmod p_i$。对于 n 的每个值，检查 nx_i+1 是否可被 p_i 整除，以验证 Q 不是 p_i 的倍数，同时检查 $2(nx_i+1)+1$，即 $2nx_i+3$ 是否可被 p_i 整除，以验证 P 不是 p_i 的倍数。这样 x_i 列表就发挥出了双倍的价值。

（7）秘密质数

对于某些密码，你可能需要使用一个只有你和你合法通信对象知道的秘密质数。你仍然可以使用本节中的方法来构造这个质数，但需要确保任何对手不能按照同样的步骤发现你的质数。我建议采取两种预防措施：① 初始化 PrimeTab 时，不要使用大小为 3 到 12 位的 2 到 3 个质数，而是随机选择大小为 3 到 14 位的 5 到 10 个质数。PrimeTab 至少应该包含 100 个初始质数。② 使用小步法构造 P、Q、R，最好在初始质数之外再使用至少 100 步。

（8）精确大小

构造质数的大跳法可以很容易地修改，以找到精确大小的质数。来看一个例子。假

设你需要一个介于 10^{300} 和 1.1×10^{300} 之间的质数。选择略大于 $10^{300}/2\,000\,000$ 的 r，即 5×10^{294}。使用 PickPrimes，但是从 $1\,000\,000$ 开始，即 $1\,000\,003$，$1\,000\,033$，$1\,000\,037$，$1\,000\,039, \cdots$。使用 PrimeCheck 来减少测试次数。

在 $1\,000\,000$ 到 $1\,100\,000$ 之间约有 $6\,700$ 个质数，而在 10^{300} 到 1.1×10^{300} 之间，每 690 个数中约有 1 个是质数，因此几乎可以肯定你会找到所需大小的质数。概率很容易计算。给定范围内的数不是质数的概率为 $689/690$。所有 $6\,700$ 个选定的数都不是质数的概率为 $(689/690)^{6\,700}$，或 $.000\,06$。因此成功的机会为 99.994%。∗∗

15

矩阵方法

本章内容包括：
- 使用整数矩阵或环元素矩阵乘法的密码
- 使用大整数和小整数乘法的密码
- 求解线性同余
- 构建环和可逆矩阵

矩阵是一种非常适合加密的工具，因为可以在一次操作中加密任意大的文本块。通常，消息中的每个块都被视为一个字节向量，即以 256 为模的整数。

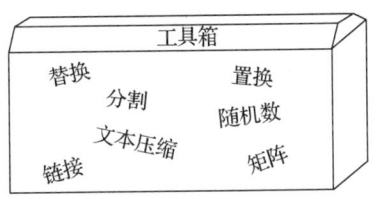

图 15-1 密码学家的工具箱

当 Sandra 使用矩阵对消息进行加密时，Riva 必须使用该矩阵的逆矩阵来解密消息。让我们从矩阵求逆技术开始讨论矩阵方法。

15.1 矩阵求逆

如果明文已知，有多种方法可以求解类似于 $C=AP$ 这样的矩阵方程。由于 Emily 知道 P 和 C，但不知道 A，将方程右乘 P' 得到 $CP'=APP'=A$ 来求解。因此，Emily 需要求 P

的逆矩阵。Riva 则相反,她知道 A,但不知道 P,因此需要求 A 的逆矩阵。将方程左乘 A',得到 $A'C = A'AP = P$。

这里展示的方法具有直接获得逆矩阵的优点,没有其他方法所需的中间回代步骤。该方法是将给定的矩阵与单位矩阵(identity matrix)并排放置在一个 $n \times 2n$ 的双宽矩阵中。仅通过使用初等行变换,将左半部分缩减为单位矩阵。这些行操作应用于双宽矩阵的每一行,因此随着左半部分从原始矩阵变为单位矩阵,右半部分也从单位矩阵变为原始矩阵的逆矩阵。

初等行变换包括:(1) 将行乘以可逆常数,(2) 交换两行,(3) 从一行减去另一行的倍数。

该算法从左上角开始,然后沿左列向下,将原始矩阵的元素逐个转换为单位矩阵的元素。然后对第二列做同样的操作,后续列依此类推。当算法无法继续进行下去时,意味着活动列中的所有元素都是 2 的倍数或者 13 的倍数,则矩阵不可逆。如果 Sandra 遇到这种情况,她需要尝试不同的矩阵 A。通常只需给底行的某个元素加 1 即可。如果 Emily 遇到这种情况,她还需要 n 个已知明文字符。这样就得到了一个 $(n+1) \times n$ 的矩阵。当她应用此算法时,逆矩阵位于双宽矩阵的右上方 $n \times n$ 部分。

这是一个 3×3 的矩阵示例。该矩阵适用于 26 个字母的英文字母表,因此矩阵元素是模 26 的整数。其中没有分数和负数。由于是对 26 取模,每个既非 2 的倍数也非 13 的倍数的元素都有乘法逆元。这使我们可以将每行中第一个非 0 元素转换为 1,这样便于决定从其他哪一行中减去某一行的倍数。原始矩阵如下:

$$\begin{pmatrix} 13 & 4 & 11 \\ 6 & 15 & 1 \\ 10 & 9 & 22 \end{pmatrix}$$

通过在右侧附加一个 3×3 的单位矩阵,将其扩展为双宽格式。

$$\begin{pmatrix} 13 & 4 & 11 & 1 & 0 & 0 \\ 6 & 15 & 1 & 0 & 1 & 0 \\ 10 & 9 & 22 & 0 & 0 & 1 \end{pmatrix}$$

你马上就会遇到麻烦,因为任何一行的第 1 个元素都不可逆。我故意这样做是为了展示一个非常有用的技巧。第 1 行的第 1 个元素是 13 的倍数,但不是 2 的倍数。第 2 行的第 1 个元素是 2 的倍数,但不是 13 的倍数。如果简单地将第 2 行加到第 1 行,那么第 1 个元素变成 19,既不是 2 的倍数也不是 13 的倍数,因此它是可逆的。问题解决。

$$\begin{pmatrix} 19 & 19 & 12 & 1 & 1 & 0 \\ 6 & 15 & 1 & 0 & 1 & 0 \\ 10 & 9 & 22 & 0 & 0 & 1 \end{pmatrix}$$

19 的乘法逆元是 11 模 26，因为 $19 \times 11 = 209 \equiv 1 \pmod{26}$。第 1 行乘以 11，将矩阵的第一个元素变为 1。

$$\begin{pmatrix} 1 & 1 & 2 & 11 & 11 & 0 \\ 6 & 15 & 1 & 0 & 1 & 0 \\ 10 & 9 & 22 & 0 & 0 & 1 \end{pmatrix}$$

现在，从第 2 行减去顶行的 6 倍，再从第 3 行减去顶行的 10 倍，就可以完成第 1 列。这将使第 2 行和第 3 行的第 1 个元素变为 0。

$$\begin{pmatrix} 1 & 1 & 2 & 11 & 11 & 0 \\ 0 & 9 & 15 & 12 & 13 & 0 \\ 0 & 25 & 2 & 20 & 20 & 1 \end{pmatrix}$$

开始处理第 2 行。第 2 行中第 1 个非 0 元素是 9。9 的乘法逆元是 3，因为 $9 \times 3 = 27 \equiv 1 \pmod{26}$。第 2 行乘以 3，将该行的第 1 个元素变为 1。

$$\begin{pmatrix} 1 & 1 & 2 & 11 & 11 & 0 \\ 0 & 1 & 19 & 10 & 13 & 0 \\ 0 & 25 & 2 & 20 & 20 & 1 \end{pmatrix}$$

从第 1 行减去第 2 行，再从第 3 行减去第 2 行的 25 倍，就可以完成第 2 列。注意，双宽矩阵的左侧逐渐变成单位矩阵。

$$\begin{pmatrix} 1 & 0 & 9 & 1 & 24 & 0 \\ 0 & 1 & 19 & 10 & 13 & 0 \\ 0 & 0 & 21 & 4 & 7 & 1 \end{pmatrix}$$

差不多完成了。第 3 行中第 1 个非 0 元素是 21。21 的乘法逆元是 5，因此将矩阵的底行乘以 5。

$$\begin{pmatrix} 1 & 0 & 9 & 1 & 24 & 0 \\ 0 & 1 & 19 & 10 & 13 & 0 \\ 0 & 0 & 1 & 20 & 9 & 5 \end{pmatrix}$$

从第 1 行减去第 3 行的 9 倍，再从第 2 行减去第 3 行的 19 倍，就可以完成第 3 列。

$$\begin{pmatrix} 1 & 0 & 0 & 3 & 21 & 7 \\ 0 & 1 & 0 & 20 & 24 & 9 \\ 0 & 0 & 1 & 20 & 9 & 5 \end{pmatrix}$$

全部完成。双宽矩阵的左半部分现在是单位矩阵，右半部分是原始矩阵的逆矩阵。你可以通过将原始矩阵乘以逆矩阵来验证这一点。结果应该是单位矩阵，没错。

$$\begin{pmatrix} 13 & 4 & 11 \\ 6 & 15 & 1 \\ 10 & 9 & 22 \end{pmatrix} \begin{pmatrix} 3 & 21 & 7 \\ 20 & 24 & 9 \\ 20 & 9 & 5 \end{pmatrix} = \begin{pmatrix} 1 & 0 & 0 \\ 0 & 1 & 0 \\ 0 & 0 & 1 \end{pmatrix}$$

15.2　置换矩阵

我们从一种非常简单的矩阵方法开始，即置换矩阵（transposition matrix），它等价于数学中的排列矩阵（permutation matrix）。这是一个方阵，每行和每列只有一个 1。其他所有矩阵元素均为 0。如果你想要置换一个由 10 个字母组成的块，你可以将该块视为大小为 1×10 的行矩阵，并将其右乘一个大小为 10×10 的置换矩阵。结果会是一个字母被置换的 1×10 矩阵。

要将一个字母从块中的位置 2 移动到位置 5，你需要将第 2 行第 5 列的元素设置为 1。这是一个 4×4 的置换矩阵的例子，将信息块 ABCD 改为 BADC。

$$\begin{pmatrix} 0 & 1 & 0 & 0 \\ 1 & 0 & 0 & 0 \\ 0 & 0 & 0 & 1 \\ 0 & 0 & 1 & 0 \end{pmatrix}$$

置换矩阵本身并不是特别实用，但如果有一个对数据块执行替换的矩阵 M 和一个置换矩阵 T，就可以用矩阵 MT 代替 M，将它们合并成一个步骤。这样，你就能在单次操作中实现替换和置换。

15.3　Hill 密码

最早基于矩阵的密码是 Hill 密码，由亨特学院（Hunter College）的 Lester S. Hill 于 1929 年发明，并发表于美国数学月刊（American Mathematical Monthly）。类似的密码于 1924 年由当时十几岁的 Jack Levine 发明，后来成为北卡罗来纳州立大学的教授，并在 1926 年在流行侦探小说杂志弗林周刊（Flynn's Weekly）上发表。该周刊的密码专栏由 M. E. Ohaver 负责，4.4 节介绍过的分割摩斯码就是他发明的。巧合的是，Kendell Foster Crossen（4.4节也有提及）也在弗林周刊发表了许多作品。Levine的整个职业生涯都在试图推翻Hill的密码并推广自己的密码。

Hill密码使用的是26个字母的字母表，字母从0到25按某种乱序排列。也就是说，在矩阵操作之前，先要进行简单替换。将明文字母分成若干块，每块3个字母。这形成一个列向量，即$3×1$的矩阵P。将该列向量在左边乘以$3×3$的矩阵A，然后加上一个列向量B，得到密文向量C。按照矩阵记法可以写作$C=AP+B$，使用模26的加法和乘法。最后，使用相同的字母到数字对应关系将数字转换回字母。

遗憾的是，很多作者狭隘地将Hill密码视为这种密码的一种简化削弱版。为了避免歧义，我们给几个版本的Hill密码编一下号。Hill-0是最弱的版本，其中使用标准的英文字母表，不进行混合，并省略B向量，因此$C=AP$。Hill-1稍微强一些，其中仍然使用未经混合的字母表，但是B向量不为0。Hill-2是Hill最初提出的版本，其中使用混合字母表和非0的B向量。Hill-3是更强的版本，其中使用一个混合字母表将字母转换为数字，但是你要使用另一个混合字母表将数字转换回字母。这类似于9.6.1节中的共轭矩阵Bifid密码。

Hill提出的密码，即Hill-2，最初基本上是一种具有保密方法的密码。字母到数字的转换以及两个矩阵A和B都是固定的。没有密钥。任何知道该方法的人都可以像预期接收方一样轻松地阅读信息。最近的大多数书籍和网站都忽略了混合字母表，只集中于矩阵操作。如果使用固定的字母到数字的转换，是合规的，因为已知字母表的混合可以被剔除。

让我们首先看一下Hill-0，其中A是未知的$n×n$矩阵，向量B为0，因此$C=AP$。这正是我们在11.3节中看到的普通矩阵乘法。Riva可以将密文乘以矩阵A的逆矩阵A'来解密消息。逆矩阵具有$A'A=AA'=I$的性质，其中I是单位矩阵。在矩阵I中，每个对角元素均为1，其他元素均为0。单位矩阵类似于普通乘法中的1，也就是说，对于每个数N，$1×N=N×1=N$。在矩阵中，这意味着对于每个方阵A，$IA=AI=A$。如果Emily能确定A'，也可以解密消息。

Hill密码的这个$B=0$版本容易受到已知明文攻击（known-plaintext attack）。如果Emily有n^2个已知明文字符，她可以将其组成一个$n×n$矩阵。那么$C=AP$，其中C、A、P均为$n×n$矩阵，矩阵元素为模26的整数。这个矩阵方程有多种求解方法。其中一种方法参见15.1节。

如果加向量（additive vector）B不全为0，那么Emily只再需要n个已知明文字符，就能从方程中消除B。额外的已知明文字符可以形成列向量P_2，相应的密文字符可以形成

列向量 C_2。这些向量可以像这样从方程中减去：$(C-C_2)=A(P-P_2)$。这与 $C=AP$ 具有相同的形式，解法也一样，即通过求矩阵 $P-P_2$ 的逆矩阵来解决。从 $n \times n$ 矩阵中减去 $n \times 1$ 列向量的方法是：从矩阵顶行的每个元素中减去向量的第 1 个元素，再从矩阵第 2 行的每个元素中减去向量的第 2 个元素，以此类推。

$$\begin{pmatrix} a & b & c \\ d & e & f \\ g & h & i \end{pmatrix} - \begin{pmatrix} x \\ y \\ z \end{pmatrix} = \begin{pmatrix} a-x & b-x & c-x \\ d-y & e-y & f-y \\ g-z & h-z & i-z \end{pmatrix}$$

假设你缺少已知明文，破解 Hill-0 的变体还是有可能的。我们继续假设有一个保密的 3×3 乘矩阵，$C=AP$。乘以 A 的逆矩阵 A'，得到 $P=A'C$。在每个消息块中，第 1 个明文字符仅依赖于 A 的顶行。这只有 $26^3=17\,576$ 种可能性，所以逐个尝试并不难。对于顶行的每种组合，将决定明文中位置为 1、4、7……处的字母。对于这样的组合，统计字母频率。

你可以使用 5.9.1 节中描述的高峰法将这些字母频率与标准英文字母频率进行比较。取那些具有最佳匹配的组合，比如前 1‰ 或前 175 个组合。对于每个块的第 2 个和第 3 个明文字符，使用逆矩阵 A' 的第 2 行和第 3 行重复相同的操作。这为 3 行中的每一行提供了 175 种可能的组合。现在，你可以尝试这些组合的组合，以获得整个消息的可能重构。只需尝试 $175^3=5.36\times10^6$ 种组合。第 1 行的组合给出了每个块的第 1 个字母，第 2 行的组合给出了每个块的第 2 个字母，第 3 行的组合给出了每个块的第 3 个字母，这样就得到了所有的字母。

现在，你可以通过三字母组频率来确定最有可能的明文。使用所有的三元组，而不仅仅是 3 个字母的块，还包括跨块的三元组。这与我们在 5.10 节和 8.2 节中采用的处理过程相同，这里就不再赘述所有的细节了。如果这无法产生令人满意的结果，返回到开始，对每个字母选择前 2‰ 或前 350 个组合。

Hill 密码的 Hill-1 版本具有一个保密的 3×3 乘矩阵（multiplicative matrix）和一个保密的 3×1 加矩阵（additive matrix），但字母表未经混合，该版本的安全性评级为 3 级。如果在矩阵操作前后均加入密钥混合替换，则评级为 5 级。可以将其视为一般的三字母组替换密码来破解。矩阵越大，评级也越高。要达到 10 级，矩阵必须至少为 8×8，并且必须应用两次 Hill-3 矩阵操作。步骤如下：(1) 使用密钥混合非线性替换将消息转换为数值形式。(2) 将每个块与矩阵相乘，再加上列向量。(3) 对数值进行第二次非线性替换。(4) 将每个块乘以第 2 个矩阵，再加上第 2 个列向量。(5) 使用第 3 个密钥混合非线性替换将结果转换回字母。两个乘法矩阵可以固定不变，但用于混合字母表的 3 个密钥和 2 个相加列向量应在每个消息中更改。此密码称为 DoubleHill。

15.4 计算机版本的 Hill 密码

Hill 密码对于密码员来说过于复杂，无法手工完成。Hill 还发明了一种用于加密和解密的机械设备。这是为了满足当时的专利法，其中规定允许对机器申请专利，但不允许对数学算法申请专利。尽管如此，该密码也极少用于实践。

在如今的计算机时代，Hill 密码又变得实用起来。矩阵乘法对于计算机来说是小菜一碟。使用 10×10 矩阵代替 3×3 矩阵并不难。对于已知明文攻击，Emily 以前需要 9 个字符的已知明文，而现在则需要 100 个字符。这几乎是不可能的，除非通过间谍活动或在战场上拦截消息。使用保密的 10×10 矩阵以及标准字母表的 Hill 密码被评为 6 级。使用保密的 10×10 矩阵，并在执行矩阵乘法前后进行密钥混合替换的 Hill 密码被评为 8 级。

你还可以使用多个矩阵并定期或随机为每个块选择不同的矩阵以进一步强化 Hill 密码。矩阵和明文块的大小可以不一样。由于矩阵乘法不满足交换律，所以当你与左边或右边的矩阵相乘时，几乎总会得到不同的结果。当你在左侧执行矩阵乘法时，每个明文块必须被视为列向量，但是在右侧执行矩阵乘法时，每个明文块必须被视为行向量。这表明，通过定期或随机交替左右两侧能够获得更安全的密码。可变矩阵、可变块大小、可变两侧，你可以任选其一或混合使用。

你还可以将置换与 Hill 密码组合使用，但并非所有的置换都能提高安全性。假设你正在使用 Hill-0 或 Hill-1 变体，并在矩阵乘法之后置换每个块中的字母。这与使用具有不同矩阵乘法器的 Hill 密码相同。令 T 表示置换。在对 Hill-1 进行加密后应用 T 得到 $C = T(AP + B) = (TA)P + (TB)$。你所做的只是用矩阵 TA 替代了 A，用矩阵 TB 替代了 B。Emily 可以使用已知明文破解密码，她永远不会知道有置换存在。如果你想将置换与 Hill-0 或 Hill-1 组合使用，则必须在不同块之间交换字母（swap letters among different blocks），或者必须在不同块中交换不同的字母（swap different letters in different blocks）①。

令人惊讶的是，当你使用 Hill-2 或 Hill-3 时，情况完全相同。这是因为简单替换和置换满足交换律。设 S 是任意简单替换，T 是任意置换，M 是任意消息，则 $S(T(M)) =$

---

① "swap letters among different blocks" 指的是在不同的块之间交换字母，即将一个块中的字母与另一个块中的字母交换位置，这样可以增加密码的复杂度。而 "swap different letters in different blocks" 则指的是在不同块中交换不同的字母，即将第一个块中的一个字母与第二个块中的一个不同的字母交换位置，这样也可以增加密码的复杂度。两者的目的都是为了增加密码的安全性，但针对的对象略有不同。

$T(S(M))$，$ST=TS$。因此，无论使用哪种 Hill 密码变体，如果要加入置换步骤，则必须在不同块之间交换字母，或者必须在不同块中定期或伪随机地交换不同的字母。

另一种思路是在消息的两侧执行矩阵乘法。如前所述，当你在左侧用矩阵乘以文本块时，必须将其视为列向量，在右侧乘以文本块时，必须将其视为行向量。假设你使用的是 3×3 矩阵，加矩阵 ***B***=0。对于单侧矩阵乘法，每个密文字符的表达式有 3 项，每项都涉及 1 个明文字母和 1 个矩阵元素。对于双侧矩阵乘法，每个密文字符的表达式有 9 项，每项都涉及 1 个明文字母和 2 个矩阵元素之积。因此，明文字母的系数是二次方的。在 81 个可能的二次方系数中，有 27 个出现在这些表达式内。

对于 Hill-0 和 Hill-1，Emily 仍然可以使用已知明文求解这些方程。有两种方法，一种简单，一种困难。困难的方法是用 18 个已知明文字符求解两个 3×3 矩阵中 18 个未知元素的 18 个二次方程。祝你好运吧！

简单的方法是将 27 个二次方系数中的每个都视为单独的变量。这将方程从 18 个变量的二次方程变为 27 个变量的线性方程。忽略如何从 18 个矩阵元素形成 27 个变量，只将它们视为不可分割的单元。由于现在有 27 个未知数，因此 Emily 需要 27 个已知字母而不是 18 个。虽然可能性很小，但如果她截获了使用相同密钥的多个消息，还是有可能的。例如，假设 Emily 知道从瑞典发送的每个消息都以单词 STOCKHOLM 结尾。由于 STOCKHOLM 可能从 3 个字母块的不同位置出现，所以 3 个不同的消息可以提供 27 个已知字母的位置。她就可以轻松解出 27 个线性方程，从而得到 27 个系数。

从这里可以很容易地求解 27 个单项式二次方程，从而找到 18 个矩阵元素，但是何必费这个事呢？明文字母和密文字母之间的关系全部是由 27 个二次方系数决定的。知道这些系数是如何产生的对 Emily 来说得不到任何好处。

Hill-1 的情况与 Hill-0 基本相同。有 36 个未知数，因此 Emily 需要 36 个已知明文字符。否则，解决过程相同。Hill-2 和 Hill-3 没有可比性。最好将其作为三字母组替换密码来解决。

通过在两边使用不同大小的矩阵，以及在两边以不同的方式对齐矩阵，可以从双侧矩阵乘法获得更高的强度。以下是这些技术的两个示例。在第一个示例中，左侧乘法是 3×3 矩阵，而右侧乘法是 4×4 矩阵。由于 3×3 矩阵与 4×4 矩阵相对，如图所示，我们称之为 Butthead 配置。

3×3	3×3	3×3	3×3
4×4	4×4	4×4	

这给了你 12 个字符的有效块大小。由于右侧的每个 4×4 矩阵都跨越了左侧的两个 3×3 矩阵,因此每个密文字符依赖于 6 个明文字符,而不是 4 个。通过这种配置,生成每个密文字符只需要 7 次乘法,因此该方法速度非常快。当混合字母表保密,但矩阵为已知时候,Butthead 密码的安全性评为 6 级。如果混合字母表和矩阵都是保密的,评级为 8 级。如果矩阵是 6×6 和 7×7 或更大,则评级提高到 10 级。当然,Sandra 使用的矩阵大小应该是互质的。

Brick Wall 是另一种推荐的双侧矩阵乘法配置。在这里,矩阵都具有相同的大小,但是它们偏移了一半的宽度,就像墙上的砖块一样。下图展示了这种方法。

4×4		4×4		4×4		4×4	
2×2	4×4		4×4		4×4		2×2

注意,矩阵的边界从未对齐。这种配置没有块结构,或者换句话说,整个消息是一个块。由于右侧的每个 4×4 矩阵跨越左侧的两个 4×4 矩阵,每个密文字母依赖于 8 个明文字母。这对于高安全性的工作已经足够。

如果你在第一个和最后一个块实际使用 2×2 矩阵,那么这些块将变得脆弱且容易受到攻击,还需要有 1×1 和 3×3 矩阵来处理不均匀的消息长度。最好一直使用 4×4 矩阵。下面的两个图示展示了如何处理长度为 13 的消息。第一个图显示了左侧矩阵的放置方式,最后一个 4×4 矩阵与消息的右端对齐。

A	B	C	D	E	F	G	H	I	J	K	L	M
A	B	C	D									
				E	F	G	H					
								I	J	K	L	
									J	K	L	M

下一个图展示了右侧矩阵的放置方式,偏移了 2 个字符。右侧的第一个和最后一个 4×4 矩阵与消息的两端对齐。

A	B	C	D	E	F	G	H	I	J	K	L	M
A	B	C	D									
		C	D	E	F							
					G	H	I	J				
								J	K	L	M	

这种定位最后一个矩阵的方法会使最后一个左侧矩阵和最后一个右侧矩阵对齐。

可以通过绕回到消息的开头来避免这种情况，如下所示：

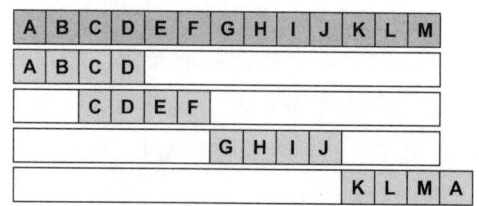

如果你在左侧矩阵乘法之前进行密钥混合简单替换，在右侧矩阵乘法之后再进行另一次密钥混合简单替换，并且使用了 6×6 或更大的保密矩阵时，Brick Wall 密码的安全性评级为 10 级。

由于求矩阵的逆矩阵需要花费一些精力，最好对左右两侧的乘法都使用固定矩阵。使用固定矩阵会削弱密码，但你可以在两个矩阵乘法步骤之间添加第 3 个简单替换作为弥补。矩阵大小可以是任何的偶数，比如 6×6 或更大。与 Hill 密码相比，我们称其为"Everest 密码"。该密码的安全性评级为 10 级。

15.5 大整数乘法

大整数乘法与矩阵乘法有一个重要的相似之处：在矩阵乘法中，乘积的每个元素都是两个矩阵的元素乘积之和。在大整数乘法中，乘积的每个数字都是两个大整数的数字乘积之和。不管怎样，这就是我将该主题放在矩阵一章的原因。

一个 128 位的块可以被看作是 16 字节，或者是 128 位整数的 16 个 256 进制的数字。如果你将这样的两个 256 进制整数相乘，就涉及 256 次乘法和 256 次加法（包括进位）。如果你使用的编程语言允许你将两个 32 位无符号整数相乘得到一个 64 位无符号乘积，速度就会快得多。这样你只需要执行 16 次乘法和 16 次加法即可。如果编程语言允许对 64 位整数与 128 位整数相乘，那就更简单了。

还有更快的方法可用于超大数乘法，比如 Karatsuba 和 Toom-Cook 算法，但对于 128 位数（甚至是 256 位数）乘法的益处太小，就当前目的而言不值得，因此我不打算深入讨论大整数乘法的机制。一些计算机语言可以自动处理大整数乘法的细节，不需要用户亲自介入。

话虽如此，我们还是要讨论一种名为 Mult128 的密码，其中消息被划分为 128 位的块。每个块被视为一个 128 位整数，并乘以一个保密的 128 位整数 M 对 2^{128} 取模的结果。换句话说，只使用 256 位乘积的低半部分，而高半部分被丢弃。这意味着乘法的部分中间结果无需计算，因为它们仅影响乘积的高半部分。

Riva 可以通过将密文与 M 模 2^{128} 的乘法逆元 M' 相乘来读取消息。只要 M 是奇数，这个逆元就存在。让我们看看如何找到一个乘法逆元。

同余式乘除

我在本书一开始就承诺过，会根据需要介绍所有必要的数学知识。本节就是其中之一。计算乘法逆元的方法涉及线性同余相乘（multiplying linear congruences）。在说明如何进行计算之前，我们用一个例子来看看为什么这是个问题。（我在第 3.6 节中使用了这个例子的一部分，你可能需要复习一下。）

并非所有的同余式都具有相同的强度。有些同余式强，且有唯一解；有些同余式弱，且有多个解。同余式越强，提供的信息就越多。考虑下列按照从强到弱的顺序列出的同余式：

$5x \equiv 1 \pmod{12}$。唯一解 $x \equiv 5 \pmod{12}$。

$10x \equiv 8 \pmod{12}$。两个解 $x \equiv 2, 8 \pmod{12}$。

$9x \equiv 3 \pmod{12}$。三个解 $x \equiv 3, 7, 11 \pmod{12}$。

$8x \equiv 4 \pmod{12}$。四个解 $x \equiv 2, 5, 8, 11 \pmod{12}$。

$6x \equiv 6 \pmod{12}$。六个解 $x \equiv 1, 3, 5, 7, 9, 11 \pmod{12}$。

造成这种差异的原因是除了第一个同余式 $ax \equiv b \pmod{n}$ 外，参数 a、b、n 都具有公因数。在 $10x \equiv 8 \pmod{12}$ 中，参数 10、8、12 具有公因数 2，所以这个同余式有两个解。在 $9x \equiv 3 \pmod{12}$ 中，参数 9、3、12 具有公因数 3，所以这个同余式有三个解。依此类推。公因数越大，解的数量就越多，同余式就越弱。

当 a、b、n 具有一个公约数 d 时，你可以将同余式除以 d。例如，$9x \equiv 3 \pmod{12}$ 具有公因数 3。将其除以 3 得到 $3x \equiv 1 \pmod 4$。这个方程的解一目了然：$x \equiv 3 \pmod 4$。因为 $3 \times 3 = 9 \equiv 1 \pmod 4$，所以结果没有问题。要将此结果转换回 $\pmod{12}$，第一个解是 3 $\pmod{12}$，然后加上 $12/3 = 4$，再加上 4，就得到了另外两个解，分别是 7 $\pmod{12}$ 和 11 $\pmod{12}$。

总结一下，如果 a、b、n 具有一个公约数 d，那么就会有 d 个不同的解。第一个解是 $a/d \equiv b/d \pmod{n/d}$ 的解，其他解则相隔 n/d。

我们再来看另外两种情况。假设再次有 $ax \equiv b \pmod n$，且 a 和 n 有一个不能整除 b 的公约数，例如 $3x \equiv 7 \pmod{30}$。那么这个同余式没有解。反之，假设 a 和 b 有一个不能整除 n 的公约数 d。那么你可以将 a 和 b 除以 d。例如，如果 $10x \equiv 25 \pmod{37}$，那么 $2x \equiv 5 \pmod{37}$。给 5 加上 37，得到 $2x \equiv 42 \pmod{37}$，这个方程靠心算就能求解。除以

2 得到 $x \equiv 21 \pmod{37}$。

正如你可以将 a 和 b 除以一个常数，同样也可以将其乘以一个常数 m，但是 m 必须与 n 互质。换句话说，m 在模 n 下必须是可逆的。否则，同余式会变得更弱且丢失信息。例如，假设你有 $9x \equiv 3 \pmod{12}$。这是一个有 3 个解的弱同余式。如果你将 a 和 b 乘以 2，方程变为 $18x \equiv 6 \pmod{12}$，等价于有 6 个解的 $6x \equiv 6 \pmod{12}$。这个弱同余式变得更弱了。

你也可以加减具有相同模数的同余式。假设有 $ax \equiv b \pmod{n}$ 和 $cx \equiv d \pmod{n}$。两者相加得到 $(a+c)x \equiv b+d \pmod{n}$，或者相减得到 $(a-c)x \equiv b-d \pmod{n}$。这可用于来加强一组弱同余式。例如，假设你有 $9x \equiv 3 \pmod{12}$ 和 $8x \equiv 4 \pmod{12}$。第一个同余式有 3 个解，第二个有 4 个解。如果将两者相加，得到 $17x \equiv 7 \pmod{12}$，可化简为 $5x \equiv 7 \pmod{12}$，有唯一解 $x \equiv 11 \pmod{12}$。更聪明的做法是将两者相减，得到 $(9-8)x \equiv (3-4) \pmod{12}$，直接有 $x \equiv 11 \pmod{12}$。

*15.6 求解线性同余式

现在你已经知道如何在不损失强度的同时安全地处理同余式，我们就可以处理求解线性同余式 $ax \equiv b \pmod{m}$ 的问题了，其中 a、b、m 是给定的常数，x 是我们要找的未知值。在特殊情况下，当 $b=1$ 时，x 是模 m 下的乘法逆元。大多数教科书只提到一种叫做扩展欧几里得算法(Extended Euclidean Algorithm)的技术(欧几里得算法通常归功于亚历山大的 Theaetetus，他比欧几里得早约一个世纪)。这是一种颇为有效的方法。当模数较小或模数具有多个不同的小质因数时，它可能是正确的方法。如果因式分解未知且存在小因数的可能性，则绝对是正确的方法。

然而，在密码学中，只有两种常见情况需要计算乘法逆元，即当模数为质数或模数为 2 的幂时。本节将介绍一种更简单、更直接的方法。

15.6.1 化简同余式

求解同余式 $ax \equiv b \pmod{m}$ 的基本方法是反复化简 x 的系数。最简单的方法是 ResM。该方法将同余式乘以一个足够大的整数 n，使得 x 的系数至少与模数相等，即 $a(n-1) < m \leqslant an$。你可以通过 m/a 并向上取整来确定 n 的值，所以 2.000 0 仍为 2，但 2.000 1 则变为 3。当系数以 m 为模数化简时，会得到更小的系数。

我们先从一个简单的 ResM 示例开始，了解一下基本概念，以便能跟得上后续复杂的讨论。考虑同余式 $38x \equiv 55 \pmod{101}$。我们知道 $101/38 = 2.658$，所以将同余式乘以

3,然后对 101 求模,如下所示：

$3\times 38x\equiv 3\times 55\ (\mathrm{mod}\ 101)$,即 $114x\equiv 165\ (\mathrm{mod}\ 101)$,

化简为 $13x\equiv 64\ (\mathrm{mod}\ 101)$。

注意,x 的系数从 38 化简为 13。这个系数还可以再化简。我们有 $101/13=7.769$,所以将同余式乘以 8,如下所示：

$8\times 13x\equiv 8\times 64\ (\mathrm{mod}\ 101)$,即 $104x\equiv 512\ (\mathrm{mod}\ 101)$,

化简为 $3x\equiv 7\ (\mathrm{mod}\ 101)$。

我们离答案很近了。$101/3=33.667$,所以将最后一个同余式乘以 34,x 的系数就被化简为 1：

$34\times 3x\equiv 34\times 7\ (\mathrm{mod}\ 101)$,即 $102x\equiv 238\ (\mathrm{mod}\ 101)$,

化简为 $x\equiv 36\ (\mathrm{mod}\ 101)$。

我们可以将 $x=36$ 代入原始同余式 $38x\equiv 55\ (\mathrm{mod}\ 101)$ 来验证这个结果。x 替换为 36,得到 $38\times 36\equiv 55\ (\mathrm{mod}\ 101)$,即 $1368\equiv 55\ (\mathrm{mod}\ 101)$,没错。正确答案是 $x\equiv 36\ (\mathrm{mod}\ 101)$。

15.6.2 对半法

来看一个小的改进方案,我们称之为对半法(Half-and-Half Rule)。大约有一半的时间,m/a 的小数部分小于 $1/2$,另一半时间大于 $1/2$。令 $q=m/a$,那么有一半时间 qa 更接近 m,而另一半时间 $(q+1)a$ 更接近 m。

举一个具体的例子可能会更加清楚。设 m 为 101,a 为 40,那么 $q=101/40=2.525$。小数部分 .525 大于 $1/2$。如果取 40×2,结果是 80,比 101 小 21。如果取 40×3,结果是 120,比 101 大 19。因此,40×3 比 40×2 更接近 101。故最佳的乘数是 $n=3$。

假设 a 是 41。那么 $m/a=101/41=2.463$。这次的小数部分 .463 小于 $1/2$。如果取 41×2,结果是 82,比 101 小 19。如果取 41×3,结果是 123,比 101 大 22。因此 41×2 比 41×3 更接近 101。故最佳的乘数是 $n=2$。

总结一下,当 $q=m/a$ 的小数部分小于 $1/2$ 时,如果我们向下取整 q,则 na 更接近 m；而当 $q=m/a$ 的小数部分大于 $1/2$ 时,如果我们向上取整 q,则 na 更接近 m。使用 13.3 节介绍过的符号 $\lfloor\ \rfloor$ 和 $\lceil\ \rceil$,如果 $\mathrm{frac}(q)<1/2$,选择 $n=\lfloor q\rfloor$；但如果 $\mathrm{frac}(q)>1/2$,则选择 $n=\lceil q\rceil$。这听起来很容易,但有一个棘手之处。当 $n=\lceil q\rceil$ 时,na 大于 m,你需要减去 m

的倍数来化简同余式,就像本节开始时所做的那样。当 $n=\lfloor q \rfloor$ 时,na 小于 m,你需要从 m 的倍数中减去它来化简同余式。

一开始：

$41x \equiv 90 \pmod{101}$

由于 $101/41=2.463$,将同余式乘以 2,得到：

$82x \equiv 180 \pmod{101}$

从 101 的倍数中减去这个结果,即

$101x \equiv 202 \pmod{101}$

由于 $101-82=19$ 且 $202-180=22$,得到：

$19x \equiv 22 \pmod{101}$。

为了说明这个改进带来了多大的提升,让我们并排对比使用和不使用半分法的同余式化简步骤。

不使用半分法	使用半分法
$135x \equiv 77 \pmod{1\ 009}$	$135x \equiv 77 \pmod{1\ 009}$
$71x \equiv 616 \pmod{1\ 009}$	$64x \equiv 470 \pmod{1\ 009}$
$56x \equiv 159 \pmod{1\ 009}$	$15x \equiv 457 \pmod{1\ 009}$
$55x \equiv 1003 \pmod{1\ 009}$	$4x \equiv 660 \pmod{1\ 009}$
$36x \equiv 895 \pmod{1\ 009}$	$x \equiv 165 \pmod{1\ 009}$
$35x \equiv 730 \pmod{1\ 009}$	
$6x \equiv 990 \pmod{1\ 009}$	
$5x \equiv 825 \pmod{1\ 009}$	
$x \equiv 165 \pmod{1\ 009}$	

不使用半分法时,简化需要 8 步。使用半分法时,简化只需要 4 步。比率因系数和模数的不同而有所变化,但 8∶4 是比较典型的比例。使用半分法的 ResM 称为 ResMH。

15.6.3 阶梯法

当整数非常大时,还是有点慢,因为我们需要大数执行乘除运算。阶梯法就可用于避免这种情况。该方法在每个步骤使用两个同余式。阶梯法不是将 x 的系数乘以逐渐增加的数,从而使值接近模数,而是将每个同余式中的系数乘以一个较小的数,从而使值接近前一个系数。这需要额外的同余式来启动该过程。为此,我们使用同余式 $mx \equiv m \pmod{m}$,它等价于 $0x \equiv 0 \pmod{m}$。

让我们看一个使用更大数的例子:

$28338689x \equiv 28338689 \pmod{28338689}$　　人工初始同余式

$6114257x \equiv 90926 \pmod{28338689}$　　我们想要求解的同余式

由于 $28338689/6114257$ 约为 4.635,乘以 5 并减去得到:

$6114257x \equiv 90926 \pmod{28338689}$

$2232596x \equiv 454630 \pmod{28338689}$

这里 $6114257/2232596$ 约为 2.739,乘以 3 并减去得到:

$2232596x \equiv 454630 \pmod{28338689}$

$583531x \equiv 1272964 \pmod{28338689}$

继续这样做,依次得到:

$101528x \equiv 4637226 \pmod{28338689}$

$25637x \equiv 26550392 \pmod{28338689}$

$1020x \equiv 16548275 \pmod{28338689}$

$137x \equiv 9585163 \pmod{28338689}$

$61x \equiv 6129512 \pmod{28338689}$

$15x \equiv 25664828 \pmod{28338689}$

$x \equiv 16824956 \pmod{28338689}$

这些例子中每个都使用了质数模(prime modulus)。当模数是复合数时,情况会变得更加复杂。我不会在这里逐一讨论这些复杂性。对于密码学而言,最重要的情况是当模数为 2 的幂时,比如 2^{32} 或 2^{128}。在这种情况下,每个阶段选择的乘数必须是奇数。因此,你不必将乘数取整到最接近的整数,而是始终取整到奇数整数。例如,3.14 会被取整为 3,而 3.99 也会被取整为 3。使用阶梯法的 ResMH 被称为 ResMHL。

15.6.4　连分数

一旦有两个或更多的线性同余式,你就可以使用称为连分数(continued fractions)的

技术更快地化简 x 的系数。连分数是一种用分数逼近小数的方法。考虑小数 $R = .13579$。R 在 $1/7$ 和 $1/8$ 之间。更准确地说，R 约为 $1/7.3643$。这也可以写作 $\dfrac{1}{7+}.3643$。注意加号+位于分数的分母部分。这表示在分母中执行加法，而不是将两个分数 $\dfrac{1}{7} + .3643$ 相加。

分数 $.3643$ 可以近似为 $1/2.745$ 或 $\dfrac{1}{2+}.745$，因此 R 现在为 $\dfrac{1}{7+}\dfrac{1}{2+}.745$。这里的 $.745$ 非常接近 $3/4$，因此近似值可为 $\dfrac{1}{7+}\dfrac{1}{2+}\dfrac{3}{4}$。要将其转换回普通分数，只需反向计算：

$$\dfrac{1}{7+}\dfrac{1}{2+}\dfrac{3}{4} = \dfrac{1}{7+}\dfrac{1}{2\ 3/4} = \dfrac{1}{7+}\dfrac{1}{11/4} = \dfrac{1}{7+}\dfrac{4}{11} = \dfrac{1}{7\ 4/11} = \dfrac{1}{81/11} = \dfrac{11}{81}$$

分数 $11/81$ 为 $.13580$，与 $.13579$ 仅相差 $.00001$。如你所见，这种方法给出了极好的近似值。

让我们再次尝试来自 15.6.3 节的例子，

$$6114257x \equiv 90926 \pmod{28338689}$$

对于第二个同余式，我们使用 $0 \equiv 0$ 的技巧，

$$28338689x \equiv 28338689 \pmod{28338689}。$$

这里 $6114257/28338689$ 为：

$$\dfrac{1}{4+}\dfrac{1}{1+}\dfrac{1}{1+}\dfrac{1}{1+}\dfrac{1}{2+}\dfrac{1}{1+}\dfrac{1}{4+}\dfrac{1}{1+}\dfrac{1}{2+}\dfrac{1}{1+}\dfrac{1}{24+}\dfrac{1}{7+}\dfrac{1}{2+}\dfrac{1}{4+}\dfrac{1}{15}$$

要获得近似值，一个行之有效的法则是在大分母（本例中为 24）之前停止。将连分数在 24 之前截断，可以得到：

$$\dfrac{1}{4+}\dfrac{1}{1+}\dfrac{1}{1+}\dfrac{1}{1+}\dfrac{1}{2+}\dfrac{1}{1+}\dfrac{1}{4+}\dfrac{1}{1+}\dfrac{1}{2+}\dfrac{1}{1}$$

结果等于 $241/1117$。

将 6114257 的同余式乘以 1117，将 28338689 的同余式乘以 241，然后相减，得到：

$$\begin{aligned}
6829625069x &\equiv 101564342 \pmod{28338689} \\
\underline{6829624049x} &\equiv \underline{0 \pmod{28338689}} \\
1020x &\equiv 101564342 \pmod{28338689} \\
1020x &\equiv 16548275 \pmod{28338689}
\end{aligned}$$

这将 x 的系数从 6114257 化简为 1020，即缩小了 5994 倍。因此，连分数方法使用的步骤比其他方法少得多。但是，用起来没那么简单，因为一个步骤中的系数可能比下一个系数大得多，例如 6829625069 相比于 1020。你可以在连分数步骤和对半步骤之间交替来平衡系数。**

15.7 大整数密码

可以使用大整数乘法构造许多密码。15.5 节描述了 Mult128 密码，其中消息被划分为 128 位的块。每个块被视为一个 128 位整数，并乘以一个保密的 128 位整数 M 对 2^{128} 取模的结果。为了获得良好的混合效果，乘数的每个字节都应该是非 0 的。但这仍然比较弱，因为每个密文块的低 n 位仅取决于明文和密钥 M 各自的低 n 位。这使得低位字节的加密变成了简单替换。在执行乘法前后进行简单替换并不能解决这个问题。类似地，低位 2 字节进行双字母组替换，低位 3 字节进行三字母组替换。Mult128 的安全性评级为 3 级。

解决低位字节问题的一种超快方法是将高位字节与低位字节组合起来，例如使用 xor 或 add 组合函数，这会将其评级提升到 5 级。更好地解决方案是使用 xor 或 add 组合高位 8 字节与低位 8 字节，这会将其评级提升到 7 级。来看一个例子：

```
ABCDEFGH              用作密钥的前 8 个字母
ABCDEFGHIJKLMNOP      明文块
ABCDEFGH;8i= W? 6}    组合后（在执行乘法之前）
```

强化密码的一种方法是对 16 个字节进行排列（permute），然而，通过足够的密文，Emily 能够检测到哪个字节位置变化最小，因此排列的必须是低位字节。Permuted Mult128 的安全性评级为 4 级。

还有一种强得多的方法是先乘法，后排列，再乘法。排列需要将弱的低位字节移动到块的高半部分。适合的排列方式包括：(1) 反转字节顺序，(2) 交换块的低半部分和高半部分，或 (3) 以相反的顺序交错块的低位字节和高位字节。如果使用十六进制数字 0 到 F 从高位到低位对字节编号，则这三种排列方式可以表示为：

```
反转                  对半交换              交错
FEDCBA9876543210      89ABCDEF01234567      F7E6D5C4B3A29180
```

如果编程语言允许你同时以 32 位字和单个字节操作块，那么反转 4 个字的顺序可能会更快，结果如下所示：

CDEF89AB45670123

该密码称为 MPM128，安全性评级为 7 级。

如果将替换步骤加入此过程，密码强度会大幅提高。设 S_1、S_2、S_3、S_4 为 4 个独立的密钥充分混合的简单替换，P 为固定排列 5BF4AE39D28C1706，M_1、M_2、M_3 分别与 3 个 128 位的保密整数相乘，那么密码 $S_1 M_1 P S_2 M_2 S_3 P M_3 S_4$ 被称为 Tiger，其安全性评级为 10 级。

15.8 小整数乘法

可以使用普通的无符号 32 位乘法实现 Mult128 的迷你版本。将 128 位块视为 4 个 32 位整数。每个整数都乘以一个保密的 32 位整数模 2^{32} 的结果。为了后续的解密，这 4 个乘数必须是奇数，这样可以产生一个 32 位密码。为了得到 128 位密码，可以将这 4 个单独的 4 字节乘积视为一个 16 字节块，并使用固定的 16 字节密钥置换（参见 7.6 节）进行混合：

3E9472D8B61CFA50

接下来是第二个乘法步骤，再次将 16 字节块视为 4 个 32 位整数。你可以使用和以前相同的乘数或新的乘数。这之后是置换以及另一轮乘法，因此有 3 轮乘法和 2 轮置换。该密码称为 Mult32，安全性评级为 7 级。它比 Mult128 密码的任何变体都要快得多。

让我们将 128 位块的 16 个字节视为一个 4×4 字节矩阵。该矩阵的任意一行的 4 个字节可以视为一个 32 位整数。整数的 4 个字节通常从左到右取出，最左边的字节为高位字节。然而，也可以按相反的顺序取出，最左边的字节为低位字节。考虑十六进制数 01020304。如果我们以正常方式用十六进制数 01010101 模 2^{32} 的结果与之相乘，结果是十六进制数 0A090704。如果我们用十六进制数 01010101 模 2^{32} 的结果与反序的 04030201 相乘，结果是十六进制数 0A060301。

类似地，我们可以将任意列中的 4 个字节视为一个 32 位整数，既可以从上到下，也可以从下到上。将两个水平方向称为东和西，两个垂直方向称为北和南。如果我们按照东、北、西、南的顺序用 32 位奇数整数模 2^{32} 的结果乘以行和列，就能实现彻底的混合。这需要 16 个单独的 32 位乘数。总的密钥大小为 16×31=496 位，而不是 16×32=512 位，原因在于乘数必须是奇数。该密码称为 Compass，安全性评级为 8 级。

要想将评级提升到 10 级，可以添加一个或多个替换轮次，例如，东—北—替换—

西—南。添加多次替换则效果更好,例如东—替换—北—西—替换—南。我们将其命名为 CompassS。即便使用固定替换,如果其呈现高度非线性,CompassS 的安全性评级能够达到 10 级。

使用小整数乘法的另一种方法是执行循环乘法(Cyclic Multiplication)。将块的每个 32 位行中的字节从左到右(即从高位字节到低位字节)按照 1、2、3、4 进行编号。用奇数整数模 2^{23} 的结果与之相乘。将字节 1 移动到低位端,所以顺序现在变为 2、3、4、1。再次奇数整数模 2^{23} 的结果与之相乘。重复两次以上,让每个字节占据每个位置一次。也就是说,字节顺序先后为 1234、2341、3412、4123。对 4×4 字节矩阵的每一行如法炮制,共计进行 16 次乘法和 12 次循环移位。

然后对列执行相同的操作,共计进行 32 次乘法和 24 次循环移位。这种循环乘法密码的安全性评级为 8 级。该密码最多可以使用 32 个不同的 32 位乘数作为密钥。

本节介绍的方法可以与 15.4 节中的方法以各种方式结合使用。来看一个例子,我称之为 Mat36。将消息划分为 36 个字符的块,这些字符被视为 9 个 32 位整数。它们形成一个 3×3 矩阵,其中每个元素是整数模 2^{23} 的结果。该矩阵与一个保密的 3×3 可逆整数矩阵相乘。如果简单地在右侧乘以另一个 3×3 矩阵,那么 9 个整数的低位字节只是弱加密。但如果将整个 36 字节块左移 16 位,然后在块的右侧乘以第二个保密的 3×3 可逆整数矩阵,Mat36 安全性评级可以到达 8 级。

15.9 模 P 乘法

当乘法以 2^n 为模时,低位字节是弱加密的,我们需要克服这个弱点。如果乘法以质数 P 为模,这个问题就不会出现。对于大乘数,每个乘积位都依赖于每个明文位。不过还有另一个问题。我们假设你选择了一个质数 $P<2^n$ 和一个乘数 M,两者满足 $1<M<P$,这能让你安全地将 0 到 $P-1$ 的值乘以 M 再模 P,因此 Riva 可以通过乘以 M 的乘法逆元 M' 来解密这些值。

然而,明文值 0 将保持不变,并且从 P 到 2^n-1 的明文值不能安全地相乘,因为结果并不明确。例如,当乘以 M 模 P 时,由于 $3M \equiv PM+3M \pmod{P}$,3 和 $P+3$ 将给出相同的结果,所以 Riva 不知道消息是 3 还是 $P+3$,这意味着从 P 到 2^n-1 的值必须保持不变。为此,定义函数 modp 如下:

$\mathrm{modp}(x) = Mx \bmod P$ 如果 $x<P$

$\mathrm{modp}(x) = x$ 如果 $x \geqslant P$

解决该问题的一个办法是,Sandra 将一个保密值与明文执行异或运算。这就提出了模 P 密码(Modulo P ciphers)系列。我们选择值 $n=64$,即块大小为 8 字节,质数模 $P=2^{64}-59=18446744073709551557$,乘数 $M=39958679596607489$,M 也是质数。

Sandra 使用一个保密的 64 位常量 C_1 作为密钥来加密 64 位明文块 B,计算 $x=\text{modp}(C_1 \oplus B) + C_1$。这是系列中的第一个密码。我们称之为 PMod1,其安全性评级为 5 级。系列中第二个密码 PMod2 是 PMod1 的两次迭代,使用第二个 64 位常量 C_2:

$$x_1 = \text{modp}(C_1 \oplus B) + C_1$$
$$x_2 = \text{modp}(C_2 \oplus x_1) + C_2$$

PMod2 安全性评级为 7 级。系列中的第三个密码 PMod3 有三次迭代,安全性评级为 9 级:

$$x_1 = \text{modp}(C_1 \oplus B) + C_1$$
$$x_2 = \text{modp}(C_2 \oplus x_1) + C_2$$
$$x_3 = \text{modp}(C_3 \oplus x_2) + C_3$$

第四个成员 PMod4 的安全性评级为 10 级。它的总密钥大小为 256 位,是块大小的 4 倍:

$$x_1 = \text{modp}(C_1 \oplus B) + C_1$$
$$x_2 = \text{modp}(C_2 \oplus x_1) + C_2$$
$$x_3 = \text{modp}(C_3 \oplus x_2) + C_3$$
$$x_4 = \text{modp}(C_4 \oplus x_3) + C_4$$

所有加法均以 2^n 为模,而不是以 P 为模。

这四个 PModX 密码的速度都极快,因为大多数编程语言均直接支持 64 位加法、乘法以及模除。在某些计算机上,只需要单个机器指令就能完成。这使得 PModX 密码能够将 4 或 8 字节作为一个单元处理,而不是像 DES 那样分别处理每个 4 位块。这类密码非常适合于软件加密。PMod2 比 DES 更安全,因为密钥长度大得多,而 PMod4 比 3DES 更安全。

还有第二种模 P 乘法,可以消除不变值。其思路是将区间 $0 \sim 2^{64}-1$ 的整数划分为两个子区间,各自有不同的质数模和不同的乘数。选择两个质数 P 和 Q,使得 $P+Q=2^{64}+2$。大约有 10^{16} 对这样的质数,很容易找到,例如 $P=9228410438352162389$ 和 $Q=9218333635357389229$,同时选择两个小于 P 和 Q 的大乘数 M 和 N。棘手之处在于必须移动每个子区间,以便只乘以 $1\sim P-1$ 或 $1\sim Q-1$ 区间内的数。你可以重新定义 modp 函数来实现这一点。

$$\mathrm{modp}(x) = ((x+1)M \bmod P) - 1 \qquad 如果\ x \leqslant P-2$$
$$\mathrm{modp}(x) = ((x-P+2)N \bmod Q) + P - 2 \qquad 如果\ x > P-2$$

通过重新定义的 modp 函数,PMod1 至 PMod4 密码与之前一样,安全性评级也不变。下图展示了如何划分区间 $0\sim 2^{64}-1$。

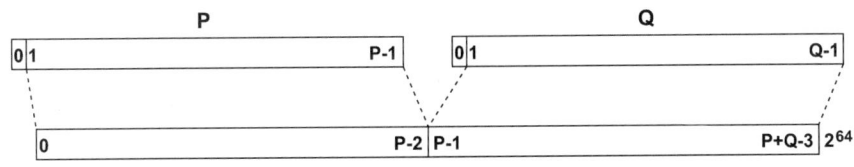

图 15-2　划分区间 $0\sim 2^{64}-1$

15.10　改变基数

改变基数与大整数乘法密切相关。当数非常大时,改变基数是一种缓慢的操作,因此最好的策略是将消息分块并分别转换每个块。基数的变化会模糊消息字节之间的分隔。

有两种改变基数的方法。你可以从低位开始或从高位开始。很多人都在学校里学过这些技术,不过时间久了,经常会遗忘。为了唤醒大家的记忆,这里展示了这两种方法。我们将使用低位技术将 1A87 从十一进制转换为七进制,然后使用高位方法将其转换回十一进制。

在低位技术中,你可以反复将数除以新的进制。每个余数成为新进制数的下一个数字。1A87 的转换步骤如下所示:

　　1A87/7　　等于 312 余 4
　　312/7　　等于 49 余 5
　　49/7　　等于 7 余 4
　　7/7　　等于 1 余 0

因此,十一进制的 1A87 就变成了七进制的 10454。

在高位技术中,你可以反复将高位数乘以旧进制并加上下一位数。10454 的转换步骤如下所示:

1×7＋0	等于 7
7×7＋4	等于 49
49×7＋5	等于 312
312×7＋4	等于 1A87

如果你觉得这些数看起来不太对劲，记住：7、49、312、1A87 都是十一进制。

你可以通过改变基数创造很多精巧的密码。例如，16 字节块可以表示为 256 进制的 16 位数字。将其转换为另一种进制，比如 263。现在你可以对该 263 进制数进行置换或替换，也可以两者兼有。然后，你将其转换为 277 进制并执行相同的操作。最后，再将其转换回 256 进制。这需要一个 17 字节的数来保存结果。你可以使用从 256 到 362 的任何进制。请记住，如果任何结果的前导数字是 0，那么这个数字是必需的，这样 Riva 才能解密密文。

如果每个连续的基数都比前一个稍微大一点，那么每个阶段需要的位数相同。在将数转换回 256 进制时，位数只会在最后一步增加。没有理由要求这些基数必须是质数。

这正是基于改变基数的分块密码的概念。首先有一个保密且密钥充分混合的简单替换 S。S 对字节进行操作，也就是 0 到 255 之间的整数。通过保持任何大于 255 的数字不变，S 可以扩展到大于 256 的基数。这样就不用为每种可能的基数单独准备一个替换表。选择三个满足 $256<B_1<B_2<B_3<363$ 的基数 B_1、B_2、B_3。针对 16 个元素，还需要三个基于密钥的置换操作 T_1、T_2、T_3。这些元素都是整数，最大可以是 B_3-1，因此每个元素都需要超过 1 个字节。

3Base 分块密码包括以下步骤：(1) 替换 S。(2) 转换为基数 B_1。(3) 替换 S。(4) 置换 T_1。(5) 转换为基数 B_2。(6) 替换 S。(7) 置换 T_2。(8) 转换为基数 B_3。(9) 替换 S。(10) 置换 T_3。(11) 转换为基数 256。(12) 替换 S。密码块由前 11 个步骤的 16 个元素组成。第 12 步会将该块扩展为 17 个字节。3Base 密码的安全性评级为 10 级。

*15.11 环

环（ring）是整数的抽象版本。也就是说，环是元素的集合，可以像整数那样相加和相乘。熟悉的环包括：整数、有理数、实数、对某个固定数取模的整数，也许还有复数和代数数（algebraic numbers）。还有一些不太熟悉的环包括：多项式（其系数是环的元素）、矩阵（其矩阵项是环的元素）、形如 $a+b\sqrt{13}$ 的数、形如 $a+b\sqrt[3]{7}+c\sqrt[3]{49}$ 的数，以及形如 $a+$

$b\sqrt{2}+c\sqrt{3}+d\sqrt{6}$ 的数,其中 a、b、c、d 可以是整数、有理数或对某个固定数取模的整数。

在讨论如何将环应用于密码学之前,让我们先给出环的正式规则。环的加法以符号 $+$ 表示,比如 $a+b$,环的乘法以并置(juxtaposition)表示,比如 ab。

- 对于所有环元素 a 和 b,$a+b$ 和 ab 都是环的元素。(闭包)
- 对于所有环元素 a、b、c,有 $a+(b+c)=(a+b)+c$。(加法的结合律)
- 对于所有环元素 a 和 b,有 $a+b=b+a$。(加法的交换律)
- 对于所有环元素 a,存在一个环元素 0,使得 $0+a=a+0=a$。(加法单位元)
- 对于每个环元素 a,存在一个环元素 $-a$,使得 $a+(-a)=(-a)+a=0$。(加法逆元)
- 对于所有环元素 a、b、c,有 $a(bc)=(ab)c$。(乘法的结合律)
- 对于所有环元素 a、b、c,有 $a(b+c)=ab+ac$ 以及 $(a+b)c=ac+bc$。(分配律)
- 对于每个环元素 a,存在一个环元素 1,使得 $1a=a1=a$。(乘法单位元)

添加一个加法逆元时,括号通常可以省略,因此 $(-a)+b$ 变为 $-a+b$,$a+(-b)$ 变为 $a-b$。

注意,环的乘法不一定是可交换的。如果环的乘法是可交换的,则称该环为可交换环(commutative)。先前提到的所有示例都是可交换环。暂时假设讨论中的所有环均为可交换的。如果环元素 a 具有一个乘法逆元 a',使得 $aa'=1$,则称 a 可逆。在使用有限环时,建议尝试将所有可能的元素对偶相乘,以确定哪些元素是可逆的,同时保留一个逆元表供快速参考。

使用环算术进行加密的一种简单方法是将 11.8 节的 Ripple 密码与 13.14.1 节的滞后线性加法相结合。我们选择 R13 环,其元素形式为 $a+b\sqrt{13}$,其中 a 和 b 是十六进制数字,即以 16 为模的整数。两个十六进制数字 a 和 b 组成一个字节,表示单个字符。例如,字母 X 以 ASCII 码表示为十六进制 58,对应于 R13 环的元素 $5+8\sqrt{13}$。

两个 R13 环元素 $a+b\sqrt{13}$ 和 $c+d\sqrt{13}$ 以 $(a+c)+(b+d)\sqrt{13}$ 相加,作为 $(ac+13bd)+(ad+bc)\sqrt{13}$ 相乘,所有的加法均以 16 为模 16。例如,如果 $x=2+3\sqrt{13}$,$y=4+5\sqrt{13}$,则 $x+y$ 为 $6+8\sqrt{13}$,xy 为 $11+6\sqrt{13}$。

对于结合了 Ripple 和滞后线性加法的密码(可以称为 Lag Ripple),将 x_n 替换为 $ax_n+bx_{n-i}+cx_{n-j}$,其中系数 a、b、c 是环元素,此处为 R13 环,而滞后值 i 和 j 是小整数,比如 2 和 5。明文可以分块,比如每块 16 个字节,不过对于短消息,可以将密码应用于整个消息。假设采用后一种方式,加密过程如下:

$$x_n = ax_n + bx_{n-2} + cx_{n-5}, 其中\ n=1,2,3,\cdots,L$$

这里，a 是 R13 的可逆元素，b 和 c 是 R13 的任意元素，L 是消息长度。运算是在环中进行的。你也许会发现这是 11.8 节中 madd 组合函数的一种变体。对于前几个字节的加密，通常会使用环绕方式。

对于使用已知的固定滞后值的单趟加密，Lag Ripple 的安全性评级 2 级，因为只有 256^3 种可能的系数组合。通过在 Lag Ripple 阶段之前和之后进行简单替换，评级可以提高到 5 级。使用 3 趟加密，每趟选择不同的系数和不同的滞后值，评级可以达到 6 级。

Triple Ripple 采用三趟加密，每趟之前和最后一趟之后都执行保密的带密钥简单替换(a secret keyed simple substitution)。每趟选择不同的保密系数和滞后值。可以选择性地从消息的不同位置开始加密并进行环绕。Triple Ripple 的安全性评级为 10 级。

15.12 环上矩阵

在 15.1 和 15.2 节中，我们讲解了 Hill 密码，这种密码将消息的每个块视为整数向量，并将该向量与以 26 或 256 为模的整数矩阵相乘。以 26 或 256 为模的整数并没有什么神奇之处。你可以使用任何环的元素来表示消息字符。如果字符多于环元素，你可以使用环元素的二元组或三元组，就像 9.1 节中的 Polybius 方阵使用 1 到 5 的整数对偶表示 25 个字母的字母表一样。

假设你使用 R13 上的矩阵，其中 R13 是其元素形式为 $a+b\sqrt{13}$ 的环。如果你将明文块视为 32 个十六进制数字的向量而不是 16 个字节，并编写矩阵乘积的每个数字的表达式，则会发现密文中的每个十六进制数字都是明文数字的线性组合。因此，使用 R13 环上的 16×16 矩阵相当于在十六进制数字(也就是以 16 为模的整数)上使用 32×32 矩阵。因此，这样的密码仍然容易遭受已知明文攻击。攻击需要至少 256 个字节的明文。大概 $16\times17=272$ 个字节就足够了。

你作为发送方，可以在矩阵乘法之前和之后使用带密钥的简单替换来轻松击败这种攻击。或者，你也可以构造自己的环，一个除了你的合法通信方之外，任何人都不知道的环。只要能够守住环的秘密，就没有人能对你的矩阵密码发起任何攻击。

15.13 构建环

由 N 个元素组成的环，称为 N 阶环，由两个 $N\times N$ 表格表示，即它的加法表和乘法表。可以分阶段构建环。作为演示，让我们构建一个 8 元素的环。首先构造加法表。从一开始你就应该知道该环必须有两个元素：0 为加法单位元，1 为乘法单位元。对于所有 a，$0+a$ 和 $a+0$ 各自的和已知。这就得到了加法表的顶行和左列。

```
+ | 0 1 2 3 4 5 6 7
--+----------------
0 | 0 1 2 3 4 5 6 7
1 | 1 - - - - - - -
2 | 2 - - - - - - -
3 | 3 - - - - - - -
4 | 4 - - - - - - -
5 | 5 - - - - - - -
6 | 6 - - - - - - -
7 | 7 - - - - - - -
```

接下来，开始第二行。策略是取值尚未确定的第一个和，为该和分配一个值，然后使用结合律对其他和进行所有可能的推导。假设你想让 $1+1=2, 2+1=3, 3+1=4, 4+1=0$。使用结合律，填写表格的左上部分。例如，你可以确定 $2+2$，因为 $2+2=(1+1)+2=1+(1+2)=1+3=4$。

```
+ | 0 1 2 3 4 5 6 7
--+----------------
0 | 0 1 2 3 4 5 6 7
1 | 1 2 3 4 0 - - -
2 | 2 3 4 0 1 - - -
3 | 3 4 0 1 2 - - -
4 | 4 0 1 2 3 - - -
5 | 5 - - - - - - -
6 | 6 - - - - - - -
7 | 7 - - - - - - -
```

由于 $4+1=0$，所以 1 的加法逆元是 4，4 的加法逆元是 1。同样，2 是 3 的加法逆元，3 是 2 的加法逆元。那么我们应该给 $5+1$ 赋什么值？不能是 0，因为 4 和 5 不能同时是 1 的加法逆元。不能是 1，因为这样 5 会变成 0。不能是 2，因为 $5+1=1+1$ 意味着 $5=1$。同样，$5+1$ 不能是 3 或 4，也不能是 5，因为 $5+5=5$ 意味着 $5=0$。那就剩下了 $5+1=6$ 或 $5+1=7$。两者是等效的，因此假设 $5+1=6$。这迫使 $6+1=7$ 和 $7+1=5$。意味着 $5+1+1+1=5$，使得 $1+1+1=0$。由于我们已经知道 $1+1+1=3$，意味着 $3=0$。这是不可能。走到死胡同了。设置 $4+1=0$ 行不通。

怎么回事？循环 $1+1+1+1+1=0$ 有 5 项。在 N 阶环中，任何这样的循环的长度必须整除 N。由于 5 不能整除 8，因此无法完成加法表。想要将循环长度设置为 2、4 或 8，你有 3 个选择：如果你选择循环长度为 8，则该环是以 8 为模的整数环；如果你选择循环长度为 2，则加法与异或相同。因为我们的目标是构建新环，剩下的选择就是循环长度为 4。加法表必须是：

+	0	1	2	3	4	5	6	7
0	0	1	2	3	4	5	6	7
1	1	2	3	0	7	4	5	6
2	2	3	0	1	6	7	4	5
3	3	0	1	2	5	6	7	4
4	4	7	6	5	2	1	0	3
5	5	4	7	6	1	0	3	2
6	6	5	4	7	0	3	2	1
7	7	6	5	4	3	2	1	0

现在可以使用分配律来制作乘法表。例如,$2\times2=2\times(1+1)=2+2=0$。

×	0	1	2	3	4	5	6	7
0	0	0	0	0	0	0	0	0
1	0	1	2	3	4	5	6	7
2	0	2	0	2	2	0	2	0
3	0	3	2	1	6	5	4	7
4	0	4	2	6	4	0	6	2
5	0	5	0	5	0	5	0	5
6	0	6	2	4	6	0	4	2
7	0	7	0	7	2	5	2	5

我们称该环为 R8。它是一个可交换的环,因为对于所有环元素 a 和 b,有 $ab=ba$。注意,1 和 3 是环 R8 中仅有的具有乘法逆元的元素,并且各自都是其自身的逆元。

有两个环值得特别一提:高斯整数和四元数。

15.13.1 高斯整数

高斯整数是形如 $a+bi$ 的数,其中 a 和 b 是整数,i 是虚数 $\sqrt{-1}$。换句话说,高斯整数是实部和虚部均为整数的复数。在密码学中,a 和 b 可以是以 16 为模的整数。因此,高斯数 $a+bi$ 可用于表示十六进制数 ab。例如,字母 X,其十六进制 ASCII 码为 58,表示为高斯整数 $5+8i$。

高斯整数的加法和乘法规则如下:

$$(a+bi)+(c+di)=(a+c)+(b+d)i,$$
$$(a+bi)\times(c+di)=(ac-bd)+(ad+bc)i.$$

其中加法和乘法以 16 为模以作密码学用途。

15.13.2 四元数

四元数(quaternions)由都柏林三一学院的爱尔兰数学家、爱尔兰皇家天文学家 William Rowan Hamilton 于 1843 年提出,用于描述旋转体的运动。四元数是形如 $a+bi+$

$cj+dk$ 的数，其中 a、b、c、d 是普通数，i,j,k 是抽象单位。四元数的定义关系为 $i^2 = j^2 = k^2 = ijk = -1$。根据这个关系，可以得出以下乘法规则：

$$ij=k, ji=-k$$
$$jk=i, kj=-i$$
$$ki=j, ik=-j$$

四元数的乘法不满足交换律。四元数通常用作非交换环的示例。

在物理学中，四元数广泛用于表示球面上的点和固体物体的旋转等。通过使 a、b、c、d 为模 16 或 256 的整数，可适用于密码学用途。这样，每个四元数可以表示消息的 2 个或 4 个字符。

四元数的另一种用法是使系数 a、b、c、d 为模 232 的整数。你可以使用一个保密的混合充分的 5 位、6 位或 8 位字符编码，以便每个系数可以表示 6 个、5 个或 4 个字符。整个四元数因此能够表示 24 个、20 个或 16 个字符的消息。可以用一个保密的四元数乘数对消息四元数 M 进行左乘或右乘进行加密。由于四元数乘法不满足交换律，同时进行左乘和右乘（比如 AMB）会大大提高加密强度。与普通乘法一样，每个分量中的低位字节是最弱的，因此建议在第一次乘法后将整个 16 字节块循环左移 16 位。可以使用相同的字符编码集将乘积转换回标准 ASCII 字符，但使用不同的编码集（最好是不同大小的编码）会有更高的强度。

我们将这种方法称为 Qmult。Qmult 的安全性评级为 10 级。要解密此消息，Riva 必须使用逆四元数 A' 进行左乘，使用逆四元数 B' 进行右乘。四元数 $a+bi+cj+dk$ 的逆由 $(a-bi-cj-dk)/(a^2+b^2+c^2+d^2)$ 给出。由于我们以 2^{32} 为模，只要 $a^2+b^2+c^2+d^2$ 是奇数，即只要其中 1 个或 3 个系数是奇数，$a^2+b^2+c^2+d^2$ 就会有乘法逆元。

15.14 寻找可逆矩阵

要将矩阵用于 Hill 类密码，该矩阵必须是可逆的。可逆矩阵通常很难找到。如果环中可逆元素的数量为 i，总元素数为 r，则在该环上随机选择一个 $n \times n$ 矩阵，其可逆的概率为 $(i/r)^n$。对于 $R8$ 环，i/r 为 $2/8=1/4$。（这与有理数或实数矩阵形成了鲜明对比，后者中除 0 外的每个元素都有一个乘法逆元，因此几乎每个矩阵都是可逆的。）如果矩阵很小，你通常可以随机选择元素，然后为最后一个元素（或者在最坏的情况下是最后两个元素)尝试所有可能的值来找到可逆矩阵。通过使用最后一个或两个元素,你可以将矩阵规模缩小到底部两行,而不必为每次尝试做完整的化简。

我不打算在书中讲解行列式,因为我不知道行列式密码学中有什么用途,但是对于熟悉行列式的读者来说,如果矩阵的行列式值是环中的一个可逆元素,则该矩阵是可逆的。特别是,整数矩阵仅在其行列式为$+1$或-1时可逆。

当需要的矩阵比较大时,可能难以找到可逆矩阵,你可以改为构造一个可逆矩阵。首先,以两种特定形式之一创建一组所需大小的矩阵:三角形和块对角线。以下是四种三角矩阵的4×4示例。

$$\text{上三角} \quad \text{下三角} \quad \text{上反三角} \quad \text{下反三角}$$

$$\begin{pmatrix} a & b & c & d \\ 0 & e & f & g \\ 0 & 0 & h & i \\ 0 & 0 & 0 & j \end{pmatrix} \begin{pmatrix} a & 0 & 0 & 0 \\ b & c & 0 & 0 \\ d & e & f & 0 \\ g & h & i & j \end{pmatrix} \begin{pmatrix} a & b & c & d \\ e & f & g & 0 \\ h & i & 0 & 0 \\ j & 0 & 0 & 0 \end{pmatrix} \begin{pmatrix} 0 & 0 & 0 & a \\ 0 & 0 & b & c \\ 0 & d & e & f \\ g & h & i & j \end{pmatrix}$$

上三角矩阵仅在主对角线(从左上到右下)上或以上有非 0 元素,其他所有元素均为 0。下三角矩阵仅在主对角线上或以下有非 0 元素,其他所有元素均为 0。上反三角矩阵只在反对角线(从左下到右上)上或以上有非 0 元素,其他所有元素均为 0。下反三角矩阵仅在反对角线上或以下有非 0 元素,其他所有元素均为 0。

如果三角矩阵对角线上的所有元素都是可逆的,则该三角矩阵可逆。如果反三角矩阵反对角线上的所有元素都是可逆的,则该反三角矩阵可逆。这些矩阵的逆矩阵可以使用 15.1 节介绍的技术轻松找到。对于上三角矩阵和下反三角矩阵,应该从右到左执行 15.1 节的化简过程。

将这些三角矩阵相乘,就能构造出一般的可逆矩阵。操作的时候务必谨慎。两个上三角矩阵的乘积仍是上三角矩阵,两个下三角矩阵的乘积仍是下三角矩阵。反三角矩阵没有这个属性。一种合理的方法是为这四种三角类型分别构建一个矩阵,然后形成它们的乘积。如果三角矩阵为 ***A***、***B***、***C***、***D***,其逆矩阵为 ***A′***、***B′***、***C′***、***D′***,则乘积 ***ABCD*** 的逆矩阵为 ***D′C′B′A′***。

除了三角矩阵,块对角矩阵也可用于构造可逆矩阵。这里是一个 5×5 块对角矩阵示例。该矩阵可以被称为 2、3 类型,因为它是由一个 2×2 矩阵和一个 3×3 矩阵沿着 $5\times$

5 矩阵的对角线排列而成的。

$$\begin{bmatrix} a & b & 0 & 0 & 0 \\ c & d & 0 & 0 & 0 \\ 0 & 0 & e & f & g \\ 0 & 0 & h & i & j \\ 0 & 0 & k & l & m \end{bmatrix}$$

当相同类型的两个块对角矩阵相乘,结果是该类型的块对角矩阵。

使用块对角矩阵的优点是可以单独找到每个块的逆矩阵。如果按照对角线排列这些逆矩阵,结果就是整个矩阵的逆矩阵。可能无法找到一个可逆的 16×16 矩阵,但是找到四个 4×4 可逆矩阵并不太难。你可以通过乘以其他类型的块对角矩阵或某些可逆三角矩阵将可逆块对角矩阵扩展为完整矩阵。

鼓足干劲。使用最大的块构造可逆块对角矩阵,加上四个三角矩阵,每种类型各一个。最终的可逆矩阵是这五个矩阵的乘积。**

16

三趟协议

本章内容包括：
- 基于指数运算的三趟协议
- 基于矩阵乘法的三趟协议
- 基于双侧矩阵乘法的三趟协议

  2.2 节和 2.3 节描述了现代密码学如何划为三个分支：对称密钥、公开密钥、专有密钥。到目前为止，本书只讲了对称密钥加密方法。公钥加密在很多书中都有所描述，这里就不再赘述了。本章将讨论专有密钥加密，这是密码学中较少为人知的第三个分支。专有密钥加密有时称为无密钥加密，因为各方不需要传输或共享任何密钥。

  专有密钥加密的基本概念是，通信双方 Sandra 和 Riva 各自拥有自己专有的个人密钥。这个密钥从不被传输或与任何其他人共享，甚至彼此之间也不共享，因此 Emily 无法通过窃听、截获广播或任何其他形式的监听来获得专有密钥。专有密钥加密的巨大优势在于无需提前作任何设置。用不着任何保密的、安全的信道来交换密钥。消息可以在公共信道交换，不用密钥服务器或其他基础设施。

  专有密钥加密是通过三趟协议（three pass protocol）来实现的，该协议由以色列魏茨曼研究所（Weizmann Institute）的 Adi Shamir 于 1975 年左右设计。为了说明这种方法，我编了一个小故事：

16 三趟协议

曾经有一位国王爱上了邻国的女王。为了追求女王,国王想送她一颗珍贵的宝石。国王有一个坚固无比的保险箱和一把防撬锁。但是他该如何送出钥匙呢?如果信使既有钥匙又有保险箱,他可以打开箱子偷走宝石。国王可以派遣第二个信使送钥匙,但他又担心两个信使会在路上约定见面,一起偷走宝石。女王提出了一个巧妙的解决方案。

国王用自己的锁锁住箱子并将其送给女王。然后,女王加上自己的锁,将带有两把锁的箱子交回给国王。国王使用自己的钥匙去掉自己的锁,箱子上现在就只有女王的锁了,国王再将箱子送给女王。女王这时候就可以用自己的钥匙打开箱子取出宝石了。

这里的两把锁代表两种加密方式,而两把钥匙代表相应的解密方式。消息使用发送方的加密函数进行加密,发送给接收方,接着使用接收方的加密函数进行加密,回送发送方,然后使用发送方的解密函数进行解密,再发送给接收方并使用接收方的解密函数进行解密。这意味着消息被发送了三次,因此称为三趟协议。

*让我们来详细说明一下。假设消息为 M,Sandra 的加密和解密函数分别为 S 和 S',Riva 的加密和解密函数分别为 R 和 R'。在第一趟中,Sandra 使用她的加密函数 S 加密消息 M,将 SM 发送给 Riva。在第二趟中,Riva 使用她自己的加密函数 R 对消息 SM 进行加密,将双重加密的消息 RSM 回送 Sandra。在第三趟中,Sandra 将她的解密函数 S' 应用于消息 RSM,得到 $S'RSM$。这么做是为了去除 S 的加密。只有当 R 和 S 交换,或者 S' 和 R 交换时,才会这样做。这意味着 $S'RSM=RS'SM=RM$。这使得 Riva 可以去除她的加密并阅读消息。

因此,要使这个三趟方案奏效,我们需要找到一个可交换的加密函数,或者两个彼此可交换的加密函数。我能立即想到的有 3 个可交换的加密函数:加法、乘法、异或。可以很容易地想象一种加密方式,其中密钥的长度和消息长度相同,加密的时候是将密钥逐字节与消息相加,或是将消息与密钥逐字节相乘,或是将消息与密钥执行异或运算。这全是一次性密码本的简单形式。

但是,这些方法都不安全。如果 Emily 成功获取了所有三个加密消息,她可以轻松破解加密。如果函数是加法,那么三个消息分别是 $M+S$、$M+S+R$、$M+R$。如果 Emily 将第一个和第三个消息相加并减去第二个消息,她得到 $(M+S)+(M+R)-(M+S+R)=M$。结果正好是 M。当加密函数是乘法时,同样的方法也适用。三个消息分别是 $(M\times S)$、$(M\times R)$、$(M\times S\times R)$。取 $(M\times S)\times(M\times R)\div(M\times S\times R)$,再次得到 M。当加密函数是异或时,得到 M 甚至更简单,因为异或是自身的逆运算。只需将三个加密消息进行异或操作,结果就是原始消息,$(M\oplus S)\oplus(M\oplus R)\oplus(M\oplus S\oplus R)=M$。

替换和置换是两种可交换的加密函数。同样也不安全。由于 Emily 会在置换之前和之后看到消息,她能轻松地确定置换。

因此,需要的是一对可交换的加密函数 S 和 R,就算 Emily 手里有 SM、RSM、RM,她也无法确定 M。

16.1　Shamir 方法

Shamir 提出的解决方案是使用指数运算。设 p 是一个大质数,比如在 300 至 600 位十进制数范围内。Sandra 选择一个加密指数 s。相应的解密指数为 s',使得 $ss'\equiv 1\ (\mathrm{mod}\ p-1)$。根据费马小定理可知,如果 $0<a<p$,则 $a^{p-1}\equiv 1\ (\mathrm{mod}\ p)$。14.4.2 节描述了如何选择质数 p,15.4 节描述了如何确定 s'。同样,Riva 选择她的加密指数 r 和解密指数 r'。因为 $(M^s)^r=M^{sr}=M^{rs}=(M^r)^s$,这两种加密是可交换的。

Sandra 计算 $(M^s\ \mathrm{mod}\ p)$,发送给 Riva。Riva 计算 $(M^{sr}\ \mathrm{mod}\ p)$,回送给 Sandra。Sandra 计算 $(M^{srs'}\ \mathrm{mod}\ p)=(M^r\ \mathrm{mod}\ p)$,再发送给 Riva,最后由 Riva 计算 $(M^{rr'}\ \mathrm{mod}\ p)=M$,即原始消息。这种方法被认为是安全的,因为确定 s 或 r 需要解离散对数问题。正如在 14.4 节中讨论过的,这个问题在计算上是困难的,尚无计算上可行的算法。

这种方法非常慢。所有这些大数的指数和模化简都需要大量计算。下一节将介绍一种尝试性的解决方案。

16.2　Massey-Omura 方法

Massey-Omura 方法由苏黎世联邦理工大学的 James Massey 和加州大学洛杉矶分校的 Jim K. Omura 于 1982 年发明。(Jim 的名字在专利上列为 Jimmy Omura。他是我的麻省理工学院的同学,不过我记不起来他了。)Massey-Omura 系统本质上与 Shamir 系统相同,不同之处在于模数的形式为 2^k。这意味着对于模 2^k 的余数可以简单地通过取数的低 k 位来计算。这比计算模 p 的余数要快得多,后者基本上要使用 300 到 600 位数的长除法才能完成。

在 ACM(Association for Computing Machinery,美国计算机学会)和 IEEE(Institute of Electrical and Electronics Engineers,电子与电气工程师学会)的出版物中,关于哪种方法更快的问题经历了数年的激烈讨论。

16.3 离散对数

Diffie-Hellman 密钥交换、Shamir 三趟协议、Massey-Omura 方法的安全性都取决于求解离散对数问题的难度。解决这一问题的三种常见算法是穷举法(在处理 10^{12} 以内的数值时表现良好)、Daniel Shanks 的 baby-step giant-step 算法(在处理 10^{18} 以内的数值时表现良好)以及 John Pollard 的 rho 算法(在处理 10^{22} 以内的数值时表现良好)。然而,我们需要适用于 10^{300} 的算法。为了让你感受一下离散对数问题的难度,让我们看看解决该问题一种组合方法。这并不是你在家能用个人电脑做到的。它需要具有大容量存储的大型主机(mainframe),或者包含众多可协作个人电脑的网络。要么,你可以跳过本节,直接承认离散对数问题是困难的。

16.3.1 对数

首先考虑人们在计算机出现之前如何计算普通对数。一种方法是取一个数,比如 $b=1.000\,001$,费力地计算它的连续幂。你会发现 $b^{693\,148}$ 是最接近 2 的幂,$b^{2\,302\,586}$ 是最接近 10 的幂。然后你会知道 $\log_{10}(2)$ 非常接近于 $693148/2302586$,即 $.301\,030\,2$。正确值为 $.301\,030\,0$,所以该方法能提供很好的近似值。

你可以在一个类似于整数模某个质数 p 的环中执行相同的操作。假设 Sandra 发送的消息是 6 模 13,而 Riva 返回的消息是 7 模 13。Emily 想知道 Riva 用于加密的指数是多少。与使用 1.000 001 的幂不同,你可以使用模 13 的原根,例如 2。模数这么小,Emily 可以轻松枚举出所有以 13 为模的 2 的幂。

1	2	3	4	5	6	7	8	9	10	11	12	N
2	4	8	3	6	12	11	9	5	10	7	1	2^N (mod 13)

Emily 现在知道 Sandra 发送了 2^5,Riva 回送了 2^{11}。因此,$(2^5)^r \equiv 2^{5r} \equiv 2^{11}$ (mod 13)。这意味着 $5r \equiv 11$ (mod 12)。你可以靠心算解决。只要想想 $11+12=23, 23+12=35$。因为 35 是 5 的倍数,即 5×7,所以 r 一定是 7。用计算器算一下:$6^7 = 279\,936 \equiv 7$ (mod 13)。Sandra 发送的是 6,Riva 回送的是 7,所以这个结果是正确的。

16.3.2 质数的幂

穷举给了 Emily 一种搜索方法,但是如果 p 很大,这种方法就行不通了。我们可以尝试一下 John Pollard 的 rho 算法中的一个思路。第一步是生成模 P 下的多个幂序列,并寻找重复。Emily 可以同时使用多个原根,每个 CPU 核心计算一个原根的幂序列。现在我们再将此翻倍。如果 b 是模 p 的一个原根,她可以在一个 CPU 上计算 b^2, b^3, b^4,

$b^5,\cdots(\bmod p)$，在另一个 CPU 上计算 b^2、b^4、b^8、$b^{16},\cdots(\bmod p)$。这样 Emily 就可以为每个原根生成两个独立的幂次数列。

除了原根，Emily 也能直接进行检查。Sandra 发送 SM，Riva 回送 RSM。Emily 可以生成序列 $(SM)^2$、$(SM)^3$、$(SM)^4$、$(SM)^5,\cdots$ 和 $(SM)^2$、$(SM)^4$、$(SM)^8$、$(SM)^{16},\cdots$，对于 RSM 也是如此。这样 Emily 就得到了 4 个额外的幂序列。

除了这些有序的幂序列，她还可以生成一些无序序列。后者常称为随机漫步（random walks）或醉酒漫步（drunk walks）。其中一种方法是对最后生成的幂求平方，然后将其乘以先前的某个幂。先前的幂可以随机选择，或者使用序列的中间项。例如，假设 Emily 已经有了幂序列 x、x^2、x^4、x^8、x^{16}。下一个幂可以通过对 x^{16} 求平方得到 x^{32}，然后乘以 x^2，得到 x^{34}。再下一个幂可以对 x^{34} 求平方得到 x^{68}，然后乘以另一个序列项，比如 x^8，得到 x^{76}。以此类推。

生成随机漫步的另一种方式是使用 2 个或 3 个基质数（base prime）。每个基质数应该是一个原根。以这些质数的乘积作为起点。为了生成下一个乘积，Emily 会随机选择一个质数并将其与当前乘积相乘。Emily 展开的序列越多，得到结果就越早。

16.3.3 碰撞

好了，现在 Emily 有了所有这些数列。然后呢？她要寻找两个数列中出现相同数的情况。这称为碰撞（collision/crash）。假设 Emily 发现 $3^{172\,964}\equiv 103^{4\,298\,755}(\bmod p)$。这使她可以通过求解同余式 $172964r\equiv 4298755(\bmod p-1)$ 将 103 表示为 3 的幂 $(\bmod p)$。该方法在 15.4 节中有述。一旦累积了足够多的碰撞，她就可以创建一个链，比如 $\text{RSM}\equiv 19^a$，$19\equiv 773^b$，$773\equiv 131^c,\cdots,103^y\equiv (SM)^z$。将所有指数对 $(p-1)$ 取模后相乘，得到 $\text{RSM}\equiv (SM)^r(\bmod p)$。指数 r 就是 Riva 的加密函数。Emily 成功破解了密码！

这并没有听起来那么简单。当 p 是一个 300 位的质数时，需要大约 10^{150} 数量级的幂才能开始出现碰撞。如果 Emily 拥有 1 000 000 个处理器，以每秒 1 000 000 次的速度生成这些幂，每年有可能生成 3×10^{19} 个。这意味着她需要大约 10^{130} 年后才能开始看到结果，而且要花费比这还要长得多的时间才能创建出一个链。此外，所需的存储空间是 10^{150} 字节的若干倍。

16.3.4 因数分解

与其寻找碰撞，每次生成新的幂时，Emily 可以尝试对其模 p 的余数进行因数分解。假设她成功地 $97^a(\bmod p)$ 的余数完成了因数分解，找到了 $97^a\equiv 11^b 29^c 83^d(\bmod p)$。她可以求出 97 的同余式。令 a 模 $p-1$ 的乘法逆元为 a'。将同余式提高 a' 次幂。$97^{aa'}\equiv$

$97 \equiv (11^b 29^c 83^d)^{a'} \pmod{p}$。在将所有指数相乘并以 $p-1$ 为模对它们进行化简后,对于某些值 $e、f、g$,结果为 $97 \equiv 11^e 29^f 83^g \pmod{p}$(如果 p 有 300 位,则每个实际值可以多达 300 位。)一旦 Emily 得到了某个基质数的表达式,比如本例中的 97,她就可以将该值代入所有已经分解的乘积中,包括已获得的和随后发现的。

  Emily 不可能对每个幂的余数进行因数分解。因数分解一个 300 位数相当困难,非常耗时。最好的策略是选择一个固定的基础指数集 $F(B)$,比如所有小于或等于 $B=10^6$ 的质数,也可以是小于或等于 $B=10^7$ 的质数。$F(B)$ 称为因数基底(factor base)。尝试只使用因数基底中的质数对每个幂进行因数分解。能够被这种方式因数分解的数称为 B-平滑数(B-smooth)。随着数越来越大,B-平滑数所占比例越来越小。在 300 位数中,B-平滑数很少见。随着 Emily 找到每一个因数,未因数分解的部分会逐渐缩小。如果她尝试了因数基底中的所有质数,但仍有未因数分解的部分存在,那就不应该再继续尝试因数分解了。更有效的做法是丢弃这个幂,转求下一个幂。

  Emily 必须做的事情如下:继续生成乘积并对其模 p 的余数进行因数分解。只保留 B-平滑数,丢弃其他数。检查 B-平滑数中的碰撞情况。每发现一次碰撞,就求解乘积中最大质数的同余式,这样就可以使表达每个乘积所需的基质数越来越少。她可以预留一个或多个处理器专门用于这项任务。

  假设 q^n 是一个质数的幂,其模 p 的余数为 x。尝试使用因数基底 B 中的质数对 x 进行因数分解。如果 x 不是 B-平滑数,则尝试因数分解 $x+p, x+2p, x+3p, \cdots$。301 位或 302 位数的因数分解要比 300 位数的稍微难一些。为每个余数设置固定的尝试次数,比如 10 次。

  当 Emily 生成这些幂时,她需要特别关注 SM 和 RSM。记住,这个练习的目标是找到指数 r,使得 $(SM)^r \equiv RSM \pmod{p}$。在用基质数的幂表示 SM 和 RSM 之前,她无法做到这一点。首先,她应该建立多个 SM 和 RSM 的幂序列。一旦成功找到这样的表达式,就在表达式中寻找尚未用更小的质数的幂来表示的质数。接下来,将重点放在这些质数身上。继续直到 SM 和 RSM 都能表示为单个质数的幂。现在,Emily 就能使用 16.3.2 节的方法找出 r 了。

16.3.5 估算

  假设 Emily 使用了 10^6 个基质数,即小于或等于 $B=15\,485\,863$ 的质数。要用单个质数表示的话,需要 10^6 个同余式。存储这些同余式则需要一个 $10^6 \times 10^6$ 的指数矩阵。该矩阵最初是稀疏的,但随着求解过程的进行,密度会逐渐增大,因此稀疏矩阵技术并没有什么用武之地。每个指数有 300 位，这需要大约 10^{15} 字节，或 1 PB 的存储空间。截至本书撰写时（2022 年 3 月），全球最大的超级计算机是美国奥克里奇国家实验室（Oak Ridge National Laboratory）的 Summit 计算机，它拥有 2.76PB 的可寻址存储空间。

运行时间显然取决于找到 B-平滑数所需的时间。B-平滑数的密度由 de Bruijn 函数 $\Psi(p,B)$ 给出，通过该函数能得到小于 p 的 B-平滑整数的数量。荷兰数学家 Nicolaas Govert de Bruijn 对其进行过研究。$\Psi(x,x^{1/u})$ 的值可以近似为 $x\rho(u)$，其中 $\rho(u)$ 是精算师 Karl Dickman 提出的 Dickman 函数。Dickman 函数 $\rho(u)$ 可以近似为 u^{-u}。在这种情况下，$x=10^{300}$，$x^{1/u}=15\ 485\ 863$，因此 $u=41.725$。故找出每个 B-平滑数将需要约 $41.725^{41.725}=4.08\times 10^{67}$ 次尝试。

总体而言，需要超过 10^{73} 次尝试才能找到 10^6 个 B-平滑幂。对每个数进行因数分解可能要多达 10^6 次试除，因此总计 10^{79} 次试除。由于这些数都是 300 位，每次试除将需要 300 次操作的若干倍。总计 10^{82} 次操作。与碰撞方法的 10^{150} 相比，可谓是巨大的改进，但仍然远远超出了当前计算机的能力范围。

这表明对于可预见的未来，大概是接下来的 20 年到 30 年，300 位数足够了。随着量子计算机的发展，情况可能会有所改变，但目前来说，300 位数是安全的。

16.4 矩阵三趟协议

Shamir 和 Massey-Omura 方法都使用了指数运算来实现三趟算法。而另一种实现三趟算法的方法是使用矩阵。我们在 15.3 节中讨论 Hill 密码时见过这种方法。消息被分成块，每个块都被视为一个以 256 为模的整数向量。这个向量与模 256 的整数可逆方阵相乘，可以选择左乘或右乘。对于三趟算法，Sandra 会有一个加密矩阵 S 及其逆矩阵 S' 用于解密，而 Riva 则会有加密矩阵 R 和解密矩阵 R'。这些矩阵不是模 256 的整数矩阵，而是属于一个包含 256 个元素的环 R 的矩阵，消息字符被视为该环中的元素。设消息块为 M，Sandra 将 SM 发送给 Riva，Riva 将 RSM 回送给 Sandra，Sandra 使用 S' 解密得到 $S'RSM=RM$。然后 Riva 可以使用 R' 对其进行解密，即 $R'RM=M$。

其中棘手的部分是使得 $S'RSM=RM$。矩阵乘法是不可交换的，所以 Sandra 和 Riva 需要选择能够彼此交换的特殊矩阵 S 和 R。这里明确一点，S 和 R 并非可交换矩阵。如果你随机选择一个矩阵 X，几乎可以肯定 $SX\neq XS$ 和 $RX\neq XR$。这一点很重要，我得再次强调，S 和 R 并非可交换矩阵。它们与其他大多数矩阵不可交换，但两者之间是可交换的。

16.4.1 可交换的矩阵族

Sandra 和 Riva 需要大量此类矩阵，防止 Emily 简单地对其逐一尝试。这意味着她们需要一个大型的可交换矩阵系 $\mathcal{F}$，用于从中选择每个消息块的矩阵。

注意：$\mathcal{F}$ 是一个可交换矩阵族（a commutative family of matrices），而不是一族可交换的矩阵（a family of commutative matrices）。理解的关键在于，可交换的是族，而不是矩阵本身①。$\mathcal{F}$ 中的几乎所有矩阵都不是可交换的。它们之间是可交换的，但与其他矩阵不可交换。

构建可交换矩阵族最简单的方法是从任意可逆矩阵 F 开始，并取其幂，$F^0, F^1, F^2, F^3, \cdots$，其中 F^0 是单位矩阵 I，$F^1 = F$。将 F 称为该族 $\mathcal{F}$ 的生成矩阵。

Sandra 和 Riva 需要为每个信息块分别使用不同的矩阵，否则 Emily 可能会在已知明文的信息块 M_i 足够多的情况下，求解线性方程组 $R(SM_i) = RSM_i$。

16.4.2 乘法阶

为了使矩阵族 $\mathcal{F}$ 尽可能大，需要找到或构造一个具有高乘法阶的生成矩阵 F。也就是说，使得 $F_n = I$ 的最小整数 $n > 0$ 需要很大，至少为 10^{25}，最好更大。如果矩阵 F 是可逆矩阵，这样的 n 总是存在，而且 F 的乘法逆元素 F' 是 F^{n-1}。在 15.8 节中介绍过一种寻找可逆矩阵的方法。确定矩阵 F 的乘法阶多少算是一门艺术。显然，在 $F^n = I$ 之前连续取 F 的幂是不可行的，尤其是当 $n > 10^{25}$ 时更是如此。但这是可以做到的。

要找到乘法阶，首先从 1×1 的矩阵开始，即环的元素。查看这些元素的乘法阶。由于 n 的最大可能值是 255，所以可以通过枚举很容易找到这些乘法阶。可能的值有 2、3、7、15、31、63、127、255。较大矩阵的乘法阶往往是这些值的倍数。

假设环元素的乘法阶分别为 2、7、31。当你尝试 2×2 的矩阵时，首先将每个矩阵 A 提升到单元素阶（single-element orders）的某个倍数，比如 $2^4 7^2 31 = 24\,304$。然后枚举 $B = A^{24\,304}$ 的幂。假设发现 $B^{52} = I$。现在你可以确定矩阵 A 的乘法阶 m 能够整除 $x = 24\,304 \times 52 = 2^6 7^2 13 \times 31$，并且它是 $2^6 13$ 的倍数。接下来你可以尝试 $A^{x/7}$ 和 $A^{x/31}$，看它们是否为 I。如果 $A^{x/7}$ 是 I，那就接着尝试 $A^{x/49}$。在这种情况下，最高的乘法阶可能是 $2^6 7 \times 13 \times 31$。

---

① "a commutative family of matrices" 指的是一个矩阵族，其中的矩阵之间彼此可交换。也就是说，对于该矩阵族中的任意两个矩阵 A 和 B，满足 $AB = BA$。而 "a family of commutative matrices" 则是指矩阵族中的每个矩阵都是可交换的。也就是说，对于该矩阵族中的每个矩阵 A，与该矩阵可交换的任意其他矩阵 B，满足 $AB = BA$。

接下来处理 3×3 矩阵。如果 2×2 矩阵的乘法阶中除了 2、3、7、13、31 之外没有其他质因数，那么 $x=2^8 7^2 13^2 31^2$ 可能是一个不错的起始指数。枚举 $\boldsymbol{B}=\boldsymbol{A}^x$ 的连续幂，并重复缩小指数的过程。随着矩阵变得越来越大，乘法阶可能会增加到无法通过枚举找到的程度。这种情况下，你需要猜测将出现的新质因数。

注意乘法阶序列中出现的模式，这需要做一些"侦察"工作。例如，假设出现了 2^3-1、2^6-1、2^9-1、$2^{12}-1$。你不会直接看到这些值，因为它们并不都是质数。$2^6-1=63=3^2 7$，$2^9-1=511=7\times 73$，$2^{12}-1=4\,095=3^2 5\times 7\times 13$。因此，在质因数中找到 13，暗示了"真正的"质因数可能是 $2^{12}-1$，而找到 73 则有力地表明 2^9-1 是一个因数。如果你看到了 2^3-1、2^6-1、2^9-1、$2^{12}-1$，那么预计 $2^{15}-1$ 应该也会很快出现。如果所有这些都出现了，它们每一个都可以被 7 整除，那么乘法阶就会被 7^4 整除。

16.4.3 最大阶

Sandra 的目标是使族 F 尽可能大，以便她和 Riva 对于矩阵 S 和 R 有更多的选择。一个实用技巧是观察因数集合中乘法阶的差异。例如，如果 A 的乘法阶是 $19\,m$，B 的乘法阶是 $23m$，那么 AB 的乘法阶很可能是 $19\times 23m=437m$。如果这样不管用，那么 $A'B$ 或 AB' 的乘法阶可能是 $437m$。

如果可能的话，Sandra 应该选择一个生成矩阵 F，其乘法阶具有一个大质因数，比如 $m>10^{35}$，以防止 Silver-Pohlig-Hellman 攻击（参见 14.4 节）。Sandra 需要对不同的 n 进行 2^n-1 因数分解，找到具有大质因数的那些，然后通过连续尝试更大的矩阵，找到乘法阶能被某个 2^n-1 整除的生成器矩阵。

16.4.4 Emily 的攻击

假设 Sandra 选好了 F 和 F，并向 Riva 发送了一个消息。由于 Sandra 和 Riva 是在公共信道上通信，比如 Internet，如果 Emily 知道 F、F、SM、RSM、RM，她的目标是找到 R 或者 S，所以她有两次机会。让我们重点关注 Emily 如何找到 R。对于 R，Emily 知道两件事情。首先，她知道 SM 和 RSM 的值，这样就得到了 R 的 n^2 个未知元素的一组 n 个线性方程。其次，她知道 R 属于族 F，所以它必然与 F 是可交换的，即 $RF=FR$。如果环 R 可交换，这就又额外得到了 R 的 n^2 个元素的 $n(n-1)$ 个线性方程。

该方法切实可行，原因在于矩阵方程 $RF=FR$ 的左侧产生 rf 形式的项之和，其中 r 是 R 的未知元素，f 是 F 的已知元素。右侧产生了 fr 形式的项。由于环是可交换的，左侧的项 rf 可以转换为 fr 形式，并与右侧的项结合形成线性方程。

对于 n^2 个未知数的 n^2 个线性方程，对其求解并找出 R 似乎是小菜一碟，但其实并不简单。回顾 15.3 节,我们知道同余有强弱之分。对于任何大小不是质数的有限环上的线性方程也是如此。环的大小有越多的质因数,就越有可能存在弱方程。在这个例子中,环的大小为 2^8,有 8 个质因数,所以很多线性方程可能是弱方程。矩阵的典型大小也许是 30×30(如果环 R 选得好),或者 128×128,甚至 256×256(如果环 R 选得不好)。即使选了一个好的环,哪怕一半的方程都是强方程,预计仍然至少会有 2^{450} 个解能满足一组 $30\times30=900$ 个方程。实际上,解的数量要大得多,因为有的方程可能存在 4、8 或者 16 个解。

对于 Emily 来说,有一个好消息。她可以解出 R' 而不是 R,无论她得到的是这 2^{450} 个或更多解中的哪一个,都将是 R 的有效逆元,这样她就能通过 $R'RM=M$ 来获取消息。

16.4.5 非交换环

看起来 Sandra 和 Riva 陷入了困境。Emily 已经赢得了这场战斗。

对抗这种攻击的一种可能策略是 Sandra 和 Riva 使用非交换环。非交换环的两个例子是矩阵和四元数(参见 15.13.2 节)。你可以形成其元素本身是矩阵或四元数的矩阵,或者反过来,形成其系数为矩阵或四元数的四元数。但这些都不是好的选择,你需要使它们非常大才能产生高乘法阶的矩阵。

一个更好的方法是使用 15.7 节的技术构建自己的环 N。你应该选择一个包含很多元素的环,这些元素(1) 是可逆的,(2) 具有高的乘法阶,(3) 是非交换的。找到具备所有这些特征的环是一项棘手的平衡工作。例如,一个具有最大乘法阶(对于 256 个元素的环,其乘法阶为 255)元素的环不能有任何非交换元素。如果你能找到一个环,其中一半元素是可逆的,一半元素的乘法阶约等于环大小的一半,并且一半的元素是非交换的,那就足够了。尽管不能同时实现这三个目标,但你可以超越其中一些目标,同时接近其他目标。

对于非交换环,矩阵方程 $RF=FR$ 无法再线性化,因为不能确定 $rf=fr$。相反,矩阵方程会导致一组双线性方程。双线性方程的一般项的形式为 axb,其中 a 和 b 是环的元素,x 是值待确定的变量。线性方程可以使用简单系统的方法(高斯消元法)来求解,但对于双线性方程没有这样的方法。甚至对于只有一个变量 x 的简单方程 $ax+xb=c$,也没有通用的解法。因此,环上的双线性方程是"不可能求解的"。

16.4.6 解双线性方程

说了这么多,现在我将展示如何解双线性方程。关键在于改变环 N 中元素的表示方式。我们已经看到过几个示例。在环 $R13$ 中,元素表示为 $a+b\sqrt{13}$。高斯整数表示为

$a+bi$。四元数表示为 $a+bi+cj+dk$。其中,i、j、k 是抽象单位,其乘积决定了环的行为,而 a、b、c、d 是环的可交换元素。四元数可以是非交换的,因为单位乘法不满足交换律,也就是说,ij≠ji,ik≠ki,jk≠kj。由于只有一个单位,高斯整数必然是可交换的。

窍门是通过找到非交换环 N 的表示来线性化双线性方程。这很容易做到。首先,将 N 的元素分为两个集合 A 和 B,其中 A 包含具有表示形式的元素,B 包含剩余的元素。最初,A 为空集,B 包含环的所有元素。首先,将可交换元素移入集合 A。这些环元素代表其自身。它们是表示形式中的 "a" 项。选择任意的剩余可逆元素作为单位 i。将所有可以表示为 $a+bi$ 的环元素(其中,a 和 b 是环的可交换元素)从集合 B 移动到集合 A。到目前为止,A 中的所有元素仍然是可交换的。

集合 B 不能为空,因为 N 不可交换。我们已经注意到只有一个单位的环(例如高斯整数)必然是可交换的。因此,从集合 B 中取第二个可逆元素,称为第二个单位 j。这一次,将所有可以表示为 $a+bi+cj$ 的元素从集合 B 移动到集合 A。集合 B 中可能还剩有一些环元素。在这种情况下,你可以重复这些步骤,但为了简单起见,我们假设(1) 只需要两个单位;(2) 环中的所有元素都可以表示为 $a+bi+cj$,其中 i 和 j 是抽象单位;(3) a、b、c 是环 N 的可交换元素。实际上,你得到的单位数量可能取决于所选择的 i 和 j,所以应该多试几次,以获取最少的单位。这一点很重要,因为更多的单位意味着在线性化时会有更多的方程。由于解一组线性方程所需的时间与方程数量的立方成正比,这会产生很大的影响。

让我们回到矩阵方程 **RF**=**FR**,并将环元素代入 $a+bi+cj$ 的形式。R 的未知元素具有 $x+yi+zj$ 的形式,其中 x、y、z 是未知的可交换环元素。现在,矩阵乘积 RF 的项将具有以下形式:

$$(x+yi+zj)(a+bi+cj)=ax+bxi+cxj+ayi+byi^2+cyij+azj+bzji+czj^2$$

其中,i^2、j^2、ij、ji 将进一步扩展为 1、i、j 的线性组合,比如 $d+ei+fj$。当然,实际的扩展取决于所选择的环以及选择哪些元素作为 i 和 j。

对矩阵乘积 FR 中的项也执行同样的操作。最终,你得到的是包含 2 700 个未知数的 2 700 个方程,而不是包含 900 个未知数的 900 个方程。这将使错误解的数量从 2^{450} 激增至 $2^{1\,350}$。这对 Emily 来说是一个坏消息。错误解令她无法恢复消息。

16.4.7 薄弱之处

族 Ŧ 中会包括一些薄弱之处,比如对角矩阵和三角矩阵,Emily 可以轻松地求逆。这些薄弱之处不应该用作密钥。在从 Ŧ 选择矩阵时,要验证主对角线上方和下方至少有一个非 0 元素。为了加快此测试,只需验证 X_{12}、X_{13}、X_{23} 中至少有一个非 0,且 X_{21}、X_{31}、X_{32} 中至少有一个非零。否则拒绝 X 并重新选择。被拒绝的矩阵的比例可以忽略不计。

16.4.8 提速

使用矩阵代替指数运算的优势可能还不太明显。从族 F 中选择一个矩阵 S 或 R,需要对生成矩阵 F 执行大幂运算(taking a large power)。这相比于对大整数执行大幂运算有什么更好或更快之处吗?区别在于准备工作。在 Shamir 和 Massey-Omura 方法中,Sandra 和 Riva 必须将各自从对方那里得到的数提高到一个大的幂级。由于两人事先不知道这个数,因此无法做任何准备来加快指数运算。

然而,使用矩阵方法的话,生成矩阵 F 是事先已知的。Sandra 和 Riva 都可以提前生成 F 的某些幂,然后将此矩阵幂的基集(base set of matrix powers)保存在手头,这样只需执行一到两次矩阵乘法,就能生成 F 的新幂。首先,她们只执行 15 次矩阵乘法,就能生成一组 16 个矩阵 F,F^2,F^4,F^8,$\cdots$,$F^{32\,768}$。

如果她们只做到这一点,Emily 也可以依葫芦画瓢,得到与 Sandra 和 Riva 相同的矩阵基集,从而轻松确定两人的加密矩阵 S 和 R。为了防止这种情况发生,Sandra 和 Riva 需要随机化她们的矩阵集。方法是随机选择两个矩阵,然后相乘。这个乘积将取代矩阵基集中的这两个矩阵之一。Sandra 和 Riva 是独立进行此操作的。两人都不知道对方选择了 F 的哪些幂。

该替代操作在设置过程中应该重复多次,比如 1 000 次,以确保参与各方的矩阵集是完全随机的。如果 1 000 次看起来太多,记住,在 Shamir 方法中使用 300 位的质数时,每次指数运算需要约 1 000 次乘法和 1 000 次模化简。Sandra 和 Riva 还需要保留各自矩阵的逆矩阵。每次对 F 的两个幂相乘时,都需要对 F' 的相应幂相乘,这样她们就不必对任何幂求逆。

生成矩阵基集这个设置步骤,只需要在发送第一个消息之前完成一次。当你拥有生成矩阵的扩展集时,只需对矩阵执行一次乘法运算,再对其逆矩阵执行一次乘法运算,就能生成用于发送消息的矩阵。随机从你的矩阵基集中选择两个不同的矩阵 F^a 和 F^b,相乘得到 F^{a+b},然后用 F^{a+b} 替代 F^a,这样每次都能生成不同的矩阵。

使用这种技术,我发现对于 30×30 矩阵与 1 024 位模数,矩阵方法比 Shamir 或 Massey-Omura 的指数运算方法快了约 2 100 倍。

16.5 双侧三趟协议

在先前的矩阵方法中,矩阵乘法可以在左侧或右侧进行,这意味着消息可以被加密

为 SM 或 MS。也可以在两侧同时进行乘法。在这种情况下，消息被划分成大小为 n^2 个字符的若干块，并且有两个独立的可交换的 $n \times n$ 矩阵族 $\mathcal{F}$ 和 $\mathcal{G}$，其中生成矩阵分别为 F 和 G。Sandra 将使用 $\mathcal{F}$ 中的矩阵 S 和 $\mathcal{G}$ 中的矩阵 T 对消息进行加密，Riva 将使用 $\mathcal{F}$ 中的矩阵 R 和 $\mathcal{G}$ 中的矩阵 Q 对消息进一步加密。

Sandra 将加密的消息 SMT 发送给 Riva。Riva 对其进一步加密并返回 $RSMTQ$。Sandra 使用逆矩阵 S' 和 T' 移除她的加密，回送 $S'RSMTQT' = RMQ$ 给 Riva，Riva 使用她的逆矩阵 R' 和 Q' 进行解密，得到 $R'RMQQ' = M$。对于短消息来说，双侧方法不太实用，因为块很大，但就长消息而言，它比单侧方法要快得多，因为每个块中有 n^2 个字符，而不是 n 个字符。对于 30×30 矩阵，双侧方法能比单侧方法快 15 倍，因此大约比 Shamir 或 Massey-Omura 方法快 30 000 倍。

Emily 必须同时求解两个矩阵。设 Emily 拦截到的 3 个矩阵分别为 X、Y、Z，即 $X = SMT$, $Y = RSMTQ$、$Z = RMQ$。Emily 知道 $Y = RXQ$ 和 $Z = S'YT'$。看起来 Emily 需要在非交换环 N 上求解一大组二次方程，这比解线性或双线性方程要困难得多。然而，如果将这些方程分别乘以 R'、Q'、S、T，它们就变成了 $R'Y = XQ$、$YQ' = RX$、$SZ = YT'$、$ZT = S'Y$。这些矩阵方程相乘得到双线性方程。我们在 16.4.6 节中看到过如何解双线性方程。

如果 Emily 能找到 R' 和 Q'，或者找到 S' 和 T'，就能恢复 M。她可以选择求解这四个方程中的前两个或后两个。让我们继续以 30×30 矩阵为例，重点关注求解 $R'Y = XQ$。R' 中有 900 个未知数，Q 中有 900 多个未知数。这个矩阵方程提供了包含 1 800 个未知数的 900 个双线性方程。Emily 还知道 R' 在 $\mathcal{F}$ 中，Q 在 $\mathcal{G}$ 中，所以 $R'F = FR'$ 且 $QG = GQ$。每个方程都会产生额外的 $30 \times 29 = 870$ 个双线性方程。这使得 Emily 总共有包含 1 800 个未知数的 2 640 个双线性方程。通过改变环元素的表示形式线性化这些方程。

这就产生了包含 5 400 个未知数的 7 920 个线性方程。当方程多于未知数时，系统被称为超定方程（overdetermined）。当 Emily 化简方程组时，多余的方程会自动消失。也就是说，7920×5400 矩阵的许多行都全变成了 0。可以将其移到矩阵的底部并忽略。最后，出现了与单边情况一样的困难，即存在大量解。由于双侧方程是超定的，强于单侧方程。另一方面，未知数是两倍。目前还不清楚哪种方法最终会更强。你可能会简单地选择双侧方法，因为其速度快得多。∗∗

17

编码

本章内容包括：
- 构建编码的思路

几个世纪以来，尽管密码、密码机以及现代数字密码学取得了进步，军方始终依赖编码。即使在今天，我们仍然可以认为，军方仍然使用编码作为电子设备出现故障或无法供电时的替代方案。

大多数编码将字母、音节、单词或短语替代为一组固定大小的数字，通常是 3、4 或 5 个十进制数字，或者是 3 或 4 个字母的组合。变长编码很少见。编码通常分为两种类型：单一编码和双重编码。在单一编码中，单词和短语按字母顺序列出，并按照数值顺序（尽管不连续）分配编码组，因此可以使用相同的列表查找单词和代码组。这种方法的弱点是显而易见的。如果对手已经弄清楚编码 08452 代表 CANNON，那么他们就知道与 08452 接近的任何编码都必然具有类似 CAMOUFLAGE、CAMPAIGN、CANCEL、CANINE、CANVAS、CAPITAL、CAPITULATE、CAPSIZE、CAPTAIN 等含义。

在双重编码中，编码组按随机顺序分配。编码本包含两个单独的列表，一个按字母顺序列出单词和短语，另一个按数值顺序列出编码组。以前，编制双重编码需要数月时间，成本高昂。政府因此可能会多年使用相同的编码，大大削弱了其有效性。自 20 世纪 60 年代以来，双重编码的编制工作可以由计算机在几秒钟内完成。

编制者有很多技巧可以提高编码的安全性。对于常见的单词和短语，他们会提供许多等效的编码组或者同义词。因此，美国海军编码中的"舰船"可能有 10 到 20 个编码组,而美国陆军编码和外交编码也可能会分别为"火炮"和"条约"提供相同数量的编码组。编码往往有很多无意义的组(null groups)。消息的整个部分可能完全没有意义。某些编码组也许具有多个意义,这取决于某个指示器,例如前一组的最后一位数字。

某些编码手册以两栏形式印刷。根据某个指示器,从左栏或右栏获取编码。例如,如果当前编码组以偶数开头,则从左栏获取下一个编码组,否则从右栏获取。

Joker

Joker 是我自己发明的一种编码风格。如果读者想要设计自己的编码,那么 Joker 也许能提供一些灵感。基本概念是在每个编码组中,有一个与众不同的字母或数字。例如,在一个由 5 字符组中,4 个字符具有意义,而另一个字符,称为 Joker,其存在的目的在于制造混乱。单单一个无意义字符就能大大增加难度,但你还可以利用这个特殊的字母或数字做更多事情。

假设有一种 5 数字组(5-digit groups)的编码。其中 4 个数字是代码本身,另一个数字是 Joker。首先,假设 Joker 总是处于每个消息的第一个编码组的中间位置。另外还假设这是一份双栏编码手册,左栏的编码与右栏的编码完全不同。例如,左栏中的 0022 可能表示"营救",而右栏中的 0022 可能表示"发动机"。

类似地,Joker 可能有两栏含义,因此 Joker 可以移动到不同的数字位置,也可以移动到不同的栏。

以下是你可能为 Joker 赋予的一系列含义。有远不止 10 种含义可供选择。你可以从中挑选 10 种。或者使用 2 栏,共计 20 种含义。也可以使用字母代替数字,为 Joker 选择 26 种含义。

- 从下一组开始,Jocker 向左移动 1 个位置。
- 从下一组开始,Jocker 向右移动 1 个位置。
- 从下一组开始,Jocker 移到位置 1。
- 从下一组开始,Jocker 移到位置 2,依此类推。
- 仅对于下一组,Jocker 位于位置 1。
- 仅对于下一组,Jocker 位于位置 2,依此类推。
- 切换到左栏的编码。
- 切换到右栏的编码。
- 切换到相反的编码栏。

- 仅对于下一个编码,使用相反的编码栏。
- 对于下两个编码,使用相反的编码栏,依此类推。
- 下一组为无效组。
- 下一组之后的组为无效组。
- 下两组为无效组,依此类推。
- 在下一组中,编码无效,但 Jocker 有效。
- 在下一组中,编码有效,但 Jocker 无效。
- 交换下两组的顺序。
- 将 1111 与下一组中的编码相加(非进位加法)。
- 将 3030 与下一组中的编码相加(非进位加法),依此类推。
- 如果下一个编码是偶数,加上 2222,否则减去 2222(非进位)。
- 在下一组中,将 Jocker 与 1 相加(非进位加法)。
- 在下一组中,将 Jocker 与 2 相加(非进位加法),依此类推。
- 将这个 4 位数字编码与下一个 4 位数字编码相加。不包括 Jocker。
- 反向读取下一个编码的各个数字,例如,1075 实际上代表 5701。
- 忽略后续编码,直至出现以 0 开头的编码。
- 下一组是特殊指示器。

关于非进位加法的例子,参见 4.6 节。

特殊指示器需要更详细的解释。在特殊指示器中,编码组的所有 5 位数字都有特殊的用途,比如告知 Jocker 会出现在哪个位置,或者使用哪一栏。举例来说,特殊指示器 13152 可以表示在接下来的 5 个组中,Jocker 出现的位置依次为 1、3、1、5、2。特殊指示器还可以告诉接下来的 5 个编码来自哪一栏,奇数表示来自左栏,偶数表示来自右栏。特殊指示器 10384 可以表示在接下来的 5 个组中,编码依次从左栏、右栏、左栏、右栏、右栏中获取。

特殊指示器的另一种用途是指定要与接下来的 5 个组中的编码相加的数。例如,特殊指示器可以表示要将以下值与 4 位数编码相加:

1	1000	5	1100	9	0111
2	0100	6	0110	0	1111
3	0010	7	0011		
4	0001	8	1110		

这些值使用不进位加法（模 10 加法）相加。

Jocker 始终表明对接下来的一个或多个组（绝非当前组或先前的组）要执行的操作。例如，不应使用含义为"取消上一个 Jocker"的 Jocker。当一个 Jocker 表明涉及后续几个组的操作时，要确保两个不同 Jocker 的动作不冲突。例如，不应该在第 20 组中有一个表明"接下来的 3 个编码来自左栏"的 Jocker，然后在第 21 组中又有一个表明"接下来的 3 个编码来自右栏"的 Jocker。

Jocker 编码的另一个技巧是使用字母 A 到 E 代替 Jocker。该字母可以出现在任何位置，取代 Jocker 预先的位置。字母 A 表示下一个 Jocker 位于位置 1，B 表示位置 2，依此类推。你还可以给字母 F、G、H 赋予特定含义。例如，F 表示编码应该来自相反的栏，并且下一个 Jocker 位于位置 1。

如果有可能会被误认为是数字 1，那就不要使用字母 I。我喜欢使用字母 J 作为超级 Jocker。它表示接下来的一切都是无效的。你可以再敲上 10、20 或 100 组胡言乱语的编码，绝对会让 Emily 头昏脑胀。或者，你可以利用这些无效信息发送一个误导性的假消息，比如说"诺曼底登陆推迟到 6 月 10 日在犹他海滩发起"。

18

量子计算机

本章内容包括：
- 量子计算机的特性
- 利用量子计算机进行通信
- 利用量子计算机交换密钥
- 利用量子计算机解决优化问题
- 利用量子计算机破解分块密码
- 超越量子计算机的究极计算机

在我撰写这本书时，量子计算机还处于萌芽阶段。全世界的量子计算机不足 20 台，其中没有一台拥有超过 50 个量子位(qubit)。我写本章时就意识到，在本书发行之时，这里大部分或全部内容可能已经过时，或者被证明是错误的。量子力学和量子计算涉及的很多数学都超出了本书的范围，因此本章的内容仅是提到量子方法和算法，不会去解释其工作原理。

量子计算的基础是量子位(quantum bit 或 qubit)。一个量子位有两种基态，分别表示为$|0\rangle$和$|1\rangle$，对应于传统计算机中普通比特的 0 和 1 状态。符号$|1\rangle$称为 bra-ket 符号。当尖括号在左边时，如$\langle 0|$，称为 bra，因此$\langle 0|$读作"bra-0"。当尖括号在右边时，称为 ket，因此$|1\rangle$读作"ket-1"。这种符号是由获得诺贝尔奖的英国物理学家 Paul Adrien Maurice Dirac 发明的。

传统计算机中的普通比特具有确定的值，要么为 0，要么为 1。值只能是 0 或 1，不能是某个中间值间,不能同时具有多个值,也不能时而为 0,时而为 1。物理设备(比如表面上的磁点)可以通过施加电流或磁场从一种值切换到另一种值。可能存在短暂的过渡,但该设备不会停留在任何类型的中间或混合状态。

18.1 叠加

相比之下,量子位在进行测量或观察之前没有确定的值。此时它的值将是 0 或 1。基态 $|0\rangle$ 表示其值为 0 的概率为 1.0,基态 $|1\rangle$ 表示其值为 1 的概率为 1.0。一般来说,量子位将处于两种基态的叠加状态 $\alpha|0\rangle+\beta|1\rangle$,其中 α 和 β 是复数,满足 $|\alpha|^2+|\beta|^2=1$。当测量该量子位时,其产生 0 的概率为 $|\alpha|^2$,产生 1 的概率为 $|\beta|^2$。符号 $|\alpha|$ 表示复数 α 的幅度(magnitude)。复数 $a+bi$ 的幅度为 $\sqrt{a^2+b^2}$。由于测量结果是概率性的,因此处于相同状态的两个量子位的测量结果可能不同。任意数量的状态都可以叠加。

当一个量子状态 x 由多个量子位组成时,例如 x_1、x_2、x_3,状态 $\langle x|$ 被表示为行向量 $(\bar{x}_1, \bar{x}_2, \bar{x}_3)$,其中每个分量上的横线表示复共轭(complex conjugate)。如果复数 α 为 $a+bi$,则其复共轭 $\bar{\alpha}$ 为 $a-bi$。复共轭的性质是积 $\alpha\bar{\alpha}=a^2+b^2=|\alpha|^2$。相反,状态 $|y\rangle$ 由列向量表示。

$$\begin{pmatrix} y_1 \\ y_2 \\ y_3 \end{pmatrix}$$

由于此例中的行向量是一个 1×3 矩阵,列向量是一个 3×1 矩阵,因此两者可以相乘。矩阵乘积表示为 $\langle x|y\rangle$,是一个 1×1 矩阵,其单个元素是内积 $\bar{x}\cdot y$。也就是说,$\langle x|y\rangle$ 是一个标量。(如果此概念不熟悉,可以回头看看 11.3 节。)

由于任意两个状态都可以叠加,叠加后的状态又可以再叠加,因此量子位可能处于任意多个状态的叠加状态中。

叠加态很脆弱。小的扰动,比如温度波动或机械振动,都可能导致量子位脱离叠加态并回到某一种基态。这称为退相干(decohering)。这种脆弱性是实现大型可靠量子计算机的主要障碍。尤其是在进行测量时,量子位会退相干并落入观察到的任何基态。同样,量子位无法被复制,因为那样的话,又需要观察。

如果很难理解系数是复数的概念,接下来的解释也许会有所帮助。想象笛卡尔坐标系中的点 (a,b)。从原点 $(0,0)$ 到点 (a,b) 的线段是一个向量,它具有大小和方向。当两个状态叠加时,这些向量根据坐标几何的规则相加,这正是复数相加的方式,也就是为什

么概率表示为复数的原因。在向量相加之后,必须重新缩放系数,使得 $|\alpha|^2+|\beta|^2=1$。如果用角度描述 α 和 β,通过三角函数公式来表示角度的和以及差,那么可以消除重新缩放。

可以使用一些基本逻辑函数操作量子位,以形成量子电路。其中一个例子是条件 NOT(CNOT)函数,它对 2 个量子位进行操作,即 $|xy\rangle$。如果 $x=0$,则 CNOT 定义为 $|xy\rangle$,如果 $x=1$,则定义为 $|xy'\rangle$。换句话说,第一位不变,第二位是两个位的异或。

18.2 纠缠

除了叠加之外,粒子还会展现第二种量子力学特性,称为纠缠。如果一个粒子的某些特性与其他粒子的相同特性之间存在相关性,那么这组粒子就被称为纠缠粒子。例如,电子具有自旋特性。在一组粒子中,关于特定轴(比如 x 轴)的自旋可能是相关的。或者,一组光子的偏振可能是纠缠的。即使粒子之间相距很远,纠缠也可以存在。这使得纠缠可以运用于通信。

这个过程从制造一对纠缠的粒子开始。一种方法是将激光束通过一种特殊类型的晶体,这会导致一些高能光子分裂成两个低能光子。其中一些光子对会纠缠在一起,尽管产量很低,只有十亿分之一。下一步是将这些纠缠光子带到 Sandra 和 Riva 将要发送和接收的地方。对于长距离传输,通常的方法是通过光纤电缆,不过也可以利用晶格中的空腔进行物理传输。

当 Sandra 准备发送她的消息时,会将她的光子与一些特制的辅助光子(称为 ancillas)进行相互作用,使光子获得她期望的传输状态。这使得可能在数英里之外的 Riva 的纠缠光子呈现互补状态。过去人们曾经想象这是瞬间发生的,但实际上变化是以光速传播的。尽管数代科幻作家都曾幻想过,但信息无法瞬间传输。

最后,Riva 测量她的纠缠光子并确定 1 个量子位消息——或者不确定,因为这是一个概率过程。这有时被那些读太多科幻小说长大的科学家称为量子隐形传态。据说这种方法能防窃听,因为如果 Emily 测量了光子,它就会脱离纠缠态,而 Sandra 和 Riva 应该能够检测到。

这里存在两个缺陷:(1) Emily 可能并不在意她的窃听是否被检测到。她只要知道信息内容就行了,Sandra 和 Riva 是否知道这件事并不重要。(2) Emily 的目标可能不是收集信息,而是破坏通信。Emily 也许无从得知保密的战斗计划,但 Riva 也不会知道。实际上,如果 Sandra 和 Riva 发现 Emily 在窃听,他们可能会减少使用量子链路的频率,这对 Emily 也有利。

18.3 纠错

由于量子事件是概率性的,量子计算机的错误率远高于传统计算机。必须有一种方法来检测和纠正错误。在传统计算机中,存在着错误检测和错误纠正码。这些编码使用额外的位来检测差异,例如,为每个字节添加一个奇偶校验位来检测错误。奇偶校验位通常是 8 个数据位的异或运算结果。这意味着带有错误位的 9 位字节始终具有偶校验。如果奇偶校验为奇数,则表明发生了错误,但它并不能说明错误是什么。

最简单的传统计算机纠错码是 2 选 3 码(2-out-of-3 code)。每个位有 3 个副本。如果发生单个位错误,其中 2 个副本仍然具有正确的值。如果单个位的错误率是 $1/10^7$,那么使用该编码可以将错误率降至 $3/10^{14}$,这是一个巨大的改进。使用 3 个位表示每个数据位的成本太高,不过还有几种的编码,如 Hamming 码和卷积码,使用更少的额外位,其中一些能够检测和纠正多位错误。无错通信在现今的密码学中是必不可少的,即使改变一位也可能导致消息无法读取。

这种类型的错误检测和错误纠正在量子计算机中是不可能的。这些编码依赖于复制位并检查奇偶性。无法对量子位进行这些操作,因为测量一个量子位的值会导致其退相干。提供量子错误纠正功能通常依赖于使用额外的量子位。用于错误检测和纠正的量子位可以与数据量子位交错在称为表面码(surface code)的平面晶格排列中。

到目前为止,量子错误纠正仅仅是理论上的。尚无人建造出实用的设备。要求额外的纠错位增加了实用量子计算机所需的量子位数量。由于量子错误率较高,实用的量子计算机距离我们可能仍然遥遥无期。在阅读以下各节中关于各种量子算法的描述时,请记住这一点。

18.4 测量

测量光子的偏振是一项棘手的任务。想一想如何测量一束光的偏振。你让光束通过一个偏振滤光片并观察亮度。然后缓慢旋转滤波片,直到滤过的光达到最大亮度。此时滤波片与光束的偏振对齐,你就可以测量角度了。

然而,Riva 没有这样的便利条件。她处理的是一个单光子。光子通过 Riva 的滤光片或晶体,要么检测到闪光,要么什么都没有。如果她的滤光片与 Sandra 的发射器的对齐方式不同,那么她得到与 Sandra 相同基态的概率取决于相对角度。例如,如果她的探测器与 Sandra 的发射器成 90 度角,那么有 50% 的机会得到相同的量子位值。

解决这个问题的方法是 Sandra 发送一串光子。Riva 可以对这些光子进行采样,通过使用光传感器和电压表测量每个样本的亮度,并计算出准确的偏振角度。然后以该角度进行测量,有非常高的概率获得与 Sandra 相同的基态。能否将量子计算机运用于密码学可能最终取决于能否区分偏振中的细微差异。

18.5 量子三阶段协议

以上内容为 2006 年由美国俄克拉何马州立大学的 Subhash Kak 提出的三阶段量子协议(Three-Stage Quantum Protocol)奠定了基础。Kak 的三阶段协议使用与 16.1、16.2 和 16.4 节讨论的其他三趟算法相同的 3 消息框架。在量子版本中,加密操作是围绕选定的空间轴以随机角度旋转偏振。Sandra 和 Riva 必须就轴线达成一致,否则旋转将无法交换。(1) Sandra 以随机角度 φ 旋转光子并发送,(2) Riva 以保密角度 ψ 旋转光子,发回旋转角度为 $\varphi+\psi$ 的光子,(3) Sandra 应用反向旋转 $-\varphi$,发送按照 Riva 的角度 ψ 旋转的光子,Riva 移除该光子以读取量子位。如果 Emily 尝试测量任何经过旋转的量子位,她无法知道她的探测器是否具有正确的角度,因此也就不知道获得正确值的概率。

采用这种方法,Sandra 和 Riva 必须频繁改变角度,最好是每个量子位都改变一次。否则,Emily 只需选择一个随机角度,然后尝试读取所有消息。如果 Emily 的角度接近正确角度,那么她将获得 80% 甚至 90% 的量子位的正确值。这可能足以使她能够读取消息。运气好的话,她能读出大约 25% 的信息。注意,Emily 的角度接近 180° 同样有用,因为这将使她获得 80% 到 90% 的反转位。

18.6 量子密钥交换

量子密钥交换有几种算法,与 Diffie-Hellman 密钥交换类似。其中最著名的是 BB84 算法,以其发明者 IBM 研究院的 Charles H. Bennett 和蒙特利尔大学的 Gilles Brassard 的名字来命名。该算法使用 4 个量子位在通信通道中检测和纠正噪声。由 Emily 引起的任何扰动被简单地视为信道中的额外噪声,无需进一步检测或纠正。

这项工作的一个推论是,几个松散纠缠的粒子可以结合在一起,产生数量更少的紧密纠缠粒子。

18.7 Grover 算法

Grover 的密码算法是一种利用量子计算机来破解 DES 和 AES 等对称密钥分块密码的算法,由贝尔实验室的 Lov Kumar Grover 于 1996 年在他的量子文件搜索算法的基础上提出的。它将对加密函数的每次评估视为对未排序数据库的一次读取访问。该算法将期望的评估次数从 K 降低到 $\sqrt{K}$，其中 K 是可能的密钥数量。实际上，这能将密钥大小从 n 位减小到 $n/2$ 位。

Grover 的算法有很高的概率找到满足 $E(k,p)=c$ 的密钥 k，其中 E 是加密函数，p 是明文，c 是密文。该算法要求每个这样的密钥有一个已知明文块。对密码学知之甚少的量子物理学家可能会得出这样的结论：要防御 Grover 算法，就必须将所有密钥的大小增加一倍。这种做法是低效的，因为这需要对分块密码进行额外的轮次处理。例如，使用 128 位密钥的 AES 需要 10 轮，而使用 256 位密钥的 AES 则需要 14 轮。

一种更经济的替代方法是，在主加密之前和之后使用简单快速的密码步骤（比如简单替换）来增加密钥大小。用于混合两个简单替换字母表的密钥各自可以达到 1 684 位（参见 5.2 节），因为每个字母表可以有 256! 种可能的排列，这个数接近 $2^{1\,684}$。简单置换也有助于增加密钥大小，但其方式更有限，因为 16! 仅约为 2^{44}。如果选择使用置换，可以一次置换两个块，由于 32! 约为 2^{118}，总的密钥大小显著增加。

本书的读者会意识到，Grover 的算法也能被一些基础方法击败，比如使用无效值、为每个块使用不同的密钥、链接块或压缩消息。这意味着在块加密之前使用混合 Huffman（参见 4.2.1 节）这样的压缩密码，就可以一次性同时实现更大密钥和压缩这两个目标。混合 Huffman 的缺点是会改变块大小。在分块密码之前和之后使用 Huffman 替换（10.4 节）或 Post 替换（10.5 节）可能更明智。

18.8 方程

在讨论下一个主题"量子模拟退火"之前，我们要先讨论方程。很多密码都可以用方程组来表示。Belaso 密码可以表示为 $C=P+K$，其中 C 是密文，P 是明文，K 是密钥，均以模 26 的整数表示。Hill 密码是一组线性方程。像 Playfair 和 Two-Square 这样的密码以基数为 5 的方程表示。

18.8.1 置换

置换可以很容易地表示为方程集合的形式。例如，列置换

$$
\begin{array}{l}
\text{E X A} \quad \text{明文：EXAMPLE}\\
\text{M P L} \quad \text{密文：EMEXPAL}\\
\text{E}
\end{array}
$$

可以表示为 $c_1=m_1, c_2=m_4, c_3=m_7, c_4=m_2, c_5=m_5, c_6=m_3, c_7=m_6$，其中 m_i 是明文消息字符，c_j 是密文字符。

逻辑函数可以转换为数值方程,如下所示:

$$\text{not } x \to 1-x$$
$$x \text{ or } y \to x+y-xy$$
$$x \text{ and } y \to xy$$
$$x \text{ xor } y \to x+y-2xy$$

18.8.2 替换

替换可以通过三步过程转换为方程形式。首先,使用密钥位和明文位将每个密文位表示为布尔表达式。例如,考虑以下替换,它使用 1 位密钥 K 和 2 位明文 AB 生成 2 位密文 XY。

K	AB	XY	布尔输入
0	00	01	$\bar{K}\bar{A}\bar{B}$
0	01	11	$\bar{K}\bar{A}B$
0	10	00	$\bar{K}A\bar{B}$
0	11	01	$\bar{K}AB$
1	00	10	$K\bar{A}\bar{B}$
1	01	00	$K\bar{A}B$
1	10	10	$KA\bar{B}$
1	11	11	KAB

这里 $\bar{K}\bar{A}\bar{B}$ 表示 $K=0, A=0, B=0$; $\bar{K}\bar{A}B$ 表示 $K=0, A=0, B=1$;依此类推。现在可以将密文位 X 写作 $X=\bar{K}\bar{A}\bar{B}+\bar{K}A\bar{B}+KA\bar{B}+KAB$。$Y$ 也有类似的表达式。

18.8.3 卡诺图

卡诺图(Karnaugh maps)用于化简这些表达式。这是第二步。此概念由贝尔实验室的 Maurice Karnaugh 于 1953 年提出的。其思想是将所有可能的 n 位输入集合描绘为一个 n 维空间,$2 \times 2 \times 2 \times \cdots \times 2$。填充每个输出位为 1 的单元格。下面是输出位 X 的空间。Y 也有类似的图。

	$\bar{A}\bar{B}$	$A\bar{B}$	AB	$\bar{A}B$
$\bar{K}$				
K				

注意图中的列是如何标记的。当你从一个单元格向右移动时,每一步只有一个位发生变化,包括从第 4 列到第 1 列的环绕步骤。这种排列被称为 Gray 码。Gray 码是贝尔实验室的 Frank Gray 于 1947 年发明的。可以很容易地通过逐位添加来构造 Gray 码。例如,要将这个 2 位 Gray 码扩展为 3 位,首先按 $\overline{AB}$、$A\overline{B}$、AB、$\overline{A}B$ 的顺序列出 4 对 AB,并在每对末尾添上一个 $\overline{C}$,然后再按相反的顺序列出,并在每对末尾添上一个 C。C 位(C-bit)只变化两次,即在第 4 个编码组之后和第 8 个编码组绕回到起点之后。

卡诺图允许你通过肉眼优化逻辑,最多可达 6 位、3 个水平位置和 3 个垂直位置(使用 8×8 图)。超过 6 位时,最好使用程序来处理。在每一步中,添加适合填充区域的最大矩形块,并覆盖至少一个尚未被覆盖的新单元格。块的每个维度都必须是 2 的幂,因此其体积也将是 2 的幂。如果存在多个最大尺寸的块,则选择能覆盖数量最多的尚未被覆盖的单元格的块。继续操作,直到覆盖所有填充的单元格。

在 K、A、B 的示例中,填充区域中有两个 1×2 的块,即 KA 和 $K\overline{B}$。每个块都覆盖了 2 个单元格。由于二者共同覆盖了 3 个单元格,这两个块都是必需的。如此一来,只剩下单元格 $KA\overline{B}$ 需要被覆盖。因此,X 的简化表达式为 $KA+K\overline{B}+KA\overline{B}$。

将替换表示为方程集的第三步是按照之前的规则,用算术表达式替代这些表达式中的 and、or、not 函数。

18.8.4 中间变量

如果尝试将复杂的分块密码(比如 AES)中的每个密文位表示为单一表达式,那么表达式的大小会随着每一轮呈指数级增长。有人以此为由,声称无法使用方程来破解分块密码。胡说八道。这个问题可以通过中间变量来解决。让每轮的输出成为一个单独的变量集。

第一轮的输入、密钥、明文、链向量,都是独立变量,其中任何一个位都可以独立于其他位发生变化。每轮的输出,或者一轮内的每个阶段的输出,则是依赖变量。这包括下一个块的链向量。它们的值完全由独立变量的值确定。改变其中一个位不可能不影响到其他一些变量。

18.8.5 已知明文

假设 Emily 有一些已知的明文。为简单起见,假设这是一个 n 位消息块。她的目标是利用已知的明文和截获的密文来确定密钥。假设 Emily 已经根据明文、密钥和可能的链向量找到了每个密码位的表达式。设第 i 位的表达式为 E_i,c_i 为密文的第 i 位。对于

给定的密钥 K，Emily 可以通过以下公式来测量使用密钥 K 对已知明文进行加密后得到的密文与截获的密文之间的差异：

$$D(K)=(E_1-c_1)^2+(E_E-c_2)^2+(E_3-c_3)^2+\cdots+(E_n-c_n)^2$$

当找到正确的密钥时，$D(K)$ 将为 0。这里，$D(K)$ 被称为目标函数（objective function），或者简称得分（score）。

18.9 最小化

引入目标函数将查找正确密钥的问题转化为最小化问题，其目的在于最小化函数 $D(K)$ 的值。量子计算机之所以可行，是因为系统的量子态始终趋向于最低能量状态。如果可以对量子计算机进行配置，使得量子位或量子位组代表变量的值，并且系统的能量对应于目标函数值，那么最低能量状态将与目标函数的最小值相对应。如果此配置得以实现，量子计算机就能解决包括破解密码在内的各种实际问题。

首先，将密钥位替代为实数。这些数最终必须为 0 或 1，但在搜索过程中允许变量超出 0—1 的范围是有好处的。从一些初始值开始，比如将所有位设置为 0.5，或是 0—1 范围内的随机值，然后调整它们的值以减少 $D(K)$ 的值，尝试将其降至 0。

可用于传统计算机的优化技术现在有很多，但我们只介绍其中三种。使用这些算法来查找加密密钥需要大量已知明文。已知明文至少应该是密钥大小的三倍。

18.9.1 爬山算法

爬山算法（Hill Climbing），也称为最陡下降法（Steepest Descent）或梯度法（Gradient Method），是最古老的优化方法。其思想是从某个点 P_1 开始，沿随机方向查看几个等距点。在这些点中，选择具有最大改进的点 P_2，即具有最小 $D(K)$ 值的点。然后通过查看接近 P_2 的随机点来细化方向。从 P_2 到任意这些点的距离要比从 P_1 到 P_2 的距离小得多。将此点称为 P_3。从 P_1 到 P_3 的线段定义了搜索方向。最后，在该线段上找到使 $D(K)$ 值最小的点 P_4。使用 P_4 作为起点重复搜索。随着搜索的持续进行，从 P_i 到 P_{i+1} 的步长在发现改进时都会增加，如果没有改进，则会减少。

当搜索空间形似 n 维空间的单峰或由众多小山丘包围的大中央山峰时，这种搜索形式效果很好。但在具有许多局部最优解的更复杂的地形中，则会严重失效。在下面的图片中，颜色越深，得分越好。

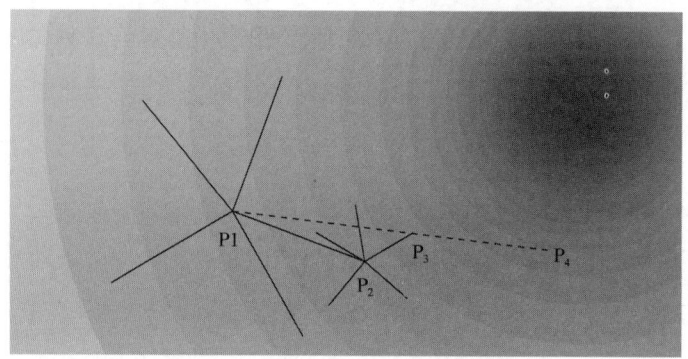

图 18-1　爬山算法的搜索空间

18.9.2　Mille Sommets

Mille Sommets 或 Thousand Peaks 是我在 20 世纪 70 年代参加各种谜题比赛时的获胜思路。后来，我开始为一些计算机杂志撰写此类搜索方法的文章，但却遇到了一个难题，即如何准确描述出使这种搜索方法优于其他搜索方法的目标函数类型。20 世纪 90 年代，该方法以粒子群优化（particle swarm optimization）的名称被重新发现。

将搜索空间想象成一座拥有众多山峰、山谷以及山脊的山脉。现在有一队飞机飞过这片区域，用降落伞投放了数百名登山者。换句话说，同时有很多起点。这些登山者将查看附近的地点，看看这些地点是更高还是更低。有两种方案。（1）仅选择其中的最佳点，让登山者去到那里。在这种情况下，如果没有一个点是最好的，就缩小步长再试一次。如果连续 3 次都失败了，那么就换一个登山者，从随机位置开始。（2）保留几个有改进的点。你可以把这看作是将登山队分成几个小组，尝试不同的路径。最好不要采纳所有的改进解，因为这样会很快将所有登山者集中到少数几个区域。

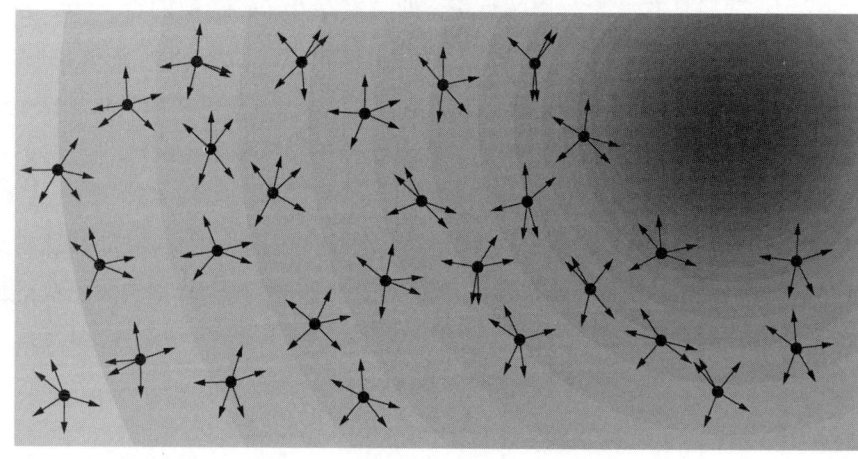

图 18-2　Mille Sommets 的搜索空间

我最初的想法是将所有解保留在堆结构中，使得堆顶始终是最差解。你取出最差解并尝试改进。这种做法被证明是低效的，因为你花费了大量精力去改进终将被放弃的差解。相反，总是选择最佳解能将所有登山者集中在单个山峰。最好的策略是随机选择下一个登山者。同样，在一个解产生了多个改进解时，选择其中的最佳解未必总是有好处的。有时更好的做法是在几个改进解中随机选择一个。

18.9.3 模拟退火

模拟退火（Simulated Annealing）是一种流行的优化技术，主要因为其非常容易实现。你从搜索空间中的一个随机点开始，然后查看附近的一个点。如果该解更好，则以概率 B 移动到该点。如果该解更差，则以概率 W 移动到该点。

模拟退火的一个显著特点是在搜索过程中改变概率。最初，你将拒绝优解的机会或接受差解的机会设置得相当高。比如，你拒绝 40% 的优解，接受 30% 的差解，即 $B = .6$，$W = .3$。然后，经过一段时间（比如 1 000 步），降低拒绝优解的概率。也许在第二阶段，你拒绝 20% 的优解，接受 15% 的差解。再经过一段时间（比如另外 2 000 步），你可能只拒绝 10% 的优解，接受 7% 的差解。

这个过程被称为模拟退火，因为它类似于冶金中的热退火过程，其中金属首先被加热至发光，然后非常缓慢地冷却。这改变了金属的晶体结构，降低了其硬度并增加了延展性和可塑性，以便更容易加工。在模拟退火中，最初拒绝优解和接受差解的高概率类似于金属的初始高温状态，而这些概率的逐步降低则类似于金属的缓慢冷却。模拟退火的相关描述通常将概率逐步降低的几个阶段称为降温。

下面分享一些我在使用模拟退火时的经验：

- 太慢没好处。拒绝 40% 的改进解，然后是 39%，再然后是 38% 等，这纯粹就是浪费时间。每个阶段的接受/拒绝率应该在先前的 1/2 和 2/3 之间。例如，在第一个阶段是 40%，然后是 20%、10%、5%、3%。或者从 40% 开始，然后是 25%、15%、10%、6%、4%，最后是 2.5%。
- 一般来说，五个阶段就足够了。
- 从 50% 的接受率开始是浪费时间。应该在 60% 到 75% 之间开始。
- 将概率降至 0% 没好处。如果最后一个阶段接受 2% 到 3% 的差解，你会获得更大的改进。

- 没进展就停止。你可能计划在每个阶段进行 1 000 次试验,但如果做了 100 次尝试却没有变化,那就停止。
- 让百分比取决于改进的程度。例如,在第一个阶段,你可以接受 60% 的改变提高 1% 的得分,75% 的改变提高 2% 的得分,90% 的改变提高 3% 或更多的得分。
- 实验。优化问题各不相同。尝试改变阶段的数量、每个阶段的试验次数、概率的变化率、步长以及改进程度和接受百分比之间的关系。

可以自由地将爬山算法、Mille Sommets 和模拟退火技术结合起来,形成各种混合方法。

18.10　量子模拟退火

目前有几种利用量子计算机进行模拟退火的方法。这些方法利用了量子现象(比如叠加)并行执行大量搜索。然而,每次尝试都需要在选择的点上评估目标函数。量子计算机并不适合评估表达式。现在还没有通过量子手段并行评估这些函数的方法。量子计算机可以使用传统计算机来评估表达式,但这样就失去了并行性。到目前为止,量子搜索在速度上并没有展现出优于传统计算机之处。

18.11　量子因数分解

RSA 公钥加密系统的安全性依赖于对大整数进行因数分解的难度。给定两个大整数 A 和 B,将它们相乘得到乘积 AB 很容易,但要反过来确定一个大整数的因子则非常困难。对大数进行因数分解的难度与计算离散对数(参见 16.3 节)的难度相同,两者用到了很多相同的技术。

这种安全性可能被 Shor 算法破解,Shor 算法是首个用于对大数进行因数分解的量子算法,由 MIT 的 Peter Shor 于 1994 年发明。如果该算法可以成功地应用于大整数,要么必须弃用 RSA,要么必须显著增大模数,可能需要数百万位。到目前为止,使用 Shor 算法,2001 年将数字 15 分解为 3×5,2012 年将数字 21 分解为 3×7。按照这个速度,预计在 2023 年左右能将数字 35 分解为 5×7。

玩笑归玩笑,Shor 算法要真正威胁到 RSA 的安全性,可能还需要几十年的时间。

18.12 究极计算机

量子计算机目前并不适合评估表达式,但是让我们假设这只是一个技术问题。想象随着时间的推移,将会出现结合了超级计算机的计算能力和量子计算机的并行性的混合计算机。我们称这种计算机为究极计算机(ultracomputers)。

Sandra 今天可以做些什么来为 Emily 拥有究极计算机的时代准备呢?我们可以从战胜 Grover 算法的方式中汲取灵感(参见 18.6 节)。我们增加了密钥的大小,使其超出算法的能力,这对究极计算机同样可行:增加计算机需要处理的未知量的数目,使其超出究极计算机的处理能力。让我们看看该问题的两个方面:替换和随机数生成。

这些算法将需要极大的加密密钥。让我们简单地认为,在存在超级计算机的未来世界里,是有能力管理如此巨大的密钥的。

18.12.1 替换

如果替换没有被某种数学规则定义,那么它可以通过替换表来定义。表中的每个条目是 Sandra 知道,但 Emily 不知道的的值。每个表项可以被视为数学意义上的一个变量。最初,每个变量可以取任意值。如果 Emily 知道了其中一些值,那就缩小了其他变量的选择范围,但一开始任何字符都可以替换其他字符。

Sandra 的目标是让究极计算机不堪重负。一般的多字母密码有一个 26×26 的表格供手工使用,但对于计算机,则有一个 256×256 的表格。这提供了 2^{16} 或 65 536 个未知值。然而,没有理由限制表格中的行数为 256 行。既然 Emily 拥有究极计算机,那么 Sandra 拥有一台高速的大内存计算机也合情合理。Sandra 可以使用 1 024 行、10 位密钥的表格,或者 4 096 行、12 位密钥的表格,甚至是 65 536 行、16 位密钥的表格。替换表需要占用 $2^{24} = 16\ 777\ 216$ 字节①的内部存储空间,完全在当前个人计算机的内存容量范围内。此外,对于 8 位替换来说,16 位密钥提供了非常理想的冗余。我们称这个 2^{24} 个元素的表格为 Tab24。Tab24 的每一行都有自己的混合密钥。如果这个混合密钥有 256 位,那么整个表格就有 $256 \times 65\ 536 = 16\ 777\ 216$ 位密钥。

Sandra 还可以使用一个完整的双字母组表。使用 8 位密钥选择一行(实际上是一层)的 256×256 的双字母组表需要 $2^{25} = 33\ 554\ 432$ 字节②的内部存储空间。同样,这在今天也不是问题。如果表格有 65 536 层和 16 位密钥,那就需要更大的计算机了。

---

① 也就是 16 GB。
② 也就是 32 GB。

然而,请记住,这些替换表必须保密,并且必须是完全随机的。即使它们是由某种算法生成的,也必须绝对超出 Emily 的究极计算机的能力范围,使其无法确定生成器的初始状态和参数。相关的一些方法,参见 13.13 节。

18.12.2 随机数

13.13 节的方法开了一个不错的头,但为了创建一个能够抗住究极计算机的伪随机数生成器,我们要将 13.11 节的选择生成器概念与 13.15 节中刷新生成器技术结合起来。

究极生成器 UG(ultragenerator UG,读作 HUGE-ee)使用三个数组:A、B、C。数组 A 和 B 各自包含 65 536 个 24 位整数的条目。数组 C 包含 2^{24} 或 16 777 216 个 8 位整数的条目。可以使用自然景观图片初始化这三个数组,如 13.14.2 节所述。Sandra 和 Riva 的数组必须完全相同。生成器在每个周期产生一个 8 位输出。周期 n 由以下步骤组成:

1. 计算 $x=(A_n+A_{n-103}+A_{n-1071})$ mod 16777216,并用 x 替代 A_n。
2. 化简 $x=x$ mod 65536,并设置 $y=B_x$。
   UG 生成器在此周期的输出为 C_y。
3. 将 B_x 替代为 $(B_x+B_{x-573}+B_{x-2604})$ mod 16777216。
4. 将 C_y 替代为 $(C_y+C_{y-249}+C_{y-16774})$ mod 256。

下标根据需要回绕模 65536 或模 16777216。下标 103,1071,⋯,16774 并没有什么特别之处。我没有测试这些值是否能够产生特别长的周期。由于种子数组巨大,即使是退化周期也会极长。你可以使用 13.1 节中的任意组合函数,比如 madd,或者使用 13.14.1 节中的滞后线性加法。

在刷新这些随机数时,13.14 节的两种方法不足以应对对手的究极计算机,但二者可以组合起来形成一个强大的刷新函数。每次刷新时,都需要一个包含 65536 或更多 24 位整数的新随机数组 R。令 A、B、C、R 的长度分别为 L_A、L_B、L_C、L_R。

步骤 1:将 R 与 A、B、C 组合。

对于 $n=1,2,3,\cdots,L_A$,将 A_n 替代为 (A_n+R_n) mod 16777216

对于 $n=1,2,3,\cdots,L_B$,将 B_n 替代为 (B_n+R_n) mod 16777216

对于 $n=1,2,3,\cdots,L_R$,将 C_{an} 替代为 $(C_{an}+R_n)$ mod 256

其中 $a=\lfloor LC/LR \rfloor-1$。符号 $\lfloor LC/LR \rfloor$,读作"向下取整 LC/LR",表示不超过 LC/LR 的最大整数。例如,$\lfloor 8/3 \rfloor$ 是 2,$\lfloor 9/3 \rfloor$ 是 3。使用 C_{an} 代替 C_n 是为了将 R 的各个字节均匀分布在数组 C 中。

步骤 2:传播改动。

对于 $n=1,2,3,\cdots,L_A$,将 A_n 替代为 $(A_n+A_{n-229}+A_{n-6141})$ mod 16777216

对于 $n=1,2,3,\cdots,L_B$,将 B_n 替代为 $(B_n+B_{n-503}+B_{n-3829})$ mod 16777216

对于 $n=1,2,3,\cdots,L_C$,将 C_n 替代为 $(C_n+C_{n-754}+C_{n-25887})$ mod 256

这两个步骤应该重复执行 3 次或更多次。同样,下标会回绕。

顺便说一句,数组 C 的大小不必非得是 2 的幂。例如,L_C 可以是 77777777,在这种情况下,阵列 A、B、R 需要包含以 77777777 为模的整数,并且在上述计算中,模数 16777216 会被替代为 77777777。对 L_C 大小的唯一限制是你希望使用的存储量和分发如此大密钥的实用性。

这两种技术,即替换和随机数生成器,可以组合在一起,创建出能够经受住究极计算机考验的任意数量的分块密码和流密码。接下来的两节将介绍每种类型的一种密码。

18.12.3 究极替换密码 US-A

在撰写本节时,一个巨大的诱惑就是指定像 65 536 或甚至 16 777 216 字节这样巨大的块。然而,仅仅因为密码学在超级计算机时代必然发生变化,并不意味着消息类型也会改变。少于 100 个字符的消息仍然很常见,将这样的消息填充至 65 536 字节或更大的块大小会非常低效。

我们将这个样本为究极替换密码 US-A(UltraSubstitution-A)。US-A 密码对 32 字节或 256 位的块进行操作。每个块中的 32 个字节既可以看作是 32 个单独的字节,也可以看作是一个 16×16 的位数组。US-A 密码有 15 轮,每轮包括 3 个步骤:替换、行置换和阵列翻转。15 轮之后是最后的替换步骤。

16 个替换步骤使用 Tab24 替换表,每个字符需要 16 位密钥,每轮总共需要 $16\times 32=512$ 位密钥,15 轮加上最后的替换步骤总共需要 8 192 位密钥。15 轮中每一轮的第二阶段是对每行进行置换。这可能仅仅是对行的循环移位,每行只需要 4 位,因此每轮需要 64 位密钥,总共 960 位。

进行位置换的一个更强选项是使用置换表,假设有 256 种不同的置换,比如密钥置换(参见 7.7 节)。16×16 的位矩阵的每一行都将单独置换。每行的置换由 16 个十六进制数字指定,比如 5A3F1E940B2D68C7,这表示第一个位将移到位置 5,第二个位移到位置 A(十进制 10),依此类推。每行的置换通过 8 位密钥从表中选择,每轮需要 $8\times 16=128$ 位密钥,15 轮总共需要 1 920 位密钥。

每轮的第三阶段是翻转位数组,即交换位 (i,j) 和 (j,i) 的位置。这在 11.7 节中有描述，11.2.3 节中提供了一种快速翻转数组的方法。该阶段没有密钥。

现在将这三个阶段结合在一起。US-A 密码需要 8 192 位用于替换密钥，1 920 位用于密钥置换，总共需要 10 112 位。这比起抵抗究极计算机所需的 65 536 位还差得远。不用担心。别忘了，替换用的是 Tab24 表，它使用 16 777 216 个密钥位来混合 65 536 行，更不用说还有多少位用于混合置换表了。

为了增加额外的强度，我建议在 US-A 密码中使用明文到明文（模式 PP）块链接（参见 11.10 节）。

18.12.4　究极流密码 US-B

可以将 18.12.1 节的 Tab24 替换和 18.12.2 节的伪随机数生成器组合起来，形成一种极强的流密码。我们称之为 US-B（UltraStream-B）密码。US-B 在加密之前有一个预处理步骤，使明文看起来是随机的。假设消息为 M，其长度为 L_M。预加密步骤如下：

$$\text{对于 } n=1,2,3,\cdots,L_{M+16}, \text{将 } M_n \text{ 替代为} (M_n+19M_{n-1}+7M_{n-16}) \bmod 256$$

额外的 16 次回绕迭代是为了对消息的前 16 个字符进行双重散列。这一步并没有增加密码强度，但使得 Emily 难以分辨正确的密钥。

每个 16 位字符密钥 K_n 的生成方法是，从随机数生成器中提取两个连续的输出字节 x 和 y，然后将它们组合为 $256x+y$。（或者，也可以将数组设置为 16 位整数，但所需的存储空间会翻倍。）密钥 K_n 用于将 Tab24 替换表中的消息字符 M_n 加密为 $\text{Tab24}(K_n, M_n)$。也就是说，M_n 的替换项取自表的 K_n 行。

你可能发现这就是使用大型替换表和随机密钥的通用多字母密码。回想一下，法国人称多字母密码为 Le Chiffre Indéchiffrable。使用 UG 究极生成器，US-B 多字母密码是无法破解的，就算在究极计算机时代也是如此。我们已经实现了牢不可破的密码。

趣味一刻

图中有四种独立的密码，S1 到 S4。每种密码都是简单的单字母表替换。你的工作是识别密码类型，比如摩斯码，然后破解该密码。所有密码都用标准英语书写，均为大写字母，没有空格或标点符号。密码长度在 75 到 90 个字母之间。全部从左上角的单元格开始。前 3 个密码按行从左到右排列。最后一个密码是按顺时针绕边界读取。

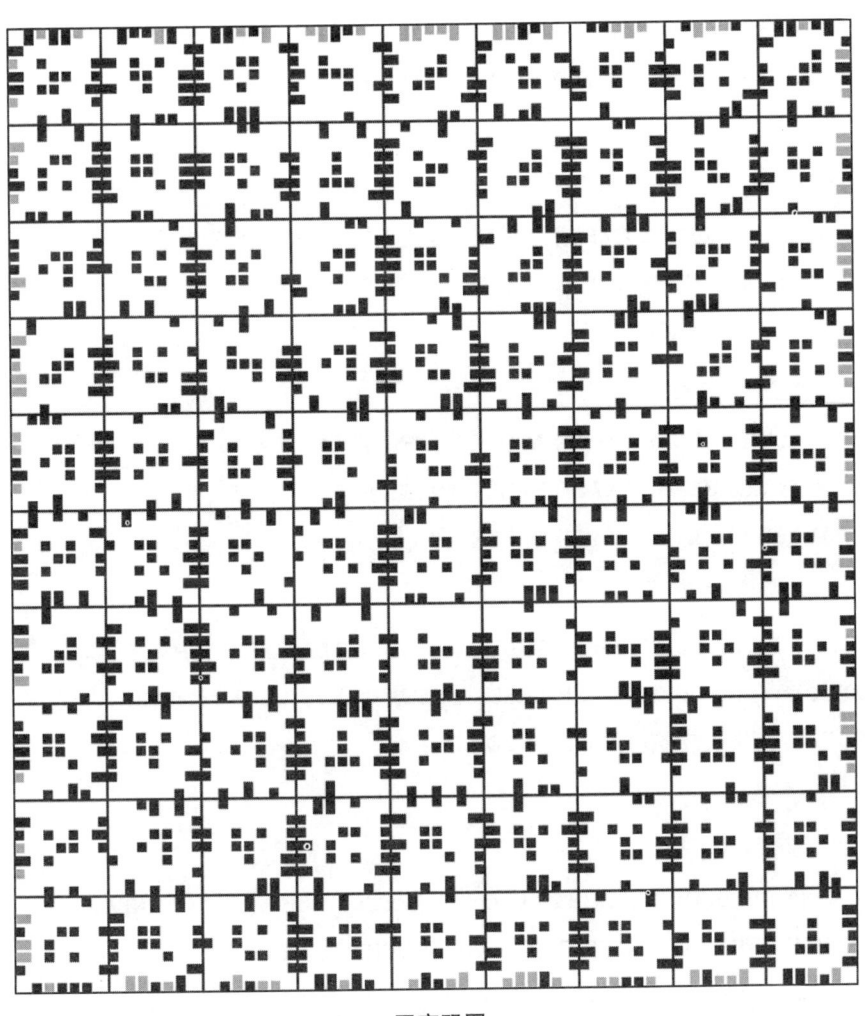

四密码图

这些方法全都在本书中有过描述。唯一的区别在于视觉呈现方式。你需要确定每种密码的相关特征，比如高度、宽度、位置或颜色。你可以按照隐藏在本书其他地方的说明提交答案以获得积分。

这里还有一些有意思的密码，用到了部分最流行的业余密码技术。这些密码使用标准英语书写，其中包含一些专有名词。按照惯例，每5个字母被分为一组，不考虑句号的位置。如果你想获得更多类似这样的密码，不妨考虑加入美国密码学协会（American Cryptogram Association）（cryptogram.org）。你可以按照隐藏在本书其他地方的明显指示提交答案以获得积分。访问 www.contestcen.com/crypt.htm，那里有更多的密码。

F1：Belaso 密码（5.9.1节）

HZRRJ GHEEM ZZHXU AYNLJ GYXCV LRRDL UMIEE PHMET PIPWA
ELZOC BNPBK SHSLV GQVLP AIVBM LVFLB RLOHX BNZUH MATSM
LHVTL ZRH

F2：Vigenère 密码（5.9.2节）

MGGAP AGXCD IFDAZ GZFSH OODAZ HGYBS HZNEB KBQAZ BBCGF
ADRDZ KDVXZ LFTYZ ZGYVW JVXUH MBYBN TLRLZ HGWJZ IJAAI
EGUOD ADWAQ ADAGS ADA

F3：列置换（7.2节）

DUSEL CQTNT ACNLH HLTME AEOEO RLRES TEHNT TAERW AEGLR
EDAEE TEYEH UBSHE OVAAE HRDCI INHWE SFTEA LYWIR TIIOT
BITRD AEBRT NATTT ENLRU HDHTE AE

F4：Playfair 密码（9.2节）

EIWDU WJHYL BHFBK NWVKY TKHDE WVBXF GKTDB XXHIY DHNZT
ZHDAR HAYEG SLHXB CIDPH YEIWP HYLYA TCAYE VHUWT XFRBN
HWVFL YILEE LYHYD HIOFB BKTEX D

F5：Bifid 密码（9.6节）

块大小为7，主题为园艺。

SZSAPNF RBHBKNV OAABCBI LFIOUUD IRFTPNZ SBLANBA GEPNEAX
ONNAMLB GFRMEUV LIMASUT BFUIEZM CBBRHTI LHROSVV ALSEOET
FHWBTXL UWRBIKL TUHTIEI IFIGOKP

F6：一次性密码本(第 14 章)

对于消息中的每个字母，都会生成一个随机数。如果这个数是偶数，将 X(模 26)与该字母相加，否则将 Y(模 26)与其相加。

UVTUQ JYRMV GJVSI FTZEL YFIJV JVAVI JZETV YMJKF IGFEA RIZVK
DNRXK ZIJKI TRJXY NHRKV URSFL YWNKK PWNAV YLEUI JIDVF WXFLF

当然，一次性密码本并不属于业余爱好者密码。我把它作为一种有趣的密码，是想说明某些一次性密码在实践中是能被破解的。你知道如何在不尝试所有 676 种组合的情况下找出 X 和 Y 的值吗？

F7：通用多字母表替换密码(5.9.3 节)

为了多点乐子，还有来自其他多种语言的字符，使用数量超过了 26 个字符。不过，每个字母表只包含 26 个不同的字符，并且消息是标准英语。

挑战

这些密报是为读者提供的挑战，没有给出具体的加密方法。你的任务是确定加密方法并破解这些密报。我提供了充足的材料，以便熟练的业余爱好者在确定方法后能够解决问题。所有挑战的语言均为英语。文本阅读正常且符合语法。没有特地扭曲标准英语字母频率或接触频率。

这些都是单步密码。没有混合使用多种方法，比如不会将替换与置换组合起来。这些挑战密码的安全性评级为 3 级。

C1: 挑战 #1
这是一种纸笔密码。明文由 250 个大写字母组成，没有单词间隔或标点符号。

```
LIUJE IETOJ TUUIL PICLO RNETH SEVWP GRHJS OIMTO ETEPI CETBE
OOKIP AHOSA GRHJO AHETB AUTTI RAHTV NENAH TTUTG ICOSI YHNFN
ENAAC OGNET JTGUA FNMEE EHITR OAHET SHHNW TJTOE EGRHJ NETHT
GUTTO HTTRP HNCOH OIEIO AHETB ALCOW TJSEV CMPIC SIYOF SPMHN
VNSWE AOHES TSSEV OSAWY ITDPI CSLAU UIYFS PMHNI OOSCA RHTRR
```

C2: 挑战 #2
该密码可以手工解密，但使用一些计算机辅助工具来处理十六进制表示会更容易。明文由 200 个大小写混合的字符组成，包括单词间隔和标点符号。

```
4CB1BAB35A 68C7BAA966 6947C49FA6 F509C4B144 4F48864F03
F3C68DD25E 4F468653A6 F509C4B144 4F48864F04 8F6B537F01
F06829B286 8974E37F12 6F87BDA94F 8D3E24DCF1 F3F8E64D66
02F9C06553 8879B6CF1C 8969B9B286 F529BBAA46 F247B014FE
8975CACF1B 8968E32D41 8969B6D246 0147CDFF12 8D35C9A94D
4F55C4FCE4 6AEA864F0E B24696D0ED 0E4691D0ED 6C99536B01
F110E33D5D 6C49BAAB42 6AF886495A 4F7424FCE1 8D2AE364ED
F0C7BF2955 8BEBC4CDC2 8954E3295B 4F4FBAB342 8879BAE64D
```

C3:挑战 #3

该密码可以手工加密和解密。明文由 180 个大写字母组成，没有单词间隔或标点符号。

ZNQXI VAKSG UZONV ALQPR EMYNN WBXXS NPPYB DQPIP KSYEC
RXKVE CGQZI NHIRA NLTSD VGRXH NQVBU EBORK IWOPK SWZIJ
EMJTA YNVWD AUMLP VZIQM XZRMJ CXJKM OMONN UXIPL JWESX
CRMJT QRKBL TQVBL TACSA GUPKC QKIIU LTJFT QPZFB KVBUU V

结语

本书介绍了大约140种不同的密码以及无数的变化形式。一些读者也许对此感到困惑。他们可能只想知道一件事:"什么是适合我的最佳密码?"这个问题很复杂,因为本书面向的读者范围非常广泛。在这篇结语中,我希望提供一些有用的答案。

儿童:有几种儿童能够理解和使用的密码。他们可以使用简单的替换密码,特别是凯撒密码。孩子们特别喜欢字母被图片或符号替换的那种密码,比如☺)♡☻⚓⚾☃☀◆☆。他们还喜欢路径置换。青少年可能会喜欢列置换和Belaso密码。

业余爱好者:业余爱好者可能喜欢与朋友交换密码,挑战对方解密。最适合此类活动的密码是简单替换、多字母表替换、滚动密钥、Playfair、Bifid、对角线Bifid、Trifid、双方阵、路径置换、列置换、Bazeries和分割摩斯密码。

我鼓励爱好者加入美国密码协会,他们可以在那里提交自己的密码让其他会员解密,解密其他会员提交的密报。协会的网页https://www.cryptogram.org/resource-area/cipher-types/上列出了接受的密码类型。

开发人员:想要开发或发明自己的密码的人可以在这里找到许多方法,这些方法能够以无数种方式组合。字母可以被其他字母或固定长度或可变长度的位组、摩斯符号、任何数制的数字或数学环的元素替代。所有这些都可以被置换并重新分组。组可以再次被替换、压缩、乘以大整数或矩阵、转换为其他数制或链接在一起。一些组的某部分可用来加密其他组的某部分。

加密服务提供商:提供加密通信服务的公司通常使用自己的专有算法。他们可以使用开发人员掌握的任何技术,但必须确保他们的密码符合第12章的所有标准。密码应具有大块和长密钥。同时应该是高度非线性的,并具有良好的扩散和饱和度。

如果服务提供商使用标准算法,如3DES或AES,则在标准密码之前和之后都应进行密钥保密替换(keyed secret substitution)或密钥保密置换。

银行业:银行和金融公司需要使用AES进行所有通信,以便保证他们彼此之间以及与联邦储备银行、证券交易委员会、国税局和其他政府机构之间交换信息。银行还广泛使用公钥加密来建立加密密钥以及进行身份验证和核实。

军事和外交：美国国家安全局规定美国军方和国务院必须使用 256 位 AES。这具有法律效力。个人电脑、笔记本电脑甚至智能手机都能使用 AES 芯片或 AES 软件。然而，军方和情报部门的工作地点和条件可能无法使用电脑和手机，安装了 AES 的手机会引起怀疑或违法。在很多国家，拥有任何形式的密码设备、文献或工作产品都是不合法的。此外，外国军队和外交使团可能会不信任任何 AES 硬件或软件，因为所有这些硬件或软件都只能来自美国国家安全局或受国家安全局监管的供应商。

出于这些原因，军队和情报机构都有编码和密码来支持他们的电子加密设备。适用于战斗情况的手工密码包括对角线 Bifid、TwoSquare＋1、Two Square Ripple、Playfair TwoSquare。另一种思路是使用 Bifid 或双方阵，然后进行分段置换。

大文件：对于特大的文件，使用流密码比分块密码要快得多。生成伪随机数流，并将其与数据文件组合以模拟一次性密码本。你可以使用 Xorshift、FRand 或 Gen5 作为 PRNG，使用 xors、adds 或 poly 作为组合函数。或者，也可以使用 GenX 实现伪随机数生成和数据文件组合。